Die Privatisierung der Landwirtschaft in Ungarn
und der Tschechischen Republik

Europäische Hochschulschriften
Publications Universitaires Européennes
European University Studies

Reihe V
Volks- und Betriebswirtschaft

Série V Series V
Sciences économiques, gestion d'entreprise
Economics and Management

Bd./Vol. 2293

PETER LANG
Frankfurt am Main · Berlin · Bern · New York · Paris · Wien

Burkhard Schmied

Die Privatisierung der Landwirtschaft in Ungarn und der Tschechischen Republik

Unter besonderer Berücksichtigung der Bodenallokation und ihrer Auswirkungen auf die Betriebsstruktur

PETER LANG
Europäischer Verlag der Wissenschaften

Die Deutsche Bibliothek - CIP-Einheitsaufnahme

Schmied, Burkhard:

Die Privatisierung der Landwirtschaft in Ungarn und der Tschechischen Republik : unter besonderer Berücksichtigung der Bodenallokation und ihrer Auswirkungen auf die Betriebsstruktur / Burkhard Schmied. - Frankfurt am Main ; Berlin ; Bern ; New York ; Paris ; Wien : Lang, 1998
(Europäische Hochschulschriften : Reihe 5, Volks- und Betriebswirtschaft ; Bd. 2293)
Zugl.: München, Techn. Univ., Diss., 1997
ISBN 3-631-33335-8

D 91
ISSN 0531-7339
ISBN 3-631-33335-8

Meinen Eltern war es leider nicht vergönnt, die Fertigstellung dieser Dissertation mitzuerleben. In Dankbarkeit widme ich ihnen meine Arbeit.

Vorwort

Zahlreiche Menschen haben zum Gelingen dieser Arbeit beigetragen. Alle, die ich hier nicht erwähnen kann mögen mir verzeihen. Mein Dank ist ihnen gewiß. Es ist mir ein aufrichtiges Bedürfnis, allen voran meinem Doktorvater Herrn Prof. Dr. Winfried von Urff für die Überlassung des Themas, den in dreieinhalbjähriger Zusammenarbeit gewährten Freiraum und das mir entgegengebrachte Vertrauen zu danken. Herrn Prof. Dr. Alois Heißenhuber danke ich für die Übernahme des Koreferats. Herrn Prof. Dr. Joachim Ziche gebührt Dank für die Bereitschaft zum Vorsitz im Prüfungsverfahren.

Für wertvolle Kritik, Anregungen und unermüdliche Unterstützung danke ich Dr. Wolfgang Quaisser, Prof. Dr. Gyula Varga, Emese, Réka, István, Prof. Dr. Jaroslav Kursa, Frau Prof. Dr. Kropova, Prof. Dr. Jan Moudrý, Prof. Dr. Strelecek, Prof. Dr. Drahoš Vanacek, Prof. Dr. Cermak, Dr. Leština, Ing. Cítek, Jirí und Milan. Ein besonders herzlicher Dank geht an die Mitarbeiter des Lehrstuhls für Agrarpolitik für ihre Kollegialität und Hilfsbereitschaft: Frau Christa Korder, Frau Eva Schneider, Herrn Dr. Stuhler, Herrn Gräßl, Eva, Annette, Martin und Gerhard.

Ein großes Dankeschön schulde ich der Dr. Ing. Leonhard-Lorenz-Stiftung, München, dem Europa-Institut, Budapest und der Südböhmischen Universität, Budweis, ohne deren ideelle und finanzielle Unterstützung die Arbeit nicht zustandegekommen wäre. Herrn Prof. Dr. Hugo Steinhauser danke ich für die wohlwollende Fürsprache.

Ganz besonders möchte ich jenen Menschen danken, die mir in den vergangenen Jahren mit Freundschaft und Liebe über so manches Tief hinweggeholfen haben: Anna, Angelika, Herrmann, Andrea, Gabi, Petra, Serena, Beni und Michael. Edith danke ich nicht nur für ihre Freundschaft, sondern insbesondere für die kritische Durchsicht des Manuskriptes.

Bonn, im Oktober 1997 — Burkhard Schmied

Inhaltsverzeichnis

TABELLENVERZEICHNIS 13

ABKÜRZUNGSVERZEICHNIS 14

1 EINFÜHRUNG 15

1.1 Problemstellung 15

1.2 Ziele und Aufbau der Arbeit 21
1.2.1 Ziele 21
1.2.2 Aufbau 23

1.3 Zur Auswahl der untersuchten Länder 24
1.3.1 Zu Ungarn 24
1.3.2 Zur Tschechischen Republik 25

2 VORGEHENSWEISE 27

2.1 Ansatz 27

2.2 Literaturrecherche 27

2.3 Auswertung statistischer Daten 29

2.4 Expertenbefragungen vor Ort 34

2.5 Durchführung 36

3 THEORETISCHE GRUNDLAGEN 37

3.1 Eigentums- und Verfügungsrechte am Boden in der sozialistischen Wirtschaftstheorie 37
3.1.1 Die Argumentation früher Wirtschaftstheoretiker 37
3.1.2 Die Ansichten von Marx und Engels 39
3.1.3 Die Weiterentwicklung der sozialistischen Bodentheorie 40

3.2 Eigentums- und Verfügungsrechte am Boden in der Praxis sozialistischer Länder 41
3.2.1 Das sowjetische Modell 41
3.2.2 Die Übertragung des sowjetischen Modells auf die Länder Mittel- und Osteuropas 45

3.3 Eigentums- und Verfügungsrechte am Boden in der marktwirtschaftlichen Theorie 47
3.3.1 Einleitung 47
3.3.2 Eigentumsrechte im weiteren Sinn 49
3.3.3 Eigentumsrechte im engeren Sinn 50

3.4 Eigentums- und Verfügungsrechte am Boden in der marktwirtschaftlichen Praxis 50
3.4.1 Einleitung 50
3.4.2 Flächennutzungspläne 51
3.4.3 Flurbereinigung, Flurneuordnung 52
3.4.4 Beschränkungen der Bewirtschaftung 53
3.4.5 Grundstücksverkehrsrecht 54
3.4.6 Bodenpachtrecht 55

3.5 Eigentumsrechte und Ressourcenallokation 55
3.5.1 Grundlage marktwirtschaftlicher Ressourcenallokation 55
3.5.2 Ressourcenallokation in sozialistischen Wirtschaftssystemen 56

3.6 Neuverteilung von Eigentumsrechten im Zuge des Systemwechsels 59
3.6.1 Theoretische Überlegungen 59
3.6.2 Zielkonflikte beim Systemwechsel 61

3.7 Auswirkungen auf den Bodenmarkt 64
3.7.1 Die Angebotsseite 64
3.7.2 Die Nachfrageseite 68

4 UNGARN 71

4.1 Der Zustand des ungarischen Agrarsektors vor den Reformen 71

4.2 Wirtschaftspolitische Reformen 74
4.2.1 Allgemeine Wirtschaftsreformen 74
4.2.2 Die Reformen der ungarischen Agrarpolitik 78

4.3 Veränderungen der Eigentumsrechte in der ungarischen Landwirtschaft 82
4.3.1 Veränderungen der Eigentumsrechte vor 1989 82
4.3.2 Die Privatisierung in der politischen Diskussion nach 1989 95
4.3.3 Die Kompensations- und Entschädigungsgesetze 99
4.3.4 Das Genossenschafts- oder Transformationsgesetz 106
4.3.5 Das ungarische Bodengesetz vom April 1994 108
4.3.6 Der Bodenmarkt in Ungarn 111

5 TSCHECHISCHE REPUBLIK 115

5.1 Der Zustand des tschechischen Agrarsektors vor den Reformen 115

5.2 Wirtschaftspolitische Reformen 117
5.2.1 Allgemeine Wirtschaftsreformen 117
5.2.2 Reformen der Agrarpolitik 119

5.3 Veränderungen der Eigentumsrechte in der tschechischen Landwirtschaft 126
5.3.1 Veränderungen der Eigentumsrechte vor 1991 126
5.3.2 Maßnahmen zur Privatisierung der Wirtschaft ab 1991 130
5.3.3 Der Bodenmarkt in der Tschechischen Republik 139
5.3.4 Auswirkungen auf die Betriebsstruktur 140

6 ZUSAMMENFASSUNG UND DISKUSSION DER ERGEBNISSE 145

6.1 Zu Konzeption und Durchführung der Eigentumsrechtsreform 145

6.2 Folgen für den Bodenmarkt 149

6.3 Folgen der Umstrukturierung für die Landwirtschaft 151

6.4 Beurteilung aus gesamtwirtschaftlicher Sicht 153

LITERATURVERZEICHNIS 157

I Veröffentlichungen mit bekanntem Autor oder Herausgeber 157

II Veröffentlichungen ohne bekannten Autor 167
II.i Veröffentlichungen aus „Agra-Europe“ 167
II.ii Veröffentlichungen aus „East Europe Agriculture and Food“ 167
II.iii Veröffentlichungen aus „The Economist“ 168
II.iv Andere Veröffentlichungen 169

III Gesetze und Rechtsnormen 169
III.i Bundesdeutsche Gesetze 169
III.ii Ungarische Gesetze 170
III.iii Tschechische Gesetze 171

ANHANG 173

I VERZEICHNIS DER BEFRAGTEN EXPERTEN 173

I.i Ungarn 173
I.i.i Oktober 1995 173
I.i.ii August 1996 174

I.ii Tschechische Republik ... 175
I.ii.i Dezember 1995 ... 175
I.ii.ii August 1996 ... 176

Tabellenverzeichnis

Tabelle 1.1 a): Brutto-Inlands-Produkt in % des Vorjahres 18
Tabelle 1.1 b): Arbeitslosigkeit in % der Erwerbsbevölkerung 19
Tabelle 1.1 c): Inflationsrate in %, Jahresmittelwert 20
Tabelle 1.1 d): Bedeutung der Landwirtschaft in Mittel- und Osteuropa 21
Tabelle 2.3 a): Entwicklung von PSE und CSE in Ungarn laut OECD 1996 33
Tabelle 2.3 b): Entwicklung von PSE und CSE in Ungarn laut OECD 1994 33
Tabelle 2.3 c): Entwicklung von PSE und CSE in der Tschechischen Republik laut OECD 1996 34
Tabelle 2.3 d): Entwicklung von PSE und CSE in der Tschechischen Republik laut OECD 1995 34
Tabelle 4.2.2 a): Entwicklung der staatlichen Unterstützung für die Landwirtschaft in Ungarn 82
Tabelle 4.2.2 b): Entwicklung der staatlichen Unterstützung für die Konsumenten in Ungarn 83
Tabelle 4.2.2 c): Entwicklung der landwirtschaftlichen Produktion Ungarns 84
Tabelle 4.3.1 a): Struktur der ungarischen Landwirtschaft 1935 86
Tabelle 4.3.1 b): Struktur der ungarischen Landwirtschaft 1895 87
Tabelle 4.3.1 c): Struktur der ungarischen Landwirtschaft 1947 88
Tabelle 4.3.1 d): Verlauf der Kollektivierung in Ungarn 93
Tabelle 4.3.3 a): Jahresübersicht der Bodenauktionen 106
Tabelle 4.3.3 b): Bodenauktionen im Rahmen der Entschädigung in Ungarn 107
Tabelle 4.3.3 c): Höhe des Entschädigungsanspruches in Abhängigkeit vom entstandenen Schaden nach den ungarischen Kompensationsgesetzen 108
Tabelle 4.3.4 a): Veränderung des Bodeneigentums in ungarischen LPGen 110
Tabelle 5.1 a): Durchschnittliche Getreideerträge ausgewählter Länder 120
Tabelle 5.3.4 a): Veränderung der Betriebsstruktur in der Tschechischen Republik nach Rechtsformen 145
Tabelle 5.3.4 b): Veränderung der Betriebsstruktur in der Tschechischen Republik nach Größenklassen 146
Tabelle 5.3.4 c): Eigentumsstruktur landwirtschaftlicher Flächen in Betrieben natürlicher Personen der Tschechischen Republik 147

Abkürzungsverzeichnis

AF	Ackerfläche
AU	Agrarunion
CCET	Centre for Co-operation with the Economies in Transition
CCP	Tschechische Christdemokratische Partei
CDP	Tschechische Bürgerlich Demokratische Partei
CDVP	Christlich Demokratische Volkspartei Ungarns
COMECON	Council on Mutual Economic Aid
CSE	Consumer Subsidy Equivalence
CSFR	Tschechoslowakische Föderative Republik
Csk	Tschechische Kronen
CSSR	Tschechoslowakische Sozialistische Republik
EFTA	European Free Trade Association
FAO	Food and Agriculture Organization of the United Nations
FMR	Tschechischer Staatsfonds zur Marktregulierung
Ft	Ungarische Forint
GK	Goldkrone
GUS	Gemeinschaft Unabhängiger Staaten
ha	Hektar
JZD	einheitliche landwirtschaftliche Genossenschaft
KJ	Ungarische Katasterjoch (1 KJ ≅ 0,575 ha)
LHG	ländliche Handelsgesellschaft
LN	Landwirtschaftliche Nutzfläche
Ltd.	Limited Liability Company
LW	Landwirtschaft
LPG	Landwirtschaftliche Produktionsgenossenschaft
MEO	Mittel- und Osteuropa / mittel- und osteuropäisch
MEOL	mittel- und osteuropäische Länder
MOSZ	Verband der landwirtschaftlichen Genossenschaften und Produzenten
MTS	Maschinen und Traktoren Station
OECD	Organization for Economic Co-operation and Development
PSE	Producer Subsidy Equivalence
RGW	Rat für gegenseitige Wirtschaftshilfe
UDF	Ungarisches Demokratisches Forum
UPK	Unabhängige Partei der Kleinlandwirte
VUVEV	Research Institute for Foreign Economic Relations, Prag

1 Einführung

1.1 Problemstellung

In den Jahren 1988/89 kam es zu grundlegenden Umwälzungen in den politischen und wirtschaftlichen Rahmenbedingungen Mittel- und Osteuropas. Diese Veränderungen gingen mit dem Ende des sogenannten „kalten Krieges" einher und lagen unter anderem im Scheitern des sozialistischen Wirtschaftssystems begründet. Die Mitgliedsstaaten des ehemaligen Rates für gegenseitige Wirtschaftshilfe (RGW oder auch COMECON) fanden sich in einer Situation wieder, in der das frühere Planwirtschaftssystem zusammengebrochen, aber ein funktionierendes, marktwirtschaftliches System noch nicht an dessen Stelle getreten war.[1]

Bei der angestrebten Transformation der Wirtschaft ist die Systematik der Reformschritte, das heißt deren zeitliche Sequenz und der begleitende Aufbau notwendiger Institutionen, von entscheidender Bedeutung für das Gelingen des Übergangsprozesses. Reformschritte, die nicht in der richtigen Reihenfolge stehen, also auf die Erfolge vorangegangener aufbauen können, sind nicht nur zum Scheitern verurteilt, sondern können auch negative Auswirkungen auf die übrigen Reformmaßnahmen haben. Gleiches gilt, wenn zwar Reformen systematisch durchgeführt werden, aber die essentiellen Institutionen zu ihrer Durchführung bzw. Überwachung fehlen. Die Freigebe der Preise führte in manchen Ländern nicht zur Entstehung eines funktionierenden Marktes, sondern zum Übergang in ein monopolistisches System, da die Konzentration innerhalb der Wirtschaft nicht beseitigt worden war. Die großen Industriekombinate und Handelsagenturen hatten eine monopolartige Stellung erlangt, weil die zwingend notwendige Umstrukturierung in kleinere Unternehmen unterblieben war. Privatisierungs- und Kartellüberwachungsbehörden mit entsprechenden Machtbefugnissen waren nicht rechtzeitig geschaffen worden. Es entstand kein funktionierender Wettbewerb und die nach der Preisfreigabe einsetzende Umstrukturierung anderer Unternehmen, wurde durch die die Allokation verzerrende Wirkung der Monopole behindert.

Bei ihrem Versuch, den Übergang von der Plan- zur Marktwirtschaft erfolgreich zu gestalten, und gleichzeitig die entstehenden sozialen Härten für die Bevölkerung so gering wie möglich zu halten, erfuhren die einzelnen Länder in jüngster Zeit recht unterschiedliche Entwicklungen. Es ist zu beobachten, daß die Staaten Mittel- und Osteuropas, je nach den natürlichen, historischen und wirtschaftlichen Gegebenheiten sehr unterschiedliche Wege in ihrer weiteren Entwicklung einschlugen. Dabei ist nicht nur die Zeit der sozialistischen Herrschaft zu berücksichtigen, sondern auch die Jahrzehnte und Jahrhunderte zuvor.

Betrachtet man die Entwicklung der vergangenen Jahre in den Agrarsektoren verschiedener Reformländer Mittel- und Osteuropas, läßt sich entsprechend der

[1] OHNE NAMEN: „From Marx to Market", in: The Economist, 11.05.1991, S. 11f, London.

„evolutionären" ökonomischen Theorie, eine Pfadabhängigkeit in der Transformation feststellen. Dieser Terminus beschreibt den immer offensichtlicheren Tatbestand, daß die konkreten wirtschaftlichen und politischen Strukturen des jeweiligen Landes ganz wesentlich den Ablauf der marktwirtschaftlichen Transformation beeinflussen. Dies war in diesem Außmaß nicht vorherzusehen. Schon vor 1989 kam es zu wesentlichen Änderungen bezüglich der Eigentums- und Verfügungsrechte in der Landwirtschaft, welche die Dominanz des gesellschaftliche Sektors aufweichten. Wirtschaftliche, politische und soziale Machtstrukturen sowie viele Institutionen blieben über das Ende der sozialistischen Herrschaft hinaus erhalten und wirken maßgeblich auf die gegenwärtigen Entwicklungen ein.

Die im Reformprozeß am weitesten fortgeschrittenen Länder sind zweifellos Polen, die Tschechische Republik, die Slowakische Republik, Ungarn und Slowenien. Sie sind diejenigen Länder, die bereit waren, die einschneidendsten und umfassendsten Reformen durchzusetzen. Sie haben den größten Anteil an westlichen Investitionen auf sich gezogen und vergleichsweise gute Fortschritte auf ihrem Weg zur Marktwirtschaft gemacht.[2] Sie werden allgemein als die politisch stabilsten und demokratischsten Länder im ehemaligen Ostblock angesehen. Die Art und Weise, in der die Tschechen und Slowaken ihre frühere Föderation aufgelöst haben, spricht eher für die Stabilität und den demokratischen Charakter, als daß es ein Zeichen der Instabilität wäre.[3]

Die Länder der Balkanhalbinsel, Rumänien und Bulgarien, sind wesentlich zögernder in ihren Reformbestrebungen, haben weniger westliches Kapital angezogen und werden, was ihre Stabilität und ihren demokratischen Charakter betrifft, eher negativ beurteilt. Die vorsichtige Einschätzung gründet sich nicht nur auf den langsamen Fortschritt der Reformen, sondern auch darauf, daß sie die zwei am wenigsten entwickelten europäischen Mitglieder des ehemaligen RGW waren. Dies gilt sowohl für die industrielle und wirtschaftliche Entwicklung, als auch für ihre demokratischen Institutionen.[4] Wie sich an der jüngsten Entwicklung in Bulgarien zeigt ist diese Eischätzung gerechtfertigt.

Die aus Teilen der ehemaligen UdSSR neu entstandenen, bzw. sich noch bildenden Staaten reformieren sich ebenfalls sehr langsam. Sie müssen nicht nur die Probleme von über sieben Jahrzehnten Sozialismus überwinden, sondern sich zusätzlich auf die neugewonnene Eigenstaatlichkeit und die Loslösung von einem überstaatlichen Markt- und Wirtschaftssystem einstellen. Die gesamte Absatzwirtschaft und Rohstoffversorgung sind seit der Auflösung der Sowjetunion auf eine andere Basis ge-

---

[2] OECD (Hrsg.): „Agricultural Policies, Markets and Trade in Transition Economies, Monitoring and Evaluation 1996", CCET, Paris 1996.

[3] GENILLARD, Ariane: „Divided over the Speed of the Process", in: The Financial Times, 03.07.1992, Beilage, Section III, S. III, London.

[4] MARSH, Virginia: „The Back of the Pack", in: The Financial Times, 03.07.1992, Beilage, S. VI, London und
ROBINSON, Anthony: „Slow Starter that is Struggling to Catch up", in: The Financial Times, 03.07.1992, Section III, S. I, London.

stellt und bedürfen einer gründlichen Neuorientierung. Gleichzeitig gibt es große Probleme mit ethnischen Minderheiten, Grenzstreitigkeiten mit Nachbarstaaten und mit der Auflösung der militärischen Strukturen, um nur einige wenige der gravierenden Schwierigkeiten zu nennen, denen sich diese Staaten gegenübersehen.[5]

Die ehemalige DDR und das frühere Jugoslawien befinden sich auf einem anderen Entwicklungsweg als die übrigen Staaten des ehemals sozialistischen Mittel- und Osteuropas. Aufgrund der Wiedervereinigung der ehemaligen DDR mit Westdeutschland, werden große Mengen an Finanzmitteln aus öffentlichen Haushalten aufgewandt, um die Wirtschaft in den neuen Bundesländern umzustrukturieren. Darüber hinaus ist die westdeutsche Bevölkerung gewohnt, in einem marktwirtschaftlichen System zu arbeiten, welches sich in mehr als vierzig Jahren bewährt hat und von den neuen Bundesländern ohne wesentliche Änderungen übernommen werden konnte.[6] Das ehemalige Jugoslawien ist ein Sonderfall, weil der Bürgerkrieg jede Reformbewegung unterbrochen hat und bis vor kurzem keine Kontinuität erkennbar werden ließ. Eine Ausnahme davon bildet lediglich Slowenien.

Tabelle 1.1 a): Brutto-Inlands-Produkt in % des Vorjahres

Land	Jahr							
	1989	**1990**	**1991**	**1992**	**1993**	**1994**	**1995[1)]**	**1996[2)]**
Albanien	+ 9,8	- 10,0	- 27,7	- 7,2	+ 9,6	+ 9,4	+ 11,4	n.v.
Baltikum: Estland	+ 8,1	- 6,5	- 14,0	- 14,3	- 8,6	- 3,2	+ 3,0	+ 4,0
Lettland	+ 6,5	+ 2,9	- 10,5	- 34,9	- 14,8	+ 0,6	- 1,2	n.v.
Litauen	+ 3,3	- 3,3	- 13,1	- 34,0	- 27,1	+ 1,0	+ 3,1	+ 4,1
Bulgarien	- 1,9	- 9,1	- 11,7	- 5,7	- 4,2	+ 1,4	+ 2,5	+ 2,5
Tschech. Republik	**+ 4,5**	**- 1,2**	**- 14,2**	**- 7,1**	**- 0,9**	**+ 2,6**	**+ 5,2**	**+ 5,5**
Slowak. Republik	+ 1,1	- 2,5	- 14,5	- 7,0	- 4,1	+ 4,8	+ 6,5	+ 5,0
Ungarn	**+ 0,7**	**- 3,5**	**- 11,9**	**- 4,3**	**- 2,3**	**+ 2,5**	**+ 1,0**	**+ 3,0**
Polen	+ 0,2	- 11,6	- 7,0	+ 2,6	+ 3,8	+ 5,2	+ 7,0	+ 5,5
Rumänien	- 5,8	- 5,6	- 12,9	- 8,8	+ 1,5	+ 3,9	+ 6,9	n.v.
Slowenien	- 1,8	- 4,7	- 8,1	- 5,4	+ 1,3	+ 5,3	+ 4,8	+ 5,0

1) vorläufig 2) geschätzt n.v. nicht verfügbar
Quelle: Wie Anm. 2, S. 167, (verändert).

---

5 BOULTON, Leyla: „Prepared to Consider Alternative Approaches“, in: The Financial Times, 03.07.1992, Beilage, Section III, S. V, London sowie
ROBINSON, Anthony und FREELAND, Chrystia: „Nation that is Building the Apparatus from Scratch“, in: The Financial Times, 03.07.1992, Section III, S. V, London.

6 PARKES, Christopher: „Valuable Lessons Learnt“, in: The Financial Times, 03.07.1992, Section III, S. III, London.

In den Tabellen 1.1 a) bis 1.1 c) ist für ausgewählte Länder der Region Mittel- und Osteuropa die Entwicklung von Bruttoinlandsprodukt (BIP), Arbeitslosigkeit und Inflation dargestellt. Deutlich erkennbar ist der wirtschaftliche Einbruch in der ersten Phase der Reformen, der sich in allen Staaten abzeichnet. Er äußert sich in dramatisch sinkenden BIP, steigenden Arbeitslosen- und Inflationsraten. Eine mehr oder minder deutliche Umkehr dieser Entwicklung ist erst ab 1993/94 erkennbar und von Land zu Land sehr unterschiedlich ausgeprägt.

In der Zeit des Umbruchs spielen der Agrarsektor und die Produktion von Nahrungsmitteln eine Schlüsselrolle für die zukünftige Entwicklung der Reformstaaten. Dies um so mehr, als nur eine sichere und preisgünstige Versorgung der Bevölkerung mit Grundnahrungsmitteln sicherstellt, daß die politisch und wirtschaftlich notwendigen Reformen durchgeführt werden können, ohne von Volksaufständen bedroht zu sein. Eine Verschlechterung der Lebensstandards könnte ansonsten der Demokratie und den marktwirtschaftlichen Reformen angelastet werden und diese zu Fall bringen.[7] Die Entwicklungen in den Nachfolgestaaten der ehemaligen Sowjetunion und die Renaissance sozialistischer Parteien sind Anzeichen für diese Gefahr. Tabelle 1.1 d) gibt die Bedeutung der Landwirtschaft in der Gesamtwirtschaft ausgewählter Länder wieder.

Tabelle 1.1 b): Arbeitslosigkeit in % der Erwerbsbevölkerung

Land	Jahr							
	1989	**1990**	**1991**	**1992**	**1993**	**1994**	**1995[1)]**	**1996[2)]**
Albanien	7,3	9,8	9,1	26,5	22,3	18,3	14,0	n.v.
Baltikum: Estland	n.v.	n.v.	n.v.	1,7	1,9	2,0	2,0	3,0
Lettland	n.v.	n.v.	n.v.	2,3	5,8	6,5	6,1	n.v.
Litauen	n.v.	n.v.	0,3	1,1	1,6	3,8	6,1	n.v.
Bulgarien	n.v.	1,7	11,1	13,3	16,3	12,8	11,0	n.v.
Tschech. Republik	**n.v.**	**0,8**	**2,8**	**2,6**	**3,5**	**3,2**	**2,9**	**3,2**
Slowak. Republik	n.v.	1,5	11,8	10,4	14,4	14,8	13,1	12,5
Ungarn	**n.v.**	**1,4**	**7,5**	**12,7**	**12,1**	**10,4**	**10,0**	**9,0**
Polen	n.v.	6,3	11,8	13,6	16,4	16,0	14,9	14,0
Rumänien	n.v.	n.v.	3,0	8,4	10,4	10,9	9,9	n.v.
Slowenien	2,9	4,7	8,2	11,6	14,5	14,4	13,9	n.v.

1) vorläufig; 2) geschätzt n.v. nicht verfügbar
Quelle: Wie Anm. 2, S. 167, (verändert)

In der Landwirtschaft Mittel- und Osteuropas war ein bedeutender Teil der Arbeitskräfte beschäftigt. Selbst in der relativ hoch industrialisierten ehemaligen DDR wa-

[7] ROGERS, Heather: „The Seed-bed of Change“, in: Shell Agriculture, Nr. 12, S. 1, Exford, England, 1992.

ren 11 % der Erwerbstätigen in der Landwirtschaft tätig. Nach anderen Quellen lag der Anteil des Agrarsektors am Arbeitsmarkt 1989 bei 20 % in Ungarn und 44 % in Rumänien.[8] Wieder andere Quellen behaupten, diese Zahlen wären zu hoch und die wahren Werte lägen eher bei 9 % für die ehemalige DDR, 10 % für die CSFR, 13 % für Ungarn und 14 % für die ehemalige UdSSR[9]. Welche Zahlen nun auch korrekt sind, die Tatsache, daß in der Landwirtschaft ein gößerer Teil der Bevölkerung als im Westen beschäftigt war, bleibt bestehen.

Tabelle 1.1 c): Inflationsrate in %, Jahresmittelwert

Land	Jahr							
	1989	**1990**	**1991**	**1992**	**1993**	**1994**	**1995[1)]**	**1996[2)]**
Albanien	0,0	0,0	100,0	226,0	85,0	23,0	6,0	n.v.
Baltikum: Estland	n.v.	32,8	232,0	1075,9	89,8	47,7	29,0	20,0
Lettland	n.v.	11,0	125,0	951,0	35,4	26,3	24,0	n.v.
Litauen	2,1	9,0	383,0	1163,0	188,7	45,0	35,7	n.v.
Bulgarien	n.v.	50,6	437,7	79,5	63,9	121,9	32,9	25,0
Tschech. Republik	**1,4**	**9,7**	**56,6**	**11,1**	**20,8**	**10,0**	**9,1**	**8,0**
Slowak. Republik	4,9	10,4	61,2	10,0	23,2	13,4	9,9	8,0
Ungarn	**17,0**	**28,9**	**35,0**	**23,0**	**22,5**	**18,8**	**29,0**	**20,0**
Polen	251,1	585,8	70,3	43,0	35,3	32,2	27,8	22,0
Rumänien	n.v.	105,1	170,2	210,4	256,1	136,7	38,0	n.v.
Slowenien	1306,0	549,7	117,7	201,3	32,3	19,8	12,6	n.v.

1) vorläufig 2) geschätzt n.v. nicht verfügbar
Quelle: Wie Anm. 2, S. 167, (verändert).

Fast alle mittel- und osteuropäischen Länder streben zumindest mittelfristig eine Mitgliedschaft in der Europäischen Union an. Bei den zehn Ländern, die die EU als Kandidaten akzeptierte, ist die Eingliederung der Landwirtschaft einer der Hauptpunkte bei den Verhandlungen über einen EU-Beitritt. Das hohe Produktionspotential und die stark unterschiedlichen Betriebsstrukturen in einigen dieser Länder, scheinen erhebliche Probleme aufzuwerfen, deren Lösung noch einige Zeit in Anspruch nehmen wird.

Die Umgestaltung der eigentumsrechtlichen Strukturen im Rahmen der Transformation wird entscheidenden Einfluß auf die Allokation des Produktionsfaktors Boden und die entstehenden Betriebsstrukturen ausüben. Sie wird somit, wenn auch nur indirekt, erhebliche Rückwirkungen auf den Verlauf der Beitrittsverhandlungen ha-

---

8 BLOOM, Bridget: „Western Aid will be Essential", in: The Financial Times, 06.11.1990, S. 9, London.

9 OHNE NAMEN: „The Impact of Economic Reform", in: Eastern Europe and the USSR, S. 53-57, London, 1989.

ben. Ferner ist ausreichendes Kapital eine Hauptvoraussetzung für eine rasche und erfolgreiche Umstrukturierung der Landwirtschaft. Die Zuordnung der Eigentumsrechte in der Landwirtschaft (insbesondere der am Boden) übt großen Einfluß auf die Kreditwürdigkeit der landwirtschaftlichen Unternehmen aus, was den Einfluß der eigentumsrechtlichen Regelungen noch verstärken wird.

Tabelle 1.1 d): Bedeutung der Landwirtschaft in Mittel- und Osteuropa

	Prozentanteil der Landwirtschaft					
	am Bruttoinlandsprodukt			an der Beschäftigung		
	Jahr			Jahr		
Land	**1989**	**1994**	**1995[1)]**	**1989**	**1994**	**1995[1)]**
Albanien	32,0	55,0	54,9	49,0	53,0	n.v.
Baltikum: Estland	17,8	9,0	8,0	12,0	8,0	7,0
Lettland[2)]	10,2	8,5	8,3	14,6	17,4	17,4
Litauen[3)]	26,5	7,5	9,0	17,6	23,3	23,5
Bulgarien	11,0	11,0	10,8	18,1	21,7	22,0
Tschech. Republik	**6,3**	**3,1[3]**	**3,1[3]**	**9,9**	**5,1**	**4,7**
Slowak. Republik	9,4	6,5	6,1	12,2	7,2	7,1
Ungarn	**15,6**	**6,4**	n.v.	**17,9**	**8,8**	**8,5**
Polen	11,8	6,2	6,1	26,4	25,9	25,0
Rumänien	13,7	19,7	21,6	28,2	36,3	35,7
Slowenien	4,4	4,3	4,4	11,8	10,7	10,0

1) vorläufig 2) enthält Jagd, Forstwirtschaft und Fischerei 3) veränderte Methodik n.v. nicht verfügbar
Quelle: Wie Anm. 2, S. 170, (verändert)

Die Neuordnung der Eigentumsrechte kann darüber hinaus von politischer Seite dazu benutzt werden, die soziale Absicherung bestimmter Bevölkerungsteile zu betreiben, um damit Einfluß auf das Wahlverhalten auszuüben. Schließlich wird die Neuordnung der Eigentumsrechte von vielen Parametern beeinflußt, die nicht - oder zumindest nicht ausschließlich - ökonomische sind (zum Beispiel: Ängste vor einem Ausverkauf des Landes an „Profiteure“ des alten Systems oder an Ausländer). Die Bedeutung der Umstrukturierung der Eigentums- und Verfügungsrechte steht somit außer Frage.

1.2 Ziele und Aufbau der Arbeit

1.2.1 Ziele

Im Zentrum dieser Arbeit steht die Analyse der Veränderung von Eigentums- und Verfügungsrechten im Verlauf der Systemtransformation sozialistischer Volkswirtschaften. Die Analyse erfolgt am Beispiel der Agrarsektoren Ungarns und der Tschechischen Republik. Eigentums- und Verfügungsrechte definieren gesellschaftlich tolerierte Handlungsalternativen von Wirtschaftssubjekten, also Art und Umfang solcher Rechte bezüglich knapper Ressourcen. Bei der Transformation sozialistischer Volkswirtschaften in marktwirtschaftlich geprägte unterliegen die Eigentums- und Verfügungsrechte an Produktionsfaktoren einem grundsätzlichen Wandel. Die Eigentums- und Verfügungsrechte über den Boden, ebenso wie über andere Produktionsfaktoren unterlagen in sozialistischer Zeit einer komplizierten, sich im Zeitablauf ändernden Verteilung zwischen Staat, Kollektiven und Individuen. Die Verteilungsmatrix war von einer Dominanz vergesellschafteter Eigentums- und Verfügungsrechte, das heißt kollektiven und staatlichen Formen gekennzeichnet. Im Rahmen der Transformation soll die sozialistisch geprägte Matrix neu organisiert werden und die Eigentums- und Verfügungsrechte - oder zumindest ein Großteil davon - in private Hand übertragen werden.

Zahlreiche Arbeiten über die Transformation ehemals sozialistischer Volkswirtschaften, beschäftigen sich mit den theoretischen Grundlagen der Umformung. Eine Untersuchung institutioneller Faktoren im Transformationsprozeß findet nur für einzelne Bereiche der Volkswirtschaft statt.[10] Die Privatisierung des Agrarsektors wird nur als Teilbereich in eine gesamtwirtschaftliche Betrachtung einbezogen[11], ohne die Auswirkungen auf den Sektor näher zu analysieren.[12] Die Auswirkungen der Veränderung der Eigentumsrechte auf die Landwirtschaft werden wenig untersucht. Im Gegensatz zur ehemaligen DDR, die aufgrund der Wiedervereinigung mit Westdeutschland eine Sonderrolle einnimmt, gilt diese Vernachlässigung der Agrarsektoren für die meisten mittel- und osteuropäischen Staaten. Dies ist der Fall, obwohl erfolgreiche Reformländer wie zum Beispiel die Volksrepublik China und auch Ungarn die entscheidenden Reformen in ihrem Agrarsektor begannen und diesen zum Experimentierfeld für die übrige Wirtschaft machten.

Selbst renommierte Institutionen westlicher Wirtschaftsforschung gehen in ihren Veröffentlichungen nicht sehr detailliert auf die Frage der eigentumsrechtlichen Neuordnung ein. Dies trifft sowohl auf den industriell gewerblichen Sektor als auch

---

[10] BUCH, Claudia M.: „An Institutional Approach to Banking Reform in Eastern Europe“, Kiel, 1993.
RAISER, Martin: „Soft Budget Constraints: An Institutional Interpretation of Stylised Facts in Economic Transformation in Central Eastern Europe“, Kiel, 1993.

[11] BLOMMESTEIN, H.; MARRESE, M. (Hrsg.): „Transformation of Planned Economies: Property Rights Reform and Macroeconomic Stability“, OECD, Paris, 1991.

[12] OECD (Hrsg.): „Review of Agricultural Policies: Hungary“, Centre for Co-operation with the Economies in Transition (CCET), Paris, 1994 sowie
OECD (Hrsg.): „Review of Agricultural Policies: Czech Republic“, CCET, Paris, 1995.

auf die Landwirtschaft zu. So beschränkt sich der Wissenschaftliche Beirat des Bundesministeriums für Ernährung Landwirtschaft und Forsten in seinem Gutachten zur Entwicklung der Landwirtschaft in Mitteleuropa auf eine sehr verkürzte und wenig detaillierte Darstellung der Privatisierungsproblematik.[13] Ähnlich verhält sich auch die OECD, die in ihren jährlichen Veröffentlichungen zur Landwirtschaft der Transformationsländer[14] zwar etwas genauer auf eigentumsrechtliche Fragen eingeht - insbesondere in ihren Länderstudien[15] - aber über die Auswirkungen der jeweiligen Regelungen keine klaren Schlüsse zieht oder Empfehlungen gibt. Ebenso verhält es sich mit den Länderstudien der EU-Kommission[16], die die Umstrukturierung der Eigentumsrechte zwar untersuchen aber bestenfalls einen fundierten Überlick über die Problematik liefern können. Die offensichtliche Zurückhaltung bezüglich eigentumsrechtlicher Fragen und der Auswirkungen ihrer Neuordnung ist zum einen auf die Komplexität des Themas zurückzuführen, zum anderen auf die Einflußnahme politischer Interessengruppen auf diese Fragen, die nicht zur Versachlichung der Diskussion beiträgt. Von um so größerer Bedeutung ist es, die komplexen rechtlichen und wirtschaftspolitischen Rahmenbedingungen der Eigentumsrechtsreform und ihrer Durchführung zu analysieren und die Rückwirkungen auf den Argarsektor zu untersuchen. Dies versucht die vorliegende Arbeit zu leisten.

Es ist das Ziel dieser Arbeit, zunächst die Systematik der verschiedenen Reformmaßnahmen am Beispiel Ungarns und der Tschechischen Republik zu analysieren. Die Privatisierung der Produktionsmittel, insbesondere des Bodens, steht im Vordergrund der Untersuchung. Es wurden dabei insbesondere folgende Fragestellungen analysiert:

(1) Inwieweit führten die Reformen des ungarischen Agrarsektors schon vor 1989 zu nennenswerten Veränderungen der Verfügungsrechte?

(2) Wie wirkten sich die Reformen von 1968 bis 1989 auf die Reformen nach 1989 aus?

(3) Wie gestaltete sich die Neuverteilung der Eigentumsrechte an den landwirtschaftlichen Produktionsmitteln nach 1989?

(4) Welche Auswirkungen hat diese Veränderung der Eigentumsrechte auf den Agrarsektor?

---

[13] BUNDESMINISTERIUMS FÜR ERNÄHRUNG LANDWIRTSCHAFT UND FORSTEN (Hrsg.): „Die Entwicklung der Landwirtschaft in Mitteleuropa und mögliche Folgen für die Agrarpolitik der EU", in: Angewandte Wissenschaft, Schriftenreihe des Bundesministeriums für Ernährung Landwirtschaft und Forsten, Heft 458, S. 11-13, S. 67f, S. 74f, Bonn 1997.

[14] Siehe dazu Anmerkung 2.

[15] Siehe dazu Anmerkung 12.

[16] EROPEAN COMMISSION (Hrsg.): „Agricultural Situation and Prospects in the Central and East European Countries", verschiedene Länderstudien, Directorate-General for Agriculture, Working Document, Brüssel, 1995.

1.2.2 Aufbau

Die vorliegende Arbeit soll die Privatisierung des ungarischen und tschechischen Agrarsektors theoretisch und empirisch untersuchen, wobei die Neuverteilung der Eigentumsrechte am Boden im Mittelpunkt der Analyse steht. Nach der Einleitung im ersten Kapitel wird zunächst in Kapitel 2 die verfolgte Vorgehensweise kurz dargestellt und ihre Vor- bzw. Nachteile diskutiert. Als Ausgangspunkt für die eigentliche Analyse des Themas werden in Kapitel 3, speziell für landwirtschaftliche Nutzflächen, die wirtschaftswissenschaftlichen Grundlagen der Theorie der Eigentums- und Verfügungsrechte sowie deren Einfluß auf die Flächenallokation und Betriebsstruktur dargestellt. Anschließend wird die Relevanz dieser Theorie für die Länder Mittel- und Osteuropas überprüft.

In Kapitel 4 wird der Versuch unternommen, die Veränderungen des ungarischen Agrarsektors von 1945 bis 1996 mit Hilfe der erarbeiteten theoretischen Grundlagen zu systematisieren und zu analysieren. Die in diesem Zeitraum durchgeführten institutionellen Veränderungen sowie die Neuverteilung bzw. Wiederherstellung von Eigentumsrechten an den landwirtschaftlichen Produktionsmitteln und deren rechtliche Absicherung werden analysiert. Dabei wird kurz die Ausgangslage von 1945 und ihre Vorgeschichte untersucht, danach die Entwicklung in der Zeit von 1945-1989 bearbeitet, um schließlich die Veränderungen von 1990 bis 1996 zu analysieren. Analog zu Kapitel 4 wird in Kapitel 5 die Untersuchung für die Tschechische Republik durchgeführt und ein Vergleich mit Ungarn angestellt. Als Kriterien dienen dabei neben den Veränderungen der Eigentums- und Verfügungsrechte an sich, insbesondere deren Auswirkungen auf das Motivations- und Anreizsystem, die Allokation der Produktionsmittel, die Funktionsfähigkeit des Bodenmarktes, die Entwicklung der Betriebsstrukturen, der Arbeitsverfassung, des Erwerbscharakters und der Beschäftigung im Agrarsektor.

Die so gewonnenen Ergebnisse sollen in Kapitel 6 bewertet und damit die Frage beantwortet werden, inwieweit die durchgeführten Reformen ausreichen, um einen funktionierenden Bodenmarkt und einen marktwirtschaftlich orientierten Agrarsektor in Ungarn und der Tschechischen Republik zu schaffen und wie dieser wahrscheinlich aussehen wird. Bei sich zeigenden Defiziten werden Vorschläge für weitergehende Reformen erarbeitet. Die zukünftig zu erwartenden Entwicklungen bzw. die noch nötigen Reformen sollen insbesondere vor dem Hintergrund der sowohl von Ungarn als auch von der Tschechischen Republik angestrebten EU-Vollmitgliedschaft bewertet werden. Abschließend wird der Frage nachgegangen, wie die Strukturunterschiede und die Konkurrenzfähigkeit beider Länder einzuschätzen sind.

1.3 Zur Auswahl der untersuchten Länder

1.3.1 Zu Ungarn

Ungarn weist einige Merkmale auf, die eine Untersuchung der Eigentums- und Verfügungsrechte besonders lohnend erscheinen lassen. Das Land hatte einen der erfolgreichsten Agrarsektoren im ehemaligen Ostblock. Mit 1,56 Mrd. US$ war es 1989 größter Nettoexporteur der mittel- osteuropäischen Länder (MOE-Länder oder MOEL). Die Landwirtschaft hatte einen Anteil von 15,6 % am BIP und von 17,9 % an den Beschäftiten.[17] Daneben war und ist der Agrarsektor einer der Hauptexportbereiche innerhalb der ungarischen Wirtschaft. Im Jahr 1990 erwirschaftete die Landwirtschaft 26 % des gesamten Wertes des ungarischen Exports. Es stellt sich die Frage, ob diese Erfolge allein natürlichen Gegebenheiten bzw. besonders gutem Management zugeschrieben werden können, oder ob es nicht vielmehr wirtschaftspolitische, insbesondere eigentumsrechtliche Besonderheiten gab, die zumindest einen Teil dieser Erfolge erklären.

In Ungarn erfuhren die Verfügungsrechte an den landwirtschaftlichen Produktionsmitteln schon vor 1989 wesentliche Änderungen. Ein wichtiger Schritt war dabei die Einführung der sogenannten „Neuen Ökonomischen Mechanismen“ (NÖM oder NEM) im Jahr 1968. Anhand der Ergebnisse des vorangegangenen Abschnitts soll geklärt werden, ob diese Veränderungen in der sozialistischen Zeit die seit 1989 begonnene Neuordnung der Eigentums- und Verfügungsrechte erleichtern oder erschweren. Dabei werden zunächst die verschiedenen Reformschritte, welche die Verfügungsrechte bis 1989 veränderten, deren rechtliche Absicherung und deren Systematik im Vordergrund stehen. Danach werden die Effekte dieser Veränderung auf den Agrarsektor analysiert.

Die wirtschaftspolitischen Reformen der sozialistischen Zeit führten bis zum Ende der achtziger Jahre zu einer engen Zusammenarbeit zwischen kollektiven und staatlichen Großbetrieben einerseits und privat wirtschaftenden Kleinbetrieben andererseits. Je nach Schätzung stammten Ende der achtziger Jahre zwischen 20 und 30 % der landwirtschaftlichen Bruttoproduktion Ungarns aus Kleinbetrieben. Diese enge und gut organisierte Zusammenarbeit zwischen sozialistischen Großbetrieben und privaten Kleinbetrieben war in den Ländern Mittel- und Osteuropas einzigartig.

Ein weiterer Grund, der für eine Analyse der ungarischen Verhältnisse sprach, war, daß das Land nach 1989 den Weg eines eher graduellen Übergangs von der sozialistischen zur marktwirtschaftlichen Wirtschaftspolitik verfolgte und somit im klaren Gegensatz zu anderen Ländern, wie zum Beispiel Polen oder der Tschechischen Republik, stand. Außerdem war die Agrarpolitik in Ungarn trotz eines Regierungswechsels relativ konsequent und ohne größere konzeptionelle Änderungen durchgeführt worden. Schließlich sprachen auch die räumliche Nähe sowie bestehende

---

[17] OECD (Hrsg.): „Agricultural Policies, Markets and Trade in Central and Eastern European Countries, Selected New Independent States, Mongolia and China. Monitoring and Outlook 1995“, CCET, Paris 1995.

Kontakte, auf die aufgebaut werden konnte, für eine Untersuchung Ungarns. Dies war um so mehr von Bedeutung, als die zur Verfügung stehenden Forschungsmittel relativ begrenzt waren.

1.3.2 Zur Tschechischen Republik

Um nicht nur ein Land isoliert zu betrachten, sollte der Agrarsektor in einem weiteren ehemals sozialistischen Staat untersucht werden, das sich in seiner Ausgangssituation möglichst stark von Ungarn unterscheiden sollte. Dadurch konnte überprüft werden, inwieweit unterschiedliche Voraussetzungen zu unterschiedlichen Privatisierungsstrategien und Ergebnissen führen. Die Wahl fiel dabei auf die Tschechische Republik.

In der Tschechischen Republik war der Anteil der Landwirtschaft an BIP und Beschäftigung vergleichsweise gering. Der jeweilige Anteil betrug 1989 nur 6,3 % bzw. 9,4 %. Im Gegensatz zu Ungarn war die Landwirtschaft der Tschechischen Republik hoch zentralisiert. Es gab nur wenige landwirtschaftlichen Kleinproduzenten; dementsprechend gering war ihr Beitrag zur Gesamtproduktion. Auf etwa 2,2 % der landwirtschaftlichen Nutzfläche (LN) erzeugten sie ca. 11 % der Bruttoproduktion. Es kann davon ausgegangen werden, daß bis 1989 keine wesentlichen Änderungen der Eigentums- und Nutzungsrechte an den landwirtschaftlichen Produktionsfaktoren erfolgt waren, die das Schwergewicht der vergesellschafteten Eigentumsformen vermindert hätten.

Die Tschechische Republik war in sozialistischer Zeit Nettoimporteur landwirtschaftlicher Produkte (v.a. bei pflanzlichen Produkten, während bei tierischen Produkten geringe Exporte getätigt wurden). Nach den politischen Umwälzungen war es offizielle Politik der Regierung dafür zu sorgen, die Versorgung der Bevölkerung mit Grundnahrungsmitteln aus heimischer Produktion zu sichern, nicht jedoch nennenswerte Exportüberschüsse aus dem Agrarsektor zu erzielen.

Die tschechische Regierung beschritt den Weg einer möglichst raschen Umstrukturierung, die oft als „Schocktherapie" bezeichnet wird. Dabei kommt der raschen Schaffung eines hohen Anteils von privatem Eigentum an den Produktionsfaktoren große Bedeutung zu, um die effizienteste Verwendung derselben zu gewährleisten. In der Verfolgung dieses Ziels bestand ein gewisser Gegensatz zwischen der tschechischen Republik und Ungarn. Auch bezüglich der Tschechischen Republik sprachen die räumliche Nähe sowie bestehende Kontakte für eine Einbeziehung in die Untersuchung.

2 Vorgehensweise[18]

2.1 Ansatz

Die Frage der Veränderung der Eigentumsrechte am Boden wurde durch die Untersuchung einschlägiger Literatur, die Auswertung von Statistiken und Expertenbefragungen in Ungarn und der Tschechischen Republik in Angriff genommen. Es wurde versucht, sowohl westliche als auch östliche Quellen möglichst zahlreich zu nutzen. Wobei der Begriff „östlich" im folgenden für Quellen benutzt werden soll, die aus den ehemals sozialistischen Ländern Mittel- und Osteuropas stammen, während als „westlich" solche Quellen bezeichnet werden, die aus marktwirtschaftlich orientierten Ländern kommen. Im folgenden werden die drei Ansätze zur Informationsbeschaffung und die mit ihnen verbundenen Probleme diskutiert und deren Vor- und Nachteile im Bezug auf den Untersuchungsgegenstand aufgezeigt. Somit kann man die Aussagefähigkeit der gewonnenen Daten und der daraus gezogenen Schlußfolgerungen besser einordnen.

2.2 Literaturrecherche

Einschlägige Literatur zu den Themen Eigentumsrechte, Bodenmärkte, Faktorallokationsmechanismen, sozialistische Agrartheorie und -praxis, Probleme der Transformation sozialistischer Volkswirtschaften in marktwirtschaftlich orientierte sowie spezielle Probleme des Agrarsektors in der Transformation von Wirtschaftssystemen wurde ausgewertet. Der Begriff Literatur soll im folgenden in einem weiten Sinn verwendet werden. Je nach Fragestellung werden darunter nicht nur wissenschaftliche Veröffentlichungen, sondern auch Gesetzestexte, politische Absichtserklärungen, Programme von Parteien und Regierungen und anderes mehr verstanden.

Von Vorteil war, daß diese Quellen einen großen Zeitraum abdecken. So konnte die Entwicklung der Landwirtschaft im Untersuchungsgebiet für das 19. und 20. Jahrhundert sowohl in wissenschaftlichen Arbeiten und Gesetzestexten als auch anhand von offiziellen Regierungs- und Presseveröffentlichungen analysiert werden. Es kann jedoch nicht ausgeschlossen werden, daß durch nicht ganz vollständige Literaturauswahl bzw. durch vorhandenen Lücken insbesondere für die Zeiten revolutionärer Umbrüche, bei der Analyse mancher Sachverhalte und historischer Geschehnisse eine verkürzte oder nur eingeschränkt aussagefähige Untersuchung gelungen ist. Es wurde versucht, einseitige Darstellungen zu vermeiden.

---

[18] DILLON, William R., Thomas J. MADEN und Neil H. FIRTLE: „Marketing Research in a Marketing Environment", S. 151ff, 2nd ed., Homewood, Boston, 1987 sowie
YIN, Robert K.: „Case study Research, Design and Methods", S. 78ff, Applied Social Research Methods Series, Volume 5, 2nd ed., London, 1994.

Auf Literaturquellen kann wiederholt zurückgegriffen werden, was sich besonders dort als vorteilhaft erwies, wo sich einzelne widersprechen. Durch Vergleiche verschiedener Quellen konnten einige Fehler beseitigt werden. Es standen sowohl Arbeiten westlicher als auch östlicher Autoren zu Verfügung, so daß tendenziöse Stellungnahmen leichter aus der Untersuchung eliminiert werden konnten. Es war jedoch unmöglich, alle Widersprüche der verschiedenen Quellen auszuräumen. In solchen Fällen wird gesondert auf die unterschiedlichen Aussagen hingewiesen.

Als problematisch erwiesen sich die teilweise ideologisch gefärbten Aussagen einiger Autoren, die die Aussagefähigkeit der jeweiligen Arbeiten einschränkten. Dies war sowohl bei westlichen als auch östlichen Autoren festzustellen. Insbesondere Literatur aus der Zeit von der Machtergreifung der sozialistisch bzw. kommunistisch ausgerichteten Parteien Mittel- und Osteuropas bis zu deren Sturz 1989/90 ist in dieser Hinsicht sehr kritisch zu beurteilen. Hinzu kommt, daß östliche Autoren häufig nur dann publizieren konnten, wenn die Aussagen ihrer Veröffentlichungen mit der offiziellen Linie der Partei übereinstimmten. Wie weit der Einfluß politischer Organe oder ideologischer Standpunkte im einzelnen reicht, ist nur schwer abzuschätzen. Es dürfte jedoch klar sein, daß er bei keinem Autor - auch nicht bei westlichen Autoren - völlig auszuschließen ist.

Der Einfluß ideologischer Standpunkte und politischer Ansichten kam mit dem Ende der sozialistischen Herrschaft keineswegs zum Erliegen. Im allgemeinen haben heute wissenschaftliche Autoren Mittel- und Osteuropas wegen ihrer Veröffentlichungen keine Repressalien mehr zu befürchten. Das schließt aber nicht automatisch aus, daß sie weiterhin - wenn auch vielleicht unbewußt - ideologisch geprägten Denkmustern folgen, die die notwendige Neutralität beeinträchtigen. Ebensowenig kann dies bei westlichen Autoren ausgeschlossen werden. Die seit 1989/90 stattfindenden Reformen des politischen Systems sowie die mit der Transformation verbundenen Verteilungskämpfe um Eigentumsrechte und Entschädigungsansprüche dürften einen zusätzlichen Beitrag zur Beeinflussung der Veröffentlichungen in die eine oder andere Richtung geleistet haben.

Ein Problem eher grundsätzlicher Natur stellt die Tatsache dar, daß die vorhandene Literatur nicht unbedingt auf den Untersuchungsgegenstand dieser Arbeit ausgerichtet ist. Dies scheint eine triviale Feststellung zu sein. Bei der Analyse entsprechender Veröffentlichungen darf dieser Gesichtspunkt jedoch nicht außer Acht gelassen werden. In manchen Quellen werden im Kontext anderer Fragestellungen Aussagen bezüglich der für die hier vorliegende Arbeit relevanten Eigentumsrechte gemacht. Aufgrund unterschiedlicher Grundannahmen oder eines anderen Forschungskonzepts sind sie aber nur eingeschränkt nutzbar.

Zwei Schwierigkeiten technischer Natur waren einerseits der Zugang zur Literatur bzw. dessen Beschränkung und andererseits - bei nicht deutschsprachigen Quellen - die Übersetzung derselben. Der Zugang zu Literatur, die in westlichen Ländern erschienen ist, stellte sich vergleichsweise unproblematisch dar. Veröffentlichungen aus Mittel- und Osteuropa waren zum Teil überhaupt nicht erhältlich, oder erst nach erheblicher zeitlicher Verzögerung. Manchmal wurde der Zugang zu bestimmten Veröffentlichungen bewußt verwehrt. Zugangsbeschränkungen waren vor allem in der Anfangsphase der Transformation häufig. Mit zunehmendem Fortschritt der demokratischen Reformen wurden Zugangsbeschränkungen immer weiter gelockert und schließlich völlig aufgehoben.

Bei ungarischen und tschechischen Quellen wurde die Hilfe von Übersetzern in Anspruch genommen. Dabei ließ es sich nicht vermeiden, daß es bei der Übersetzung bestimmter Passagen oder bei Fachbegriffen, für die es im Deutschen keine Entsprechung gibt zu Ungenauigkeiten kam. In solchen Fällen wird ausdrücklich darauf hingewiesen und neben der Übersetzung der jeweilige Begriff in der Originalsprache angegeben. Um derartige Fehlerquellen zu minimieren, wurden sie bei den Expertenbefragungen angesprochen und, soweit möglich, geklärt. Bei Quellen in ungarischer Sprache geschah dies mit Hilfe der Mitarbeiter des Agrarökonomischen Forschungsinstituts in Budapest und des Südostinstituts München. Bei Quellen in tschechischer Sprache mit Hilfe verschiedener Mitarbeiter der Südböhmischen Universität Budweis.

2.3 Auswertung statistischer Daten

Neben einschlägiger Literatur wurde ein Schwerpunkt auf die Auswertung statistischer Daten gelegt. Insbesondere die Veränderung der Eigentums- und Verfügungsrechte an den Produktionsfaktoren wurde mit Hilfe statistischer Quellen untersucht. Die statistischen Daten in den Staaten Mittel- und Osteuropas sind für die Zeit der sozialistischen Herrschaft sehr umfangreich und zu den verschiedensten Fachgebieten erhältlich. In der sozialistischen Zentralverwaltungswirtschaft waren für die Entwicklung der Wirtschaftspläne möglichst umfassende und genaue Statistiken unentbehrlich. Man ist daher geneigt anzunehmen, daß die Statistiken aus der sozialistischen Zeit vergleichsweise gut sind. Wie sich jedoch herausstellte ist die tatsächliche Qualität dieser Statistiken eher mangelhaft.

Statistische Daten haben den Vorteil, daß man Unstimmigkeiten verschiedener Quellen durch Vergleich eliminieren oder sich zumindest über die eingeschränkte Aussagefähigkeit einzelner Quellen klar werden kann. Dies erwies sich als besonders wertvoll beim Vergleich westlicher und östlicher Statistiken, die sich zum Teil erheblich unterschieden. Auch Schwierigkeiten, die sich durch mangelhafte Übersetzung nicht deutschsprachiger Quellen ergaben, konnten so beseitigt werden.

Statistiken decken große Zeiträume ab, sind quantitativer Natur und relativ exakt. Es ist daher möglich, mit Hilfe von Zeitreihenvergleichen, Regressionsanalysen und anderen Methoden langfristige Entwicklungen zu untersuchen, die mit qualitativen Daten nicht durchzuführen sind. Schwierigkeiten bereiten dabei jedoch Wechsel in den verwendeten Berechnungs- und Erhebungsmethoden. Manche Statistiken erscheinen lückenlos für einen Zeitraum von vielen Jahren. Bei genauer Analyse kann sich jedoch herausstellen, daß die Methode der Datenerhebung oder der Auswertung verändert wurde und Daten nicht mehr oder nur eingeschränkt vergleichbar sind. Hinzu kommt die Lückenhaftigkeit statistischer Erhebungen in Zeiten revolutionärer Umbrüche oder Kriege. Gerade die Zeit der Endphase des zweiten Weltkriegs sowie die Zeit danach bis zum Abschluß der sozialistischen Machtergreifung, ist in Hinsicht auf die Änderung von Eigentums- und Verfügungsrechten sehr schwer zu analysieren. Die Wirren des zu Ende gehenden Krieges, der Vertreibung verschiedener Ethnien (Deutscher, Ungarn u.a.m.), Reformen der ersten Nachkriegsregierungen und die später einsetzende sozialistische Umgestaltung der Wirtschaft überlagerten sich. Die Ursachen für Veränderungen in statistischen Daten können daher nicht immer eindeutig geklärt werden.

Ein ähnliches Problem ergab sich bei der Auswertung der Daten von Katasterämtern in ehemals sozialistischen Ländern. Die sozialistischen Regierungen gingen davon aus, daß die Eigentumsrechte an den Produktionsfaktoren im Laufe der Zeit vollständig vergesellschaftet würden. Folgt man dieser Argumentation, ist es durchaus logisch, die Führung der Kataster zu vernachlässigen bzw. völlig zu unterlassen. Für die Arbeit bedeutete dies, daß die Kataster meist nur für die Anfangsjahre der sozialistischen Herrschaft sinnvolle Aussagen zulassen, während die Daten für die späteren Jahre praktisch wertlos sind. Derartige Beeinflussung durch ideologische Standpunkte von Regierungen, Statistikern oder statistischen Ämtern läßt sich im einzelnen nur schwer nachweisen, dürfte aber ein allgemeines Phänomen sein.

Angesichts dieser Probleme erwies es sich als sehr nützlich, daß sowohl westliche, als auch östliche Quellen zur Verfügung standen. Manche Schwierigkeiten konnten somit, zumindest zum Teil durch den Vergleich westlicher und östlicher Quellen gelöst werden. Die Vergleichbarkeit statistischer Methoden ist nicht immer gegeben. Insbesondere in sozialistischer Zeit wurden in den Ländern Mittel- und Osteuropas zum Teil andere Ansätze und Methoden gewählt, als dies im Westen allgemein üblich war. In eingeschränktem Maße gilt dies auch für die Transformationszeit. Seit 1989/90 befinden sich die statistischen Ämter und Behörden in einer Umstrukturierungsphase, die 1996 keineswegs abgeschlossen war. Somit ergeben sich auch für die 90'er Jahre, ähnlich wie für vorangegangene Jahrzehnte erhebliche Datenunsicherheiten.

Unvollständige Auswahl von statistischem Material kann zu Einseitigkeit führen. Liegen für bestimmte Zeiträume nur östliche oder nur westliche Quellen vor, wird es schwierig, ideologische oder methodische Einseitigkeit zu eliminieren. Dazu nur einige kurze Beispiele: Die sozialistischen Großbetriebe stellten ihren Mitarbeitern bzw. Mitgliedern Vorleistungsgüter wie Dünge- und Futtermittel für die Eigenproduktion zur Verfügung. Wurde die Eigenproduktion der privaten Neben- und Hilfswirtschaften statistisch erfaßt, so erfuhren die von den Großbetrieben erhaltenen Vorleistungsgüter keine Berücksichtigung. Somit wurde die Produktivität und Effizienz der Kleinbetriebe systematisch zu hoch ausgewiesen. Den gleichen Effekt hatte die Zuteilung von Nahrungsmitteln durch die Großbetriebe an die Mitarbeiter bzw. Mitglieder. Verkauften die Privatpersonen die zugeteilten Naturalien weiter, so wurden sie statistisch der Klein- und Privatwirtschaft zugerechnet, auch wenn der Einzelne vielleicht überhaupt nicht selbst in der Kleinproduktion aktiv war.

Ein anderer systematischer Fehler ergab sich bei der Produktion der sozialistischen Großbetriebe. Die Betriebsleiter waren der Zentrale (d.h. meist dem Landwirtschaftsministerium) gegenüber verantwortlich für die Erfüllung der Planvorgaben. Die Planvorgaben bauten auf den Leistungen der vorangegangenen Jahre auf. Viele Betriebsleiter tendierten daher zu zwei charakteristischen Verhaltensweisen: Erstens gaben sie den Bedarf an Vorleistungsgütern höher als den Tatsächlichen an, um einerseits bei den häufig auftretenden Versorgungsengpässen immer noch genügend Produktionsmittel zugeteilt zu bekommen und andererseits, um durch höheren Produktionsmitteleinsatz die Planvorgaben leichter zu erfüllen. Zweitens waren die Betriebsleiter versucht, die Produktion niedriger anzugeben als dies real der Fall war, so daß sie damit rechnen konnten, in der folgenden Planperiode niedrigere Vorgaben zu erhalten.

Statistische Unstimmigkeiten sind keineswegs auf die ehemals sozialistischen Länder Mittel- und Osteuropas beschränkt. Beim Vergleich verschiedener Veröffentlichungen der gleichen Stelle zur Agrarwirtschaft Mittel- und Osteuropas ergeben sich zum Teil erhebliche Unterschiede in den ausgewiesenen Daten, die nicht ohne weiteres erklärbar sind.[19] Soweit möglich, wurden immer die jüngsten verfügbaren Daten als Grundlage für die Analyse herangezogen. Als Beispiel hierfür ein Vergleich der ausgewiesenen Produzenten- (PSE) und Konsumentensubventionsäquivalente (CSE) für Ungarn und die Tschechische Republik. Die Tabellen 2.3 a) und 2.3 c) stammen beide aus der OECD-Veröffentlichung: „Agricultural Policies, Markets and Trade in Transition Economies, Monitoring and Evaluation 1996“, während die Tabellen 2.3 b) und 2.3 d) aus den jeweiligen Länderberichten der OECD stammen. Alle drei Veröffentlichungen sind von der gleichen Arbeitsgruppe der dem sogenannten „Centre for Co-operation with the Economies in Transition“ (CCET) innerhalb von drei aufeinander folgenden Jahren verfaßt. Dennoch ist für beide Länder die Datenlage offensichtlich unsicher und starken Veränderungen unterworfen, wie aus einem Vergleich der Tabellen sehr deutlich wird. Somit ist auch bei der Verwendung von Daten renommierter westlicher Quellen eine gewisse Skepsis angebracht.

Ein anderes Problem der verfügbaren statistischen Quellen war die Tatsache, daß die Daten nicht auf den Gegenstand dieser Arbeit ausgerichtet waren. Zum Teil gab es bezüglich der Eigentums- und Verfügungsrechte an den Produktionsfaktoren nur Erhebungen die zeitlich sehr weit auseinander lagen. Ablauf und Ursachen von Veränderungen konnten in solchen Fällen nur vermutet werden.

---

[19] OECD: Centre for Co-operation with the Economies in Transition (CCET), Paris.

Tabelle 2.3 a): Entwicklung von PSE und CSE in Ungarn laut OECD 1996

Jahr	1986	1987	1988	1989	1990	1991	1992
Produktionswert (absolut, Mrd. Forint)	197,3	206,4	222,1	265,0	318,1	301,5	277,5
Brutto-PSE (absolut, Mrd. Forint)	93,9	92,0	77,5	67,6	88,4	38,6	17,1
Netto-PSE (absolut, Mrd. Forint)	90,4	87,8	84,1	78,8	81,9	44,6	30,4
Netto-PSE (relativ in %)	46	43	38	30	26	15	11
Konsumwert (absolut, Mrd. Forint)	157,7	163,0	170,3	209,1	274,3	237,8	268,0
Gesamte CSE (absolut, Mrd. Forint)	- 47,0	- 41,6	- 34,3	- 26,2	- 57,6	- 17,5	4,3
Gesamte CSE (relativ in %)	- 30	- 26	-20	- 13	- 21	- 7	2

(Quelle: OECD (Hrsg.): „Agricultural Policies, Markets and Trade in Transition Economies, Monitoring and Evaluation 1996“, S. 183, CCET, Paris, 1996.

Tabelle 2.3 b): Entwicklung von PSE und CSE in Ungarn laut OECD 1994

Jahr	1986	1987	1988	1989	1990	1991	1992
Produktionswert (absolut, Mrd. Forint)	201,7	221,4	232,1	276,3	313,0	316,6	256,2
Brutto-PSE (absolut, Mrd. Forint)	102,3	113,7	80,9	62,8	79,0	56,6	21,9
Netto-PSE (absolut, Mrd. Forint)	91,0	97,2	78,6	62,3	68,7	47,4	21,6
Netto-PSE (relativ in %)	45	44	34	23	22	15	8
Konsumwert (absolut, Mrd. Forint)	156,6	164,3	172,4	207,3	242,8	220,5	226,8
Gesamte CSE (absolut, Mrd. Forint)	- 56,2	- 60,9	- 41,6	- 28,4	- 49,3	- 33,2	- 16,1
Gesamte CSE (relativ in %)	- 36	- 37	- 24	- 14	- 20	- 15	- 7

Quelle: OECD (Hrsg.):„Review of Agricultural Policies: Hungary“, S. 192f, CCET, Paris, 1994.

Tabelle 2.3 c): Entwicklung von PSE und CSE in der Tschechischen Republik laut OECD 1996

Jahr	1986	1987	1988	1989	1990	1991	1992
Produktionswert (absolut, Mrd. Kronen)	67,3	67,2	69,5	89,3	94,9	83,5	77,7
Brutto-PSE (absolut, Mrd. Kronen)	49,3	43,3	38,2	48,3	52,0	45,5	21,5
Netto-PSE (absolut, Mrd. Kronen)	46,3	40,5	37,5	48,6	50,7	41,8	21,8
Netto-PSE (relativ in %)	69	60	54	54	53	50	28
Konsumwert (absolut, Mrd. Kronen)	50,7	51,8	52,9	66,3	69,3	65,0	67,5
Gesamte CSE (absolut, Mrd. Kronen)	- 20,3	- 16,6	- 11,7	- 7,9	- 19,3	- 32,4	- 16,4
Gesamte CSE (relativ in %)	- 40	- 32	- 22	- 12	- 28	- 50	24

Quelle: OECD (Hrsg.): „Agricultural Policies, Markets and Trade in Transition Economies, Monitoring and Evaluation 1996", S. 181 CCET, Paris, 1996.

Tabelle 2.3 d): Entwicklung von PSE und CSE in der Tschechischen Republik laut OECD 1995

Jahr	1986	1987	1988	1989	1990	1991	1992
Produktionswert (absolut, Mrd. Kronen)	70,9	70,6	73,7	95,9	100,7	90,7	84,0
Brutto-PSE (absolut, Mrd. Kronen)	44,1	37,6	36,3	50,0	53,0	47,9	23,0
Netto-PSE (absolut, Mrd. Kronen)	41,5	34,6	35,1	49,3	51,3	43,2	22,4
Netto-PSE (relativ in %)	59	49	48	51	51	48	27
Konsumwert (absolut, Mrd. Kronen)	53,9	54,9	56,5	71,7	74,2	71,5	73,2
Gesamte CSE (absolut, Mrd. Kronen)	- 15,0	- 10,8	- 9,3	- 8,2	- 19,3	- 35,1	- 18,1
Gesamte CSE (relativ in %)	- 28	- 20	- 17	- 11	- 26	- 49	- 25

Quelle: OECD (Hrsg.):„Review of Agricultural Policies Czech Republic", S. 254f, CCET, Paris, 1995.

Die Vermutungen, die sich aus den Statistiken ergaben, wurden in den Expertenbefragungen überprüft und gegebenenfalls verworfen. Daten über Eigentums- und Verfügungsrechte sind häufig sehr stark aggregiert. Meist erhält man nur Zahlenmaterial auf nationaler oder regionaler Ebene. Versucht man, Daten auf einzelbetrieblicher Basis zu erhalten, so gerät man in Konflikt mit dem Datenschutz oder man stößt an die Grenzen der Auskunftsbereitschaft von Gesprächspartnern. Um exakte und möglichst umfassenden Daten zu erhalten, wäre eine detaillierte Totalerhebung auf Betriebsebene notwendig gewesen, die sowohl die zeitlichen wie finanziellen Möglichkeiten der Arbeit überstiegen hätten.

2.4 Expertenbefragungen vor Ort

Das dritte Instrument, welches zur Untersuchung der Veränderungen von Eigentums- und Verfügungsrechten und deren Auswirkungen auf die Faktorallokation eingesetzt wurde, war die Befragung von Experten. Es wurde versucht, die in der Literatur und den statistischen Quellen vorhandenen Lücken und Unstimmigkeiten in den Befragungen zu klären. Expertenbefragungen können qualitativ hochwertige Daten zu bestimmten Sachverhaltn liefern, während ihre quantitative Aussagefähigkeit - je nach Untersuchungsgegenstand, Zahl und Qualität der befragten Experten - relativ gering ist.

Die Qualität der Daten, die durch Expertenbefragungen gewonnen werden kann, hängt von verschiedenen Faktoren ab. Solche Faktoren sind die Strukturierung der Fragestellung, die Erfahrung des Interviewers sowie Stichprobenumfang und die Zusammensetzung der Stichprobe. Die Auswahl der Experten wurde so vorgenommen, daß Betriebsleiter landwirtschaftlicher Unternehmen, als die direkt von der Umstrukturierung der Eigentums- und Verfügungsrechte Betroffenen, Personen aus der Verwaltung, als dem durchführenden Organ der Umstrukturierung, und Wissenschaftler der Disziplinen Agrarökonomie, -politik und -recht vertreten waren. Letztere sollten die Umstrukturierung aus wissenschaftlicher Sicht bewerten. Da die Mitarbeit an den Befragungen grundsätzlich freiwillig ist, kommt es zu einer Selbstauswahl der Experten, die eine repräsentative Stichprobe im statistischen Sinn ausschließt. Bei den Befragten und den von ihnen gemachten Aussagen kann eine gewisse Einseitigkeit daher nicht völlig ausgeschlossen werden. Außerdem führte die Selbstauswahl dazu, daß zu manchen Fragestellungen mehr Informationen vorlagen als zu anderen.

Außerdem stellten die Ansichten der Experten nur eine Momentaufnahme dar. Da die selben Experten im allgemeinen nicht mehrmals befragt wurden, konnten Veränderungen in ihren Aussagen und Einschätzungen bezüglich der Umstrukturierung nicht analysiert werden. Jedoch wurden die Expertenbefragungen in zwei Blöcken im Abstand von acht bzw. zehn Monaten durchgeführt. Hätte in dieser Zeit eine gravierender Neubewertung der Umstrukturierung der Eigentums- und Verfügungsrechte stattgefunden, so hätte sich dies sicherlich in den Äußerungen der Experten niedergeschlagen. Beim Vergleich der Befragungsprotokolle von 1995 mit denen von 1996 konnte eine derartige Veränderung jedoch nicht festgestellt werden.

Die Möglichkeit, die Expertenbefragung auf den Untersuchungsgegenstand auszurichten, erwies sich als großer Vorteil gegenüber der Auswertung von Literatur und statistischen Quellen. Die Gespräche konnten sehr konzentriert auf den zu untersuchenden Sachverhalt zugeschnitten werden. Dies machte es möglich, einen guten Einblick in Standpunkte verschiedener Experten zu gewinnen. Gleichzeitig bestand aber die Gefahr, durch zu enge Fragestellungen oder gar suggestive Gesprächsführung den Informationsgehalt zu vermindern, oder auch falsche Aussagen zu erhalten.

Ein ähnlich gelagertes Problem kann sich ergeben, wenn Experten nicht ihre wirkliche Meinung äußern, sondern das sagen, von dem sie glauben, daß es der Befrager hören will. Diese Verhaltensweise des „vorauseilenden Gehorsams" kann zu erheblichen Verzerrungen der Daten aus Expertenbefragungen führen. Dabei kann es durchaus sein, daß der Experte sich seines Verhaltens nicht bewußt ist und unwillkürlich seine Meinung der des Befragers anpaßt. Bei der Konzeption der Befragungen ist daher darauf zu achten, den Experten nicht in seiner Meinung zu beeinflussen und ihn über die Ansichten des Befragers möglichst im Unklaren zu lassen. Daneben ist es unerläßlich, während der Befragung eines Experten Sachverhalte mehrmals durch jeweils anders formulierte Fragestellungen zu überprüfen. Dadurch kann man zumindest teilweise testen, ob es bei der Beantwortung zu vorauseilendem Gehorsam gekommen ist oder nicht.

Expertenbefragungen vor Ort sind sehr zeit- und kostenintensiv. Die durchgeführten Befragungen dauerten im Durchschnitt jeweils etwa drei Stunden. Die Nachbereitung der Gesprächsaufzeichnungen nahm je Interview noch mehr Zeit in Anspruch. Berücksichtigt man die Wegstrecken zwischen einzelnen Experten, so wird verständlich, daß kaum mehr als drei oder vier Befragungen pro Tag möglich waren. Der hohe Zeitbedarf muß jedoch vor dem Hintergrund der hohen Qualität der gewonnenen Daten gesehen werden. Daneben stand im Rahmen der Arbeit ausreichend Zeit für Expertenbefragungen zur Verfügung, was diese Beschränkung weniger wirksam werden ließ als finanzielle Erwägungen.

Die finanziellen Mittel, die für die Arbeit aufgewendet werden konnten, waren sehr begrenzt. Neben den Reise-, Unterbringungs- und Verpflegungskosten fielen nicht unerhebliche Kosten für Dolmetscher an, die aber wegen der komplexen Sachverhalte unerläßlich waren. Die vergleichsweise hohen Kosten der Expertenbefragungen waren der Hauptgrund, diese auf den durchgeführten Umfang von zusammen 78 Befragungen mit 79 beteiligten Experten zu beschränken. Sicherlich hätten bei umfangreicheren Stichproben von Experten detailliertere Daten gewonnen werden und die Analyse der Eigentums- und Verfügungsrechte fundierter gestaltet werden können. Die finanzielle Situation schloß dies jedoch aus.

Im Zusammenhang mit der Nutzung von Dolmetschern darf die Möglichkeit von auftretenden Übersetzungsfehlern nicht vernachlässigt werden. Angesichts der begrenzten Finanzmittel mußte ein Kompromiß zwischen der Qualifikation der Übersetzer und deren Preis eingegangen werden. Außerdem wechselten die Übersetzer, so daß nicht durchgehend ein gleichmäßiges Niveau der Übersetzung gewährleistet werden konnte. Es ist nur schwer abzuschätzen, wie stark sich eventuelle Probleme in der Übersetzung auf die Qualität der gewonnenen Daten ausgewirkt haben. Es war jedoch immer so, daß mit steigender Anzahl der Befragungen die Dolmetscher zunehmend sicherer in der Übersetzung und Verwendung von landwirtschaftlichen und ökonomischen Fachbegriffen wurden. Dies mag ein Indiz dafür sein, daß die Qualität der Übersetzung mit der Anzahl der bereits durchgeführten Befragungen angestiegen ist. Selbst bei professionellen Dolmetschern läßt es sich nicht vermeiden, gewisse Nuancen in den Aussagen der Experten durch die unumgängliche Übersetzung zu verlieren. Dies stellt eine Verminderung der Datenqualität dar, die aber dazu beitragen kann bei der Auswertung der Aufzeichnungen, Meinungen der Experten von Fakten besser zu differenzieren.

2.5 Durchführung

In beiden Ländern wurden die Expertenbefragungen in jeweils zwei Runden durchgeführt.[20] Bei einem ersten Forschungsaufenthalt vom 29. September 1995 bis 15. Oktober 1995 wurden in Ungarn insgesamt 21 Befragungen durchgeführt. Bei einem weiteren Aufenthalt vom 29. Juli 1996 bis 9. August 1996 erfolgten insgesamt 16 Befragungen. Insgesamt wurden 38 Befragungen mit 35 Experten unternommen. Mit einem Experten wurden mehrere Befragungen unternommen. Die Befragten kamen aus verschiedenen Fachgebieten. Im einzelnen handelte es sich um vier Agrarökonomen, einen Volkswirtschaftler, zwei Agrarsoziologen, fünf Personen aus Interessenvertretungen, acht Verwaltungsbeamte, acht Leiter von landwirtschaftlichen Großbetrieben, fünf private Kleinlandwirte, ein Genossenschaftsmitglied, zwei Vertreter politischer Parteien und einen Historiker.

In der Tschechischen Republik wurden vom 4. bis 15. Dezember 1995 insgesamt 19 Befragungen durchgeführt. In der Zeit vom 19. bis 31. August 1996 fand ein zweiter Forschungsaufenthalt in der Tschechischen Republik statt, in dessen Verlauf 25 Experten befragt wurden. Insgesamt fanden 40 Befragungen mit 44 beteiligten Experten statt. Der Unterschied zwischen Anzahl der Befragungen und der Zahl der Experten erklärt sich aus der Tatsache, daß bei einigen Befragungen mehrere Experten teilnahmen. Im einzelnen kamen die Experten aus folgenden Fachgebieten: vier Agrarökonomen, ein Agrarrechtler, zwei Agrarsoziologen, zehn Verwaltungsbeamte, ein Mitarbeiter einer Berufsvertretung, elf Leiter von landwirtschaftlichen Großbetrieben, zehn private Kleinlandwirte, fünf Vertreter der Vorleistungsindustrie.

[20] Für eine detailliertere Auflistung der Gespräche wird auf den Anhang der Arbeit verwiesen.

3 Theoretische Grundlagen

3.1 Eigentums- und Verfügungsrechte am Boden in der sozialistischen Wirtschaftstheorie

3.1.1 Die Argumentation früher Wirtschaftstheoretiker

Eine umfassende Darstellung der Ursprünge und Grundlagen sozialistischer Agrartheorie und der daraus entwickelten Agrarpolitik kann im Rahmen dieser Arbeit nicht geleistet werden. Eine solche Darstellung würde den Umfang der Arbeit sprengen und nur in Teilbereichen zur Untersuchung des eigentlichen Themas beitragen. Darüber hinaus liegen dazu eine Fülle von internationalen und deutschen Publikationen vor. Für eine intensivere Analyse sozialistischer Agrarpolitik wird deshalb auf die Arbeiten von Wädekin[21], Schinke[22], Krebs[23], Schweizer[24] sowie Bergmann, Gey und Qaisser[25] verwiesen. Im folgenden wird auf die sozialistische Agrartheorie nur insoweit eingegangen, als sich daraus die eigentums- und verfügungsrechtlichen Rahmenbedingungen der Landwirtschaft in den ehemals sozialistischen Staaten Mittel- und Osteuropas ableiten lassen.

Die für die sozialistische Agrartheorie charakteristische Idee von der Aufhebung des Eigentums an Grund und Boden ist schon relativ früh in Veröffentlichungen philosophischen oder wirtschaftstheoretischen Inhalts zu finden. So fordert Thomas Morus[26] bereits 1516 in seinen Schriften die Beseitigung allen Privateigentums und damit auch des Eigentums an Boden für die von ihm entworfene ideale Gesellschaftsordnung. Dies sei die Voraussetzung für das Glück der Menschen.

Die eigentums- und verfügungsrechtlichen Rahmenbedingungen blieben in den darauffolgenden Jahrhunderten von Morus Forderung unbeeinflußt. Die merkantilistische Wirtschaftspolitik des 17. und der ersten Hälfte des 18. Jahrhunderts tastete die privatrechtliche Struktur der Eigentums- und Verfügungsrechte nicht an.

---

[21] WÄDEKIN, Karl-Eugen: „Sozialistische Agrarpolitik in Osteuropa - I. Von Marx bis zur Vollkollektivierung", Osteuropastudien der Hochschulen des Landes Hessen, Reihe I, Bd. 63, Zentrum für kontinentale Agrar- und Wirschaftsforschung, Universität Gießen, Berlin, 1974.

[22] SCHINKE, Eberhard: „Agrarstrukturelle Konzeption in Osteuropäischen Staaten", Zentrum für kontinentale Agrar- und Wirschaftsforschung, Universität Gießen, Berlin, 1975.

[23] KREBS, Christian: „Die weltanschaulichen und wirtschaftstheoretischen Grundlagen der Agrartheorie im Marxismus-Leninismus", Osteuropastudien der Hochschulen des Landes Hessen, Reihe I, Bd. 129, Zentrum für kontinentale Agrar- und Wirschaftsforschung, Universität Gießen, Berlin, 1983.

[24] SCHWEIZER, Heinrich: „Sozialistische Agrartheorie und Landwirtschaftspolitik in China und der Sowjetunion: ein Modell für Entwicklungsländer ?", S. 27, Bern/Frankfurt, 1972.

[25] BERGMANN, Theodor, Peter GEY und Wolfgang QUAISSER (Hrsg.): „Sozialistische Agrarpolitik", S. 163ff, Köln, 1984.

[26] MORUS, Thomas: „Utopia. Ein wahrhaft goldenes Büchlein von der besten Staatsverfassung und von der neuen Insel Utopia, nicht minder heilsam als kurzweilig zu lesen", (1516), Übersetzung von Gerhard Ritter, Berlin, 1922, S. 39; zitiert nach: SCHWEIZER, H. wie Anm. 24.

Im Gegensatz zu Morus traten die sogenannten Physiokraten[27] (Hauptvertreter: F. Quesnay und A. R. J. Turgot) in der zweiten Hälfte des achtzehnten Jahrhunderts dafür ein, das Privateigentum an den Produktionsfaktoren und die Möglichkeit der freien wirtschaftlichen Betätigung des Individuums zu erhalten und zu sichern. Sie sahen die Landwirtschaft als den einzig produktiven Sektor der Volkswirtschaft an. Den feudalen Grundeigentümern stünde die Pacht der den Boden bewirtschaftenden Familien zu, da sie den Boden urbar gemacht hätten und seinen Wert durch Melioration steigern würden. Ferner hätten die Grundeigentümer die Funktion, den Überschuß des produktiven Sektors (das heißt der Landwirtschaft) durch den Kauf gewerblicher Erzeugnisse an die anderen Sektoren zu verteilen. Bezüglich der Betriebsstruktur sollte der Staat dafür Sorge tragen, daß die Kleinbetriebe und Teilpächter verschwänden, denn diese seien technisch rückständig und nicht in der Lage, unternehmerische Initiative zu entfalten. Mit dieser Argumentation rechtfertigten die Pysiokraten die feudale Struktur der Eigentums- und Verfügungsrechte am landwirtschaftlichen Boden.

Nach den grundlegenden Arbeiten von Adam Smith[28] und anderen, bezüglich allgemeiner volkswirtschaftlicher Probleme, war es 1815 Thomas Robert Malthus[29], der eine umfassende Grundrentenlehre entwickelte und damit auf Fragen der Eigentumsverfassung als Rahmen der Rentenverteilung einging. David Ricardo[30] sah die Verknappung des Faktors Boden und die damit verbundene Entwicklung von Eigentums- und Verfügungsrechten als Ursache der Entstehung der Grundrente. Diese Vertreter des wirtschaftlichen Liberalismus erkannten die Bedeutung der Eigentumsverfassung für die Verteilung der Grundrente, nahmen diese jedoch als mehr oder wenig gegeben hin.

Die Theoretiker der sozialistischen Wirtschaftsordnung griffen die Idee der Vergesellschaftung der Produktionsfaktoren auf und systematisierten sie. Die grundlegende Reform der Eigentumsverfassung wurde bereits von den Frühsozialisten als Kernpunkt sozialistischer Wirtschaftspolitik vertreten. Die Theorie Malthus vom Auseinanderklaffen von Nahrungsmittelnachfrage und Nahrungsmittelproduktion wurde von den sozialistischen Theoretikern nur dann als gültig akzeptiert, wenn in der Gesellschaft das Privateigentum an Grund und Boden nicht beseitigt worden war.[31] Mit anderen Worten, die Aufhebung desselben trage wesentlich zu einer für das Bevölkerungswachstum ausreichenden Produktionssteigerung bei.

Die Mehrheit der frühen sozialistischen Wirtschaftstheoretiker vertrat die Meinung, es müßten grundsätzlich alle Bodeneigentümer enteignet werden. Davon gab es nur

---

[27] BLAICH, Fritz: „Physiokratie", in: „Handwörterbuch der Wirtschaftswissenschaften", Bd. 6, S. 84-89, Stuttgart, New York, 1981.

[28] SMITH, Adam: „Inquiry into the Nature and Causes of the Wealth of Nations", London, 1776.

[29] MALTHUS, Robert Thomas: „Inquiry into the Nature of Rent", London, 1815.

[30] RICARDO, David: „Grundsätze der Volkswirtschaft und Besteuerung", (erste Aufl.: „The Principles of Political Economy and Taxation", London, 1817), S. 54, Jena, 1923.

[31] SCHWEIZER H., S. 30, wie Anm. 24.

zwei nennenswerte Ausnahmen: Pierre-Joseph Proudhon und Gabriel Bonnot. Proudhon erkannte die problematische Verteilung der Eigentumsrechte am Boden an, wollte aber demjenigen den Boden übereignen, der ihn bebaut. Er warnte vor „monopolistischen Genossenschaften und einem 'Wuchern neuer kollektiver Egoismen'".[32] Ähnlich argumentierte Bonnot, der zwar für den Staat als Bodeneigentümer eintrat, aber dieser sollte den Boden an einzelne Bauern zur Bewirtschaftung dauerhaft, jedoch ohne eine Vererbung zuzulassen, verpachten.[33]

3.1.2 Die Ansichten von Marx und Engels

In der von Marx entworfenen sozialistischen Wirtschaftstheorie spielt der Begriff des Mehrwertes eine zentrale Rolle. Marx übernahm dabei von den Klassikern[34] die Unterscheidung zwischen dem Wert (Tauschwert) und dem Preis (Gebrauchswert) eines Gutes. Der Wert von Sachgütern beruhe auf der zu ihrer Herstellung erforderlichen gesellschaftlich notwendigen Durchschnittsarbeit. Der Wert des Produktionsgutes Arbeitskraft beruhe demnach auf der zur Herstellung der Unterhalts-, Erziehungs- und Fortpflanzungsmittel des Arbeiters bzw. seiner Familie erforderlichen Durchschnittsarbeit. Marx geht davon aus, daß die Arbeit zum Tauschwert vom kapitalistischen Unternehmer gekauft werde, ihr Gebrauchswert jedoch höher sei als der Teil der Erzeugnisse, der dem Arbeiter zur „Reproduktion" der Ware Arbeit als Lohn gewährt werde. Die Differenz zwischen Tausch- und Gebrauchswert der Arbeit wird von Marx als Mehrwert definiert. Der Mehrwert komme nicht dem Arbeiter, sondern, aufgrund der Rechtsordnung, dem Unternehmer zugute. Moralisch gesehen - so Marx -, sei dies als Ausbeutung anzusehen. Um die Ausbeutung zu beenden, muß, nach der Theorie des Marxismus, das private Eigentum an allen Produktionsfaktoren, somit auch am Boden, abgeschafft werden.

Als Konsequenz aus dieser Sichtweise, wird im kommunistischen Manifest[35] von 1848, als erste Maßnahme nach einer kommunistischen Machtergreifung, die Enteignung (nach Marx „Nationalisierung") des Bodeneigentums gefordert. Dabei sahen sowohl Marx als auch Engels in späterer Zeit die Möglichkeit einer Entschädigung der Enteigneten vor. Ferner sollte die Enteignung nicht auf Gewalt beruhen, insbesondere nicht im Fall der Kleinbauern.[36] Marx war der Ansicht, die Entwicklung der kapitalistischen Wirtschaft führe zu zunehmender Konzentration des Produktivkapitals in wenigen Händen und zu immer stärker werdenden Wirtschaftskrisen.

---

[32] Ebenda, S. 32.

[33] Ebenda.

[34] Siehe zum Beispiel D. RICARDOs Arbeitswertlehre in: „The Principles (...), wie Anm. 30.

[35] MARX, Karl und Friedrich ENGELS: „Manifest der Kommunistischen Partei", (1848), 20. Auflage Berlin (Ost), 1963, S. 67; zitiert nach: SCHWEIZER, H., S. 58, wie Anm. 24.

[36] ENGELS, Friedrich: „Die Bauernfrage in Frankreich und Deutschland", in: Neue Zeit, 1894/95, S. 292-306; zitiert nach SCHWEIZER, H., S. 58, wie Anm. 24.

Eine Konzentration der Eigentumsrechte an den Produktionsfaktoren und der damit verbundene Untergang der Kleinbauern trat in der Landwirtschaft der meisten Länder, entgegen der Vorhersagen der sozialistischen Theorie nicht ein.[37] Zwar wuchs die durchschnittliche Größe landwirtschaftlicher Betriebe im Zeitablauf erheblich, insbesondere infolge des mechanisch technischen Fortschritts einerseits und der kontinuierlichen Verknappung des Faktors Arbeit andererseits, aber die meisten Betriebe blieben im Eigentum der sie bewirtschaftenden Familien. Der für den Großbetrieb charakteristische Einsatz von familienfremden Lohnarbeitskräften blieb relativ gering. Eine Ausnahme hiervon bildete die in einigen Ländern anzutreffende Bodenkonzentration in den Händen adeliger Familien und kirchlicher Gemeinschaften, die auf überkommene, zum Teil feudale Eigentumsstrukturen zurückging.

3.1.3 Die Weiterentwicklung der sozialistischen Bodentheorie

Eine Weiterentwicklung erfuhr die Marxsche Theorie durch die sogenannten Revisionisten, die die Widersprüche zwischen der wirtschaftlichen Realität und der Marxistischen Theorie zu beheben suchten. Einer ihrer Ansatzpunkte bestand in dem Nachweis, daß in der Landwirtschaft offensichtlich kein Konzentrationsprozeß auftrat, wie er von Marx vorhergesagt worden war. Die Hauptvertreter der Revisionisten waren Eduard David und Eduard Bernstein.[38] Karl Kautsky hingegen verteidigte die Ansichten Marx' zur Agrarfrage und versuchte, auf der Grundlage der Äußerungen von Marx und Engels zu dieser Frage, eine vollständige sozialistische Theorie der Agrarfrage zu entwerfen.[39] Kautskys Interpretation der Agrarfrage wurde in der Folge zur wesentlichen Grundlage der Agrarpolitik sozialistischer Staaten. Lenin bezeichnete das Werk Kautskys zur Agrartheorie als die „nach dem dritten Band des 'Kapitals' hervorragendste Erscheinung der neueren ökonomischen Literatur".[40]

Kautsky[41] erklärte die offensichtlich nicht erfolgte Konzentration der Produktionsfaktoren im Agrarbereich unter anderem mit der viel größeren Rolle des Bodens in diesem Sektor als in anderen Bereichen der Wirtschaft. Während in der Industrie die Kapitalakkumulation im wesentlichen bodenunabhängig erfolge, sei dies in der Landwirtschaft nicht der Fall. Das Privateigentum am Boden und das unelastische Bodenangebot seien ursächlich dafür verantwortlich, daß sich landwirtschaftliche Betriebe nicht so rasch vergrößern könnten wie Industriebetriebe.

Sowohl die Revisionisten als auch die Verteidiger der Aussagen von Marx beschränkten die Diskussion fast ausschließlich auf das Kriterium der Betriebsfläche.

---

[37] SCHWEIZER, H., S. 61-64, wie Anm.24.

[38] Siehe dazu DAVID, Eduard: „Sozialismus und Landwirtschaft", 2. Auflage, Leipzig, 1922 und BERNSTEIN, Eduard: „Die Voraussetzungen des Sozialismus und die Aufgaben der Sozialdemokratie", (1899), S. 107, 2. Aufl., Stuttgart, 1921.

[39] KAUTSKY, Karl: „Die Agrarfrage", Stuttgart, 1899.

[40] LENIN, Wladimir Iljitsch: „Die Entwicklung des Kapitalismus in Rußland", in: Werke, Band 3, S. 13; Berlin (Ost), 1955ff., zitiert nach: SCHWEIZER, H. , S. 66, wie Anm. 24.

[41] KAUTSKY, Karl: „Die Sozialisierung der Landwirtschaft", S. 17ff, Berlin, 1919.

Andere Maßstäbe der Betriebsgröße, wie etwa Kapitaleinsatz, Betriebseinkommen, Umfang der Viehhaltung und Arbeitskräfteeinsatz, blieben weitgehend unberücksichtigt. Diese Kriterien wurden im Laufe der Entwicklung der Landwirtschaft von immer größerer Bedeutung, so daß die sozialistische Theorie in dieser Hinsicht veraltete. Methodisch gesehen kam es zu keiner klaren Trennung des eigentumsrechtlichen vom besitzrechtlichen Ansatz und damit zu einer Vermengung „... zwei[er] Konzept[e]..., die an sich scharf zu trennen wären“.[42]

Franz Oppenheimer vertrat in seinen Veröffentlichungen[43] die Auffassung, daß Eigentumsrechte am Boden zu einer Sperrung des freien Bodens führe (Bodenmonopol, Bodensperre), die ein Klassenmonopol der größeren Bodenbesitzer schaffe. Neben den Monopolgewinnen und der Differenzialrente zugunsten der Eigentümer ergebe sich ein Nachfragemonopol der Bodeneigentümer für Arbeit, woraus Oppenheimer eine Lohnbeschneidung für die ländlichen Arbeiter ableitete. Dies sei im landwirtschaftlichen Bereich die Ursache des „ehernen Lohngesetzes“, welches - aufbauend auf Ricardo - erstmals von Lassalle formuliert worden war. In der Folge komme es zur Landflucht. Das Bodeneigentum sei demnach ursächlich für das Überangebot an Arbeitskräften verantwortlich, welches der Industrie zur Verfügung stehe. Nur deshalb sei es den Unternehmern möglich, die Arbeit zum Tauschwert zu beziehen und einen Mehrwert zu realisieren.

Aus diesem Grund forderte Oppenheimer die Vergesellschaftung der Bewirtschaftung des Bodens. Damit könne das Bodenmonopol der Großgrundbesitzer aufgehoben werden und die entstehende Differenzialrente würde den Arbeitern zugute kommen. Die Vergesellschaftung der Bewirtschaftung dürfe jedoch nicht zu einer Zersplitterung der Bewirtschaftung führen, da sonst die Vorteile des Großbetriebes verloren gingen. Oppenheimer plädierte deswegen für die Errichtung „(...) landwirtschaftliche(r) Arbeiter-Produktivgenossenschaften“.[44]

3.2 Eigentums- und Verfügungsrechte am Boden in der Praxis sozialistischer Länder

3.2.1 Das sowjetische Modell

In den Veröffentlichungen der marxistischen Klassiker wurde kein detailliertes Konzept von Aufbau und Funktionsweise eines sozialistischen Agrarsystems entwickelt. Es lassen sich jedoch aus den Grundmerkmalen der sozialistischen Wirtschaftstheorie und besonders aus den Aussagen zur Bedeutung der Landwirtschaft einige Charakteristika ableiten, die ganz wesentlich zur Formulierung und Durch-

---

[42] SCHWEIZER, H., S. 82, wie Anm. 24.

[43] OPPENHEIMER Franz: „Großgrundeigentum und soziale Frage“, Berlin, 1898; „David Ricardos Grundrententheorie“, Jena, 1909 und „Die Siedlungsgenossenschaft“, Jena, 1922.

[44] OPPENHEIMER, F.: „Die Siedlungsgenossenschaft“, S. 248, wie Anm43.

führung der Agrarpolitik in den sozialistischen Ländern beitrugen.[45] So widersprach privates Eigentum an Produktionsfaktoren den Grundsätzen sozialistischer Wirtschaftstheorie. Dementsprechend sollte es nach dem Erlangen der Macht durch die kommunistische Partei in Eigentumsformen „höheren" Wertes, das heißt in kollektives oder staatliches Eigentum umgewandelt werden.

Noch 1908 argumentierte Lenin erstaunlicherweise gegen eine Verstaatlichung und die nachfolgende Verteilung des Bodens an Kleinbauern und Landlose. Er sagte dazu: „Es ist nichts verkehrter als die Ansicht, daß die Nationalisierung des Bodens irgend etwas mit Sozialismus oder gar mit Landnutzung zu gleichen Teilen zu tun hätte (...)".[46] Nationalisierung und Verteilung sei eine „konsequente bürgerliche Revolution (...), welche (...) der kapitalistischen Entwicklung Tür und Tor öffne (...)".[47] Er war sich darüber im klaren, daß Marx keinen konkreten Weg zum Sozialismus und damit zur sozialistischen Landwirtschaft beschrieben hatte.[48] Um jedoch die Bauern und Landarbeiter für die revolutionäre Machtübernahme der Bolschewisten zu gewinnen, war Lenin 1917 durchaus bereit, den Boden nach einer Nationalisierung an Landlose und Kleinbauern zu verteilen. Entgegen seinen früheren Äußerungen rechtfertigte Lenin diese Maßnahme als einen Schritt zum Sozialismus.[49] Lenin lehnte eine Kollektivierung gegen den Willen der Landbevölkerung ab. Allerdings sah er eine spätere freiwillig erfolgende, gemeinsame Bewirtschaftung als Ziel der Entwicklung an, ohne auf die Art und Weise, wie sie erfolgen sollte, genauer einzugehen.

Die Enteignung der Großgrundbesitzer und aller anderen Bodeneigentümer erfolgte im russischen Reich (die UdSSR wurde erst im Dezember 1922 gegründet) am 26. Oktober 1917. Die Grundlage hierzu bildete das sogenannte „Bodendekret"[50], welches allen Boden in Staatseigentum überführte und für die Zukunft jegliches Privateigentum an Boden ausschloß. Das Dekret wurde durch das Bodengesetz vom 19. Februar 1918 legalisiert.[51] Es betraf auch den Boden der Kleinbauern. Das Ziel des Dekrets war nicht die Kollektivierung oder Verstaatlichung der Bewirtschaftung, sondern des Eigentums, so daß der Boden weiterhin in der Nutzung derjenigen blieb, die ihn selbst bewirtschafteten. Darüber hinaus wurden die Nutzungsrechte

---

[45] BERGMANN T., P. GEY, W. QUAISSER (Hrsg.): „Sozialistische (...)", S. 22, wie Anm. 25.

[46] LENIN, Wladimir Iljitsch: „Die Agrarfrage in Rußland am Ende des 19. Jahrhunderts", (1908) Berlin, 1920, S. 77; zitiert nach: SCHWEIZER, H., S. 102, wie Anm. 24.

[47] SCHWEIZER, H. , S. 102, wie Anm. 24.

[48] LENIN, Wladimir Iljitsch: „Die Agrarpolitik der Bloschewiki", (Lenins Stellungnahmen vom April bis Oktober 1917), Wien, 1921, S. 40; zitiert nach: SCHWEIZER, H., S. 102, wie Anm. 24.

[49] LENIN, Wladimir Iljitsch: Nachwort zu „Das Agrarprogramm der Sozialdemokratie in der ersten russischen Revolution von 1905-1907" (1907), in Werke, Berlin (Ost), 1955ff, Bd. 13, S. 436; zitiert nach: SCHWEIZER, H., S. 102, wie Anm. 24.

[50] OHNE NAMEN: „Dekret über den Grund und Boden", in: LENIN Wladimir Iljitsch und Jossif Wissarionowitsch STALIN: „Zu Fragen der Landwirtschaft. Eine Sammlung ausgewählter Aufsätze und Reden", Berlin (Ost), 1955, S. 39ff.

[51] DIEHL Karl und MOMBERT Paul (Hrsg.): „Ausgewählte Lesestücke zum Studium der politischen Ökonomie", 12. Band: „Sozialismus, Kommunismus, Anarchismus", Karlsruhe, 1920, S. 228ff; zitiert nach: SCHWEIZER, H., S. 107, wie Anm. 24.

des Bodens aus dem Eigentum von Großgrundbesitzern an Landlose und Kleinbauern verteilt.

Durch diese Maßnahme wurde sowohl die Eigentumsstruktur als auch die Betriebsstruktur radikal verändert. Während vor 1917 42 % allen landwirtschaftlichen Bodens im Eigentum von Großgrundbesitzern wie Adeligen und der Kirche standen, war nach Erlaß des Bodendekrets aller Boden in Staatseigentum übergegangen. Außerdem war das von den sogenannten „Mir-Gemeinden“ verwaltete Land, welches die Grundlage der kleinbäuerlichen Betriebe darstellte ebenfalls verstaatlicht worden.

Das Mir-Land war im Eigentum der jeweiligen Gemeinden befindlicher landwirtschaftlicher Boden und wurde alle ein bis 30 Jahre (im Schnitt alle 12 Jahre) neu verteilt, das heißt an die Gemeindemitglieder entsprechend der Familiengröße zur Nutzung übergeben.[52] Ein Großteil der Betriebsfläche der klein- und mittelbäuerlichen Höfe war somit auch vor 1917 nicht in ihrem Eigentum, sondern ihnen nur zur Nutzung überlassen. Bis 1905 konnten die Bauern die Mir-Gemeinde nicht verlassen, ohne ihren Landanspruch aufzugeben. Erst durch die Reformen Stolypins im Revolutionsjahr 1905 wurde es möglich, den Landanteil aus der Gemeindeverwaltung herauszunehmen und in privates Eigentum zu überführen. Bis 1915 hatten im europäischen Teil Rußlands von dieser Möglichkeit 21,6 % der Bauern Gebrauch gemacht, wobei sie 16,4 % des Landes aus dem Mir herausgenommen hatten.[53] Daraus wird ersichtlich, daß fast 80 % der Bauern des Russischen Reiches bzw. der späteren Sowjetunion nie tatsächlich über privates Eigentum an Boden verfügten, sondern nur über zeitlich befristete Besitz- bzw. Nutzungsrechte.

Wie dramatisch sich die Betriebsstruktur durch die Durchführung der Bodenreform von 1917 veränderte wird aus dem Vergleich der Besitzstruktur vor und nach der Reform deutlich: Allein zwischen 1917 und 1919 stieg der Anteil der landwirtschaftlichen Betriebe, die zwei oder weniger Dessjatien[54] bewirtschafteten von 28,7 % auf 42,8 %; gleichzeitig verschwanden privat bewirtschaftete Betriebe über 22 Dessjatien vollständig.[55] Allerdings wurde mit dieser Bodenreform kein Bodeneigentum in den Händen der Betriebsinhaber geschaffen. Die Betriebe hatten zwar die Nutzungsrechte am Boden, das Eigentum verblieb jedoch weiterhin beim Staat.

Obwohl die sozialistischen Klassiker und Lenin staatlichen Druck bei der Kollektivierung ablehnten, erfolgte ab 1928 mit Einführung der Fünfjahrespläne unter Stalin die Zwangskollektivierung der sowjetischen Landwirtschaft. Neben der Propagierung der großbetrieblichen Landwirtschaft und der Ablehnung privaten Eigentums

---

[52] SCHWEIZER, H., S. 88, wie Anm. 24.

[53] Ebenda, S. 89-90.

[54] Russisches Flächenmaß: 1 „Dessjatie“ = 1,0925 ha

[55] MITRANY David: „Marxismus und Bauerntum“, (1951), Übersetzung aus dem Englischen, München 1956, S. 235; zitiert nach: SCHWEIZER H., S. 108, wie Anm. 24.

und Wirtschaftens, bildete die Theorie von der sogenannten „ursprünglichen sozialistischen Akkumulation", die im wesentlichen auf Ewgeni A. Preobraschenski zurückging, die wirtschaftstheoretische Grundlage für diese Maßnahme. In der Debatte um die Industrialisierung der sowjetischen Wirtschaft hatte sich als zentrales Problem die Kapitalbeschaffung herausgeschält. Preobraschenski argumentierte für eine Kapitalakkumulation auf Kosten der Landwirtschaft, was eine Kollektivierung der Landwirtschaft unumgänglich machte. Nur durch die Einbindung der nach der Oktoberrevolution entstandenen kleinen privaten Bauernwirtschaften, in Kolchosen sowie durch die drastische Verschlechterung der Austauschverhältnisse zwischen der Landwirtschaft und den anderen Sektoren der Wirtschaft, war eine derartige Kapitalakkumulation durchzusetzen. Die Details der Industriealisierungsdebatte in der Sowjetunion können im Rahmen dieser Arbeit nicht dargestellt werden.[56]

Innerhalb von nur fünf Jahren, von 1928 bis 1932, wurde den Landwirten die Verfügungsgewalt über den von ihnen bewirtschafteten Boden entzogen und den neu geschaffenen Kolchosen bzw. Sowchosen zugeordnet. Damit wurde nach der Abschaffung der de jure Eigentumsrechte durch das Bodendekret von 1917, den Bauern auch das Bewirtschaftungs- und Nutznießungsrecht vollständig genommen. Die verpflichtenden Planvorgaben und die hohen Zwangsablieferungsmengen entzogen der Landwirtschaft sehr effektiv den größten Teil des erzeugten Überschusses und bürdeten ihr gleichzeitig das wirtschaftliche Risiko, verursacht etwa durch Mißernten, auf. In der Folge sank der Lebensstandard der ländlichen Bevölkerung dramatisch ab. In den Jahren 1932-34 kam es schließlich zu einer Hungersnot, in der nach vorsichtigen Schätzungen[57] 6-7 Mio. Bürger (vor allem in ländlichen Regionen) der UdSSR an Mangelernährung starben.[58]

Das Staatseigentum am Boden blieb in den nachfolgenden Jahrzehnten im wesentlichen unverändert und ist in den meisten Nachfolgestaaten der UdSSR bis heute die Regel. Trotz anders lautender Äußerungen von politischer Seite, ist die Frage der Herstellung privater Eigentumsrechte am Boden weitgehend ungeklärt. Eine Ausnahme davon bilden nur die baltischen und einige kaukasische sowie zentralasiatische Republiken. In der Russischen Föderation, der Ukraine, Weißrußland und den meisten anderen Mitgliedern der Gemeinschaft unabhängiger Staaten (GUS) herrscht noch Unklarheit über die Vorgehensweise einer eventuellen Privatisierung, zum Teil sogar darüber, ob landwirtschaftlicher Boden überhaupt privatisiert werden soll.[59]

---

[56] DOBIAS, Peter: „Theorie und Praxis der Planwirtschaft", S. 27-57, Paderborn, 1977 sowie SCHWEIZER H., S. 111 - 116, wie Anm. 24.

[57] Andere Schätzungen sprechen sogar von bis zu 11 Mio. Verhungerten (DOBIAS, P., S. 59, wie Anm. 56).

[58] SELENIN, I.E.: „'Rewoljuzija swerchu': sawerschenie i tragitscheskie posledstwija", [„'Revolution von oben': Realisierung und tragische Folgen"], S. 38, in: Woprosy istorii [Fragen der Geschichte], (1994) 10, S. 28-42, zitiert nach: WEHNER, Markus: Stalinistischer Terror, in: Aus Politik und Zeitgeschichte, B 37-38/96, S. 15-28

[59] OECD (Hrsg.): „Agricultural (..)", S. 91-162, wie Anm. 17.

3.2.2 Die Übertragung des sowjetischen Modells auf die Länder Mittel- und Osteuropas

Eine umfassende Wiedergabe der sozialistischen Agrarpolitik in den Ländern Mittel- und Osteuropas nach 1945 kann im Rahmen dieser Arbeit nicht geleistet werden. Eine solche Darstellung würde den Umfang der Arbeit sprengen. Darüber hinaus liegen dazu eine Fülle hervorragender internationaler und deutscher Publikationen vor. Im weiteren wird deshalb nur ein kurzer Überblick der grundsätzlichen Entwicklung gegeben. Für eine intensivere Beschäftigung mit der sozialistischen Agrarpolitik nach 1945 wird auf die bereits genannten Arbeiten verwiesen.[60]

Das sowjetische Agrarmodell wurde nach 1945 auf die meisten Länder Mittel- und Osteuropas übertragen. Der Weg zum sozialistischen Agrarsektor war, je nach der Ausgangslage des entsprechenden Landes, unterschiedlich. Es lassen sich jedoch gewisse Gemeinsamkeiten herausstellen, die auf vier Phasen der Sozialisierung des Agrarsektos hinauslaufen.

In der ersten Phase wurde nach der Befreiung von der deutschen Besetzung 1944/45 als erster Schritt der Boden der vertriebenen Ethnien, insbesondere der Deutschen, sowie von Kriegsverbrechern, Kollaborateuren und Großgrundbesitzern enteignet. Zum Teil handelte es sich dabei um agrarpolitische Maßnahmen, die eine Fortsetzung der Vorkriegsbemühungen zur Beschränkung und Entflechtung des teilweise hoch konzentrierten Bodeneigentums darstellten. Der so frei gewordene Boden wurde entweder an Kleinbauern und Landarbeiter vergeben oder den zu diesem Zeitpunkt noch wenigen neu gegründeten Staatsbetrieben zugeordnet. Die neu geschaffenen Kleinbauernwirtschaften waren, wenn überhaupt, nur wenig größer, als die zur Erwirtschaftung des Existenzminimums notwendige Betriebsgröße.

In der zweiten Phase, nach der Machtübernahme der sozialistisch-kommunistischen Parteien (zwischen 1947 und 1949), beteuerten die Regierungen in den einzelnen Ländern anfangs, daß keine Absicht bestünde, den Boden zu vergesellschaften oder die Bauern in kollektive Wirtschaftsformen zu drängen. Dennoch wurde im Laufe der Jahre eine zunehmende Tendenz zur Vergesellschaftung des Bodens oder zumindest von dessen Bewirtschaftung deutlich. Zunächst wurde die freiwillige Gründung von Kolchosen durch den Staat propagiert und gefördert. In dieser Phase wurde von staatlicher Seite die Freiwilligkeit der Kollektivierung betont. Der wenig später einsetzende politische und wirtschaftliche Druck zur Kollektivierung wurde in den fünfziger Jahren immer größer.

In einer dritten Phase beantworteten die Landwirte den staatlichen Zwang mit teilweiser Produktionsverweigerung und dem Zurückhalten von Nahrungsmitteln. Die angespannte Versorgungslage und die zunehmende politische und persönliche Un-

---

[60] WÄDEKIN, K.-E.: „Sozialistische (...)", wie Anm. 21,
SCHINKE, E.: „Agrarstrukturelle (...)",wie Anm. 22,
KREBS, Ch.: „Die weltanschaulichen (...)", Anm. 23 und
BERGMANN, Th., P. GEY und W. QUAISSER (Hrsg.): „Sozialistische (...)", Anm. 25.

freiheit führten in einigen Ländern zu Volksaufständen, so 1953 in der damaligen DDR, 1955/56 in Polen und 1956 in Ungarn. Die ablehnende Haltung der ländlichen Bevölkerung bezüglich der Kollektivierung und die auftretenden Versorgungsschwierigkeiten veranlaßten die Regierungen, den Zwang zur Kollektivierung vorübergehend zu vermindern und die Gründung der Kollektive materiell und durch hohe Sozialleistungen zu unterstützen. In manchen Ländern war der Widerstand der Bevölkerung so groß, daß die Kollektivierungsbestrebungen sogar zeitweise unterbrochen werden mußten und die Möglichkeit zum Austritt aus bestehenden Landwirtschaftlichen Produktionsgenossenschaften (LPGen) geschaffen wurde.

In der vierten Phase, etwa ab 1956, gelang es den sozialistischen Machthabern, trotz der Schwierigkeiten, die Kollektivierung erneut zu forcieren. Der Widerstand der ländlichen Bevölkerung war durch die gewaltsame Unterdrückung der Volksaufstände in der DDR, in Polen und in Ungarn sowie durch die begleitenden sozialen Erleichterungen weitestgehend gebrochen. Bis zu Beginn der sechziger Jahre war die Vollkollektivierung in allen sozialistischen Ländern Mittel- und Osteuropas faktisch durchgeführt. So konnte auf einer Argarkonferenz des RGW, die am 2./3. Februar 1960 in Moskau stattfand[61], der Beschluß gefaßt werden, die Kollektivierung bis Ende 1961 auch offiziell zu vollenden. Davon blieben lediglich zwei Länder Mittel- und Osteuropas ausgenommen: Polen und das seit 1948 abtrünnige und aus dem RGW ausgeschlossene Jugoslawien.

Die sechziger Jahre waren von Konsolidierungsbemühungen gekennzeichnet. Die Kollektiv- und Staatswirtschaften wurden vermehrt mit Maschinen und baulichen Anlagen ausgestattet. Die Produktionstechnik wurde durch verbesserte Ausbildung und Beratung der Führungskader verfeinert und es kam zu Bestrebungen, die Betriebe zu spezialisierter Produktion zu bewegen sowie die landwirtschaftliche Erzeugung zu steigern. In den siebziger Jahren führten Versuche, die Produktivität zu erhöhen, zur Konzentration der landwirtschaftlichen Betriebe durch Zusammenschluß mehrerer kleinerer LPGen zu größeren Betrieben. Der Zusammenschluß erfolgte im allgemeinen nicht auf Initiative der einzelnen Betriebe, sondern wurde von den Regierungen verordnet. Ob die Konzentration der LPGen den erhofften Effizienzgewinn erbrachte, ist zu bezweifeln. Die achtziger Jahre waren durch eine Stagnation der Nettoinvestitionen und abnehmende Wachstumsraten in der Landwirtschaft gekennzeichnet. Mehrere Versuche, die Wachstumsraten im Agrarsektor zu steigern, scheiterten an den systemimmanenten Problemen.

---

[61] JAEHNE, Günter: „Landwirtschaft und landwirtschaftliche Zusammenarbeit im Rat für Gegenseitige Wirtschaftshilfe (Comecon)“, S. 188-194, Wiesbaden, 1968.

3.3 Eigentums- und Verfügungsrechte am Boden in der marktwirtschaftlichen Theorie

3.3.1 Einleitung

Der Übergang ganzer Volkswirtschaften von einem durch zentrale Pläne gesteuerten und an den Prinzipien einer sozialistischen Ideologie orientierten System zu Marktwirtschaften, ist ohne Beispiel in der Geschichte. Dementsprechend sind die wirtschaftstheoretischen Grundlagen dazu fragmentarisch und häufig nicht empirisch verifiziert. Eine der wenigen Arbeiten zu diesem Thema, die nicht erst nach dem Einsetzen der Transformation gegen Ende der achtziger Jahre verfaßt wurde, stammt von Propp.[62] Der Autor versucht, den Übergang von der Plan- zur Marktwirtschaft theoretisch abzuhandeln. Nach 1989 erschienen zahlreiche Veröffentlichungen, die sich mehr oder minder umfassend mit den Problemen des Transformationsprozesses befassen.[63]

Wirtschaftswissenschaftler vertreten hinsichtlich des Transformationsprozesses zwei Auffassungen. Die einen treten für einen evolutionären Ablauf der Umformung ein, während andere einen radikalen Übergang fordern. Die Vertreter der graduellen Vorgehensweise argumentieren, daß die auftretenden sozialen Härten und die mit der Transformation verbundenen Kosten nur dann von der Gesellschaft akzeptiert werden, wenn sie durch ein graduelles Vorgehen zeitlich verteilt anfallen, und die politische Stabilität während des Übergangs gewährleistet bleibt. Die Anhänger radikaler Reformen hingegen vertreten die Meinung, daß nur durch eine umfassende und schnelle Vorgehensweise ein Gelingen der Transformation möglich sei, da mit zunehmender zeitlicher Verzögerung die Transformationskosten erheblich anstiegen und die aus der Zeit der Planwirtschaft stammenden Institutionen (Bürokratie, Nomenklatura, Parteien) Gelegenheit hätten, sich zu restituieren und die Reformen zu behindern.[64]

---

[62] PROPP, P. D.: „Zur Transformation einer Zentralverwaltungswirtschaft sowjetischen Typs in eine Marktwirtschaft", Berlin, 1964.

[63] APOLTE, Theodor und F. GRADALSKI: „Systemic Change to a Market Economy: The Case of Poland", in: KREMER, M. und M. WEBER: Transforming Economic Systems: The Case of Poland, Heidelberg, 1991,
BLANCHARD, Oliver et al.: „Reform in Eastern Europe", Cambridge, Mass. USA, 1991,
BLOMMESTEIN, Hans und Michael MARRESE (Hrsg.): „Transformation of Planned Economies. Property Rights Reform and Macroeconomic Stability", OECD, Paris, 1991,
HARTWIG, Karl-Heinz und Hans Jörg THIEME (Hrsg.): „Transformationsprozesse in sozialistischen Planwirtschaften, Ursachen Konzepte, Instrumente", Berlin, 1991 und
KEMME, D. M.,: „Economic Transition in Eastern Europe and the Soviet Union", in: Occasional Paper Series 20 of the Institute for East West Security Studies, New York, 1991.

[64] MURREL, P.: „Big Band versus Evolution: East European Economic Reforms in the Light of Recent Economic History", in: PlanEcon Report, 6, S. 1-11, Washington D.C., 1990.
MURREL, P. und M. OLSON: „Devolution of Centrally Planned Economies", in: Journal of Comparative Economies, 15, 1991, S. 239-265.
TIETZEL, M. et al.: „Die Logik der sanften Revolution. Eine Ökonomische Analyse", in: Vorträge und Aufsätze des Walter-Eucken-Instituts, Nr. 133, Tübingen, 1991.

In der Theorie der Institutionenökonomie sind Transaktionskosten eine von drei wesentlichen Grundannahmen. Diese Grundannahmen lassen sich nach Richter[65] wie folgt darstellen:

1.) *Methodischer Individualismus:* Eine Gesellschaft (ein Staat, ein Unternehmen) ist nicht wie ein eigenständiges Wesen anzusehen. Vielmehr sind die Handlungen sozialer Gruppen durch das Verhalten ihrer individuellen Mitglieder bestimmt.

2.) *Individuelle Rationalität:* Individuen verhalten sich entweder perfekt oder eingeschränkt rational. Das von der Institutionenökonomie propagierte Konzept wirtschaftlicher Anreize und ihrer Nutzung durch geeignete institutionelle Arrangements (z.B. die Zuordnung von Verfügungsrechten) beruht auf der Annahme dieser individuellen Rationalität.

3.) *Das Konzept der Transaktionskosten*[66] *:* Die Suche nach Käufern eines Produkts, der Abschluß eines Kaufvertrags, dessen Überwachung usw. verursachen Transaktionskosten die nicht vernachlässigbar sind. Transaktionskosten umfassen in modernen Marktwirtschaften 70-80 % des Nettosozialprodukts.

Die Systematik der verschiedenen Transformationsschritte, die die Neu- bzw. Umverteilung der Eigentumsrechte bewrkstelligen sollen sowie deren zeitliche Abfolge hat in jüngster Zeit besondere Aufmerksamkeit erhalten. Die Sequenz der Reformmaßnahmen ist von großer Bedeutung für das Gelingen der Transformation, wobei nicht so sehr die einzelne Reform, sondern deren Gesamtheit entscheidend ist.[67] Diese Eigenschaft des Reformprozesses zeichnet sich sowohl für den radikalen wie für den graduellen Ansatz als entscheidend ab. Die in diesem Zusammenhang zentrale These lautet: Die Ausgestaltung der Verfügungsrechte beeinflußt die Allokation und Nutzung von wirtschaftlichen Gütern (Ressourcen) auf spezifische und vorhersehbare Weise.[68] Es kann zwischen absoluten und relativen Rechten unterschieden werden.[69] Absulute Rechte sind zum Beispiel solche an Sachen, an geistigem Eigentum sowie individuelle Freiheit. Relative Rechte hingegen sind zum Beispiel Rechte aus Schuldverhältnissen, Forderungen sowie Verfügungsrechten. Am Beginn

---

[65] RICHTER, Rudolf: „Institutionen ökonomisch analysiert“, UTB Nr. 1786, S. 4 ff, J.C.B. Mohr (Paul Siebeck), Tübingen, 1994.

[66] COASE, Ronald H.: „The Nature of the Firm“, Economica N.S., S. 386-405, 1937.

[67] DELHAES, Karl und U. FEHL: „Dauer und Reihung systemverändernder Maßnahmen“, in: HARTWIG, K.-H. und H. J. THIEME (Hrsg.): Transformationsprozesse (...), wie Anm. 63 und HERRMANN-PILLATH, Carsten: „Systemtransformation als ökonomisches Problem“, in: Zeitschrift für internationale Fragen, Nr. 42, 1990, S. 171-181.

[68] FURUBOTN, Eirik G. und Svetozar PEJOVICH: „Property Rights and Economic Theory: A Survey of Recent Literature“, in: Journal of Economic Literature, 10, 1972, S. 1137-1162.

[69] RICHTER, R.: „Institutionen (...)“, S. 12, wie Anm. 65.

der Entwicklung dieser Theorie standen mehr die absoluten Verfügungsrechte[70] im Vordergrund, während in neuerer Zeit mehr die relativen[71] an Bedeutung gewannen.

Ein marktwirtschaftliches Wirtschaftssystem ist ohne überwiegendes Privateigentum nicht denkbar. Nach Nutter[72] sind funktionierende Märkte ohne teilbare und übertragbare Verfügungsrechte eine Illusion. Ein auf privatem Unternehmertum aufgebautes System kann nur funktionieren, wenn Eigentumsrechte an Ressourcen geschaffen werden, und jemand, der eine Ressource nutzen will, den Eigentümer dafür bezahlen muß.[73] Unter neoklassischen Wirtschaftsbedingungen erfolgt die Allokation der Ressourcen zwingend effizient.

3.3.2 Eigentumsrechte im weiteren Sinn

Eigentumsrechte im weiteren Sinn definieren gesellschaftlich tolerierte Handlungsalternativen von Wirtschaftssubjekten. Also Art und Umfang der Verfügungsrechte bezüglich knapper Ressourcen. Furubotn und Pejovich sehen Eigentumsrechte nach allgemeiner Definition als „...the sanctioned behavioural relations among men that arise from the existence of goods and pertain to their use".[74] Nach dieser Definition wird der wirtschaftliche Wert eines Gutes entscheidend von den mit ihm verbundenen Rechten beeinflußt. Sachlich an sich identische Güter können daher unterschiedliche Bewertung erfahren, je nachdem welche Rechte mit ihnen verknüpft sind. Folgt man dieser Argumentation weiter, so liegt der Schluß nahe, daß Güter nur dann von wirtschaftlichem Wert sind, wenn mit ihnen Rechte verbunden sind. Dementsprechend beeinflußt eine Veränderung der Struktur der Eigentumsrechte an Gütern deren wirtschaftlichen Wert. Eine Veränderung rechtlicher und institutioneller Rahmenbedingungen, welche den Austausch oder den Transfer von Eigentumsrechten betreffen, führen ebenfalls zu Veränderungen des Wertes der betroffenen Güter. In den sozialistischen Volkswirtschaften Mittel- und Osteuropas waren die privaten Eigentumsrechte an landwirtschaftlich genutztem Boden entweder völlig aufgehoben (siehe ehemalige Sowjetunion) oder zumindest stark eingeschränkt. Die Möglichkeit, Rechte am Boden zu handeln, ihn beliebigen Verwendungszwecken zuzuführen oder Nutzen aus ihm zu ziehen, war entweder ganz beseitigt oder aber erheblichen staatlichen Eingriffen unterworfen.

---

[70] ALCHIAN, Armen A.: „Some Economics of Property Rights", in: Il Politico, 30, 1965, S. 816-829 und DEMESETZ, Harold: „Towards a Theory of Property Rights", in: American Economic Review, 57, 1967, S. 347-359.

[71] NORTH, Douglas C.: „Structure and Change in Economic History", New York und London, 1981 und WILLIAMSON, Oliver E.: „The Economic Institutions of Capitalism", New York und London, 1985.

[72] NUTTER, G. W.: „Markets Without Property: A Grand Illusion", in: Baedels, N. A. und L. A. Dewry, Jr. (Hrsg.), Money, the market and the State, S. 144, Athens, Georgia, 1968.

[73] COASE, Ronald H.: „The Federal Communications Commission", in: Journal of Law and Economics 2 (Oktober 1959), S. 14.

[74] FURUBOTN, Eirik G. und Svetozar PEJOVICH: „The Economics of Property Rights", S. 3, Cambridge, Mass. USA, 1974.

3.3.3 Eigentumsrechte im engeren Sinn

Eigentumsrechte im engeren Sinn lassen sich in drei Kategorien unterteilen. Das Recht der Nutzung, das Recht auf Einkünfte aus der Nutzung und das Recht, die Form oder den Inhalt des Gutes zu verändern. In letzterem ist das Recht zum Transfer eines Teils oder der gesamten Rechte am Gut auf andere Rechtssubjekte enthalten. Es stellt damit die wichtigste Komponente des Eigentumsrechts dar. Mit jedem (knappen) Gut ist eine Gruppe von Rechten verbunden. Nach einer ähnlichen Definition liegt das Eigentum in vier Befugnissen begründet: Besitz, Verwaltung, Nutzung und Verfügung. Wird auch nur eine dieser Befugnisse stark eingeschränkt oder gar völlig entzogen, so ist der Wesensgehalt des Eigentums betroffen.[75] Dementsprechend war auch in den landwirtschaftlichen Produktionsgenossenschaften der ehemals sozialistischen Länder, in denen die Mitglieder de jure Eigentum an dem von ihnen eingebrachten Land hatten, de facto kein Eigentum gegeben. Verwaltung und Nutzung waren den Mitgliedern durch staatlich vorgegebene Produktionspläne und Ablieferungspflichten vollständig genommen. Durch die praktische Unmöglichkeit, Flächen aus den LPGen herauszunehmen, war auch das Recht der Verfügung abgeschafft.

3.4 Eigentums- und Verfügungsrechte am Boden in der marktwirtschaftlichen Praxis

3.4.1 Einleitung

Die Bodengesetzgebung in der westlichen Welt ist je nach Land sehr unterschiedlich. Die Eigentums- und Verfügungsrechte am Boden unterliegen in allen westlichen Ländern mehr oder minder weitgehenden rechtlichen Regelungen. Von einer im klassischen Sinn freien Verfügbarkeit der Ressource Boden bzw. einem unbeeinflußten Markt, der sich nur nach Angebot und Nachfrage richtet, kann nicht die Rede sein. Charakteristisch ist, daß die einzelnen Rechte oder Einschränkungen derselben rechtlich abgesichert und einklagbar sind. Es gibt Unterschiede in der Konsequenz, mit der Bodengesetze angewandt und durchgesetzt werden.[76]

Einige in fast allen Ländern mehr oder minder stark anzutreffende Aspekte der Bodengesetzgebung sind: Flächennutzungsplanung, Bodenschutz, Beschränkungen beim Handel mit Boden, Beschränkungen der Agglomeration unter einem Eigentümer und andererseits der Zersplitterung von Flurstücken, Möglichkeiten, Boden auf staatliches Betreiben zu enteignen, die Gewährleistung des Zugangs der Öffentlichkeit zu privatem Land (vornehmlich zu Zwecken der Erholung) sowie Regelungen

---

[75] PEINEMANN, Berthold: „Landwirtschaftliches Unternehmen und Eigentum", in: Berichte über Landwirtschaft, Nr. 69 (1991), S. 575-581.

[76] BRUSSAARD, Wim und Margaret ROSSO-GROSSMAN (Hrsg.): „Agrarian Land Law in the Western World", S. 254-270, Wallingford, UK, 1992.

zu Pacht und Verpachtung landwirtschaftlicher Flächen. Die Ausprägung dieser Regelungen ist im wesentlichen von zwei Faktoren beeinflußt: der relativen Knappheit der Ressource Boden und der allgemeinen Rechts- und Verwaltungsstruktur eines Landes. Die Variabilität der Bodengesetzgebung innerhalb eines Landes wird zum Beispiel bei zunehmend föderalem Staatsaufbau größer, da neben den nationalen Institutionen auch solche einzelner Bundesländer Einfluß auf die Ausgestaltung der Bodengesetzgebung haben. Länder mit einem sehr begrenzten Umfang landwirtschaftlich nutzbarer Flächen tendieren dazu, vergleichsweise strikte Regelungen zum Schutz derselben zu entwickeln.[77]

In den Ländern Mittel- und Osteuropas gewinnt die Gesetzgebung in diesem Bereich zunehmend an Bedeutung, da durch den Übergang zur Marktwirtschaft die direkten Eingriffe der staatlichen Planungs- und Lenkungsorgane stark verringert worden oder zum Teil ganz weggefallen sind. Mangelnde Rechtstradition bzw. die Unterbrechung derartiger Traditionen duch die sozialistische Herrschaft führten dazu, daß man versuchte, sich an Vorbildern in der westlichen Welt zu orientieren. Ein Großteil der Rechtsstrukturen in Westeuropa ist dabei nicht oder nur nach erheblichen Veränderungen auf die Situation in Mittel- und Osteuropa übertragbar. Im folgenden werden die wichtigsten Instrumente westlicher Staaten bezüglich des Umgangs mit der Ressource Boden kurz dargestellt und versucht, die Relevanz derselben für die Länder Mittel- und Osteuropas abzuschätzen.

3.4.2 Flächennutzungspläne

Eine der am häufigsten anzutreffenden Maßnahme zur Steuerung der Bodennutzung ist die Entwicklung von Flächennutzungsplänen, die in der Form von Bebauungs- und Erschließungsplänen oder durch eine Zonierung die Landnutzung zu regeln suchen. Derartige Pläne haben zumindest indirekt auch einen Einfluß auf die landwirtschaftliche Nutzung von Boden, da durch sie eine Nutzungseinschränkung für diejenigen Flächen gegeben ist, die nicht in einem Bebauungsgebiet liegen. Andererseits ist dadurch auch ein gewisser Schutz gewährleistet, der eine landwirtschaftliche Nutzung begünstigt, da auf ballungsraum- oder stadtnahen Flächen eine Bebauung eine um ein vielfaches höhere Grundrente erbrächte und entsprechend die landwirtschaftliche Nutzung eingestellt würde.

Flächennutzungspläne sind je nach Land unterschiedlich ausgeprägt. In manchen Ländern sind die regionalen Raumordnungspläne für alle Bürger und alle Ebenen der Verwaltung und Regierung bindend, das heißt sie haben den Stellenwert eines Gesetzes. Dementsprechend hängt der Schutz landwirtschaftlicher Nutzflächen vor Umwidmung wesentlich von den Raumordnungsplänen ab. Ein derartiger Schutz ist nur mittelfristig gewährleistet, da Raumordnungspläne im Zeitablauf - entsprechend wirtschaftlicher und gesellschaftlicher Rahmenbedingungen - veränderbar sind bzw. angepaßt werden können. In anderen Ländern ist der Schutz landwirtschaftlicher Nutzflächen vor Umwidmung für nicht landwirtschaftliche Zwecke nicht Ziel, son-

---

[77] Ebenda, S. 255.

dern Nebeneffekt von Flächennutzungsplänen, wobei es aber Flächennutzungspläne gibt, die nichtlandwirtschaftliche Nutzung lediglich mit hohen Gebühren belegen, nicht aber grundsätzlich verbieten.

In zunehmendem Maß werden an landwirtschaftliche Nutzflächen nicht nur Bauansprüche gestellt. Das steigende Bewußtsein der Bevölkerung für Umweltprobleme führt dazu, daß ein größerer Anteil von Flächen in irgendeiner Form dem Umwelt- und Naturschutz gewidmet wird bzw. den Landwirten Beschränkungen bezüglich der Bewirtschaftungsweise auferlegt werden.

Insbesondere der letztgenannte Punkt ist in den Ländern Mittel- und Osteuropas von zunehmender Bedeutung. Die von Industrie, Landwirtschaft, Militär, Infrastruktur und Wohnbebauung verursachten Natur- und Umweltschäden[78] sind gravierend und bedürfen einer raschen und umfassenden Korrektur. Die sorgfältige Ausgestaltung von Flächennutzungsplänen, etwa die Anlage von geschützten Rückzugsgebieten für Fauna und Flora oder die Ausweisung von Erholungs- und Wasserschutzgebieten mit eingeschränkter Nutzung, kann erheblich zu Minderung der Umweltschäden beitragen.

3.4.3 Flurbereinigung, Flurneuordnung

In einigen Ländern der westlichen Welt gibt es staatliche Programme zur Flurneuordnung. Das ursprüngliche Ziel dieser Programme war die Erhöhung der Produktivität in der Landwirtschaft etwa durch die Zusammenlegung von kleineren zu größeren Flurstücken, die Arrondierung der Betriebsflächen um die Hofstelle, die Verbesserung der inneren und äußeren Verkehrslage und so weiter. In jüngster Zeit gewinnt in den Flurbereinigungsverfahren der Umwelt- und Naturschutz zunehmend an Bedeutung.

Flurbereinigungsverfahren werden im allgemeinen von speziellen Behörden oder halbstaatlichen Organisationen unter Mitwirkung der betroffenen Landwirte durchgeführt. Die Kosten wurden früher häufig vollständig vom Staat getragen, während heute zumindest ein Teil von den Landwirten selbst getragen werden muß. Derartige Verfahren sind relativ langwierig und können in manchen Fällen bis zum vollständigen Abschluß mehrere Jahrzehnte in Anspruch nehmen.

Flurneuordnungs- und Flurbereinigungsverfahren stellen in den meisten Ländern Mittel- und Osteuropas ein wichtiges Instrument bei der Privatisierung der Landwirtschaft dar. Dabei ist es im allgemeinen (mit Ausnahme Polens) im Rahmen der Systemtransformation zunächst nicht so wichtig, Flurstücke zusammenzulegen, um die Produktivität zu erhöhen, sondern vielmehr, vergleichsweise große Schläge auf neue bzw. restituierte Eigentümer aufzuteilen. Dies liegt vor allem in zwei Tatsachen begründet: Zum einen bereiten sehr große Schläge, wie sie in den sozialisti-

---

[78] Für die durch die Landwirtschaft verursachten Schäden siehe zum Beispiel: LIBERT, Bo: „The Environmental Heritage of Soviet Agriculture", Oxon, United Kingdom, 1995.

schen Staaten üblich waren, erhebliche Probleme mit Erosion, wovon ein großer Teil der landwirtschaftlichen Nutzflächen betroffen ist, zum anderen ist durch die Wiederherstellung alter Eigentumsrechte und durch neue Eigentümer die Notwendigkeit entstanden, aus größeren Flurstücken eine Vielzahl kleinerer auszugliedern, oder diese zumindest im Kataster zu erfassen.

Nach Abschluß der Restitution und Privatisierung müssen einzelne Flurstücke oft wieder arrondiert werden. Durch die entsprechenden Maßnahmen der Restitution und Privatisierung wurden die Flächen einzelner Eigentümer auf viele relativ kleine, mitunter weit voneinander getrennt liegende Parzellen aufgesplittert. Dies geschah, um jedem der Eigentümer nicht nur eine dem Wert nach seinen früheren Eigentumstiteln ähnliche Flächen zuzuordnen, sondern ihm entsprechend seines Anspruchs relativ gleiche Anteile an ortsnahen und ortsfernen, guten und schlechten Bodenqualitäten, Dauerkulturen, Wald-, Acker- und Wiesenflächen der jeweiligen Gemarkung zuzuordnen. Eine derartige Eigentumsstruktur läßt wegen stark erhöhter Rüst- und Wegezeiten sowie wegen hoher Verwaltungsaufwendungen nicht nur die Kosten der Bewirtschaftung - sowohl für Pächter und Verpächter als auch für selbst wirtschaftende Eigentümer - ansteigen, sondern führt auch zu einer relativen Wertminderung der entsprechenden Eigentumsrechte.

In Ungarn und der Tschechischen Republik wurden in Expertenbefragungen wiederholt Fälle geschildert, in denen die Kosten der Sicherung des Eigentums an einer Parzelle - durch Ausmessung aus einem größeren Schlag und Eintragung in das entsprechende Kataster oder Grundbuch - den geschätzten oder tatsächlich gezahlten Preis derselben überstiegen. Die volkswirtschaftlichen Kosten der Aufrechterhaltung und Organisation privater Eigentumsstrukturen bezüglich landwirtschaftlicher Nutzflächen sind unter diesen Bedingungen sehr hoch. Vermutlich steigen derartige Aufwendungen mit der Abnahme der Parzellengröße und der Zunahme der Parzellenzahl überproportional an. Es gibt daher Bestrebungen, die Aufsplitterung der Eigentumsrechte dahingehend rückgängig zu machen, daß zumindest durch freiwilligen Flächentausch eine Konzentration der Eigentumstitel einzelner Eigentümer auf ein - entsprechend größeres - Flurstück stattfindet.

3.4.4 Beschränkungen der Bewirtschaftung

In fast allen westlichen Industriestaaten gibt es mehr oder minder umfassende Eingriffe staatlicher Organe in die Bewirtschaftung land- und forstwirtschaftlicher Flächen. Diese reichen von einer recht allgemein gehaltenen Verpflichtung zur ordnungsgemäßen Bewirtschaftung[79], über Einschränkungen der Anwendung bestimmter Pflanzenschutzmaßnahmen[80] und Düngemittelaufwandmengen[81], bis hin zu

[79] GESETZ über Naturschutz und Landschaftspflege (Bundesnaturschutzgesetz), vom 20.12.1976, Bundesgesetzblatt I, S. 374; 1977 I, S. 650, in der Form vom 12.03.1987 (Bundesgesetzblatt I, S. 889) zuletzt geändert durch das Gesetz vom 22.04.1993.

[80] GESETZ zum Schutz der Kulturpflanzen (Pflanzenschutzgesetz), vom 15.09.1986, Bundesgesetzblatt I, S. 1505.

[81] DÜNGEMITTELGESETZ vom 15.11.1977, Bundesgesetzblatt I, S. 2134 sowie

Bußgeldern und enteignungsgleichen Eingriffen bei Nichtbefolgung von Auflagen. Insbesondere die Gefahr unsachgemäßer Anwendung von organischen Düngemitteln hat zu umfangreichen gesetzlichen Regelungen geführt.[82] In diesem Zusammenhang sei auf die in Deutschland gültige Düngeverordnung hingewiesen.

3.4.5 Grundstücksverkehrsrecht

Administrative Regelungen, die einerseits eine Anhäufung von Immobilieneigentum, insbesondere landwirtschaftlicher Flächen, und andererseits ein zu starkes Aufsplittern der landwirtschaftlichen Betriebe durch Verkauf von Teilflächen verhindern sollen, sind in vielen Ländern anzutreffen. In manchen Ländern ist bei jedem Kauf eine Genehmigung von staatlicher Seite erforderlich, die den Erwerb der entsprechenden Immobilie erlaubt. Widerspricht der Erwerbswunsch oder die beabsichtigte Nutzung den Zielen der staatlichen Bodenpolitik, so kann die Genehmigung verweigert werden.[83] Die Möglichkeit ausländischer Investoren, landwirtschaftliche Flächen oder Betriebe zu kaufen, unterliegt in vielen Ländern Einschränkungen oder wird zumindest kontrolliert.

In einigen Ländern wird auch die Vererbungsgesetzgebung benutzt, um eine unerwünschte Zersplitterung landwirtschaftlicher Betriebe zu verhindern. So wird die allgemein gültige Vererbungsregel, daß jeder Erbe einen bestimmten Anteil des Erbes erhält, per Gesetz zugunsten des das Land bewirtschaftenden Erben durchbrochen, der den Betrieb in Gänze erbt. Die weichenden Erben erhalten eine Entschädigung, die sich entweder nach dem Wirtschaftswert oder nach dem Verkehrswert des Betriebes richtet. In einigen Ländern besteht für diejenigen Familienmitglieder, welche tatsächlich Landwirtschaft betreiben, das Recht, die anderen (nicht Landwirtschaft betreibenden) zu enteignen, wobei dieses Recht nur während der Zeit gilt, in der ein Erbfall eingetreten ist und die Angelegenheit noch nicht rechtskräftig abgeschlossen ist. In anderen Staaten haben Familienmitglieder, die Landwirtschaft betreiben, dann ein Vorkaufsrecht, wenn das Land ansonsten an außerhalb der Familie stehende verkauft würde.[84]

In den Ländern Mittel- und Osteuropas wird versucht, Personen, die nicht Landwirtschaft betreiben vom Erwerb des Bodens auszuschließen, um Spekulationen mit landwirtschaftlichem Boden zu verhindern. Ausländische Interessenten sind fast immer vom Kauf landwirtschaftlicher Nutzflächen ausgeschlossen, da man einen Ausverkauf des Bodens an ausländische Interessen befürchtet.

GESETZ zur Ordnung des Wasserhaushalts (Wasserhaushaltsgesetz), in der Form vom 23.09.1986 (Bundesgesetzblatt I, S. 1529) zuletzt geändert durch das Gesetz vom 22.04.1993.

[82] BRUSSAARD, W. und M. ROSSO-GROSSMAN, S. 265, wie Anm. 76.

[83] Siehe dazu: GESETZ über die Maßnahmen zur Verbesserung der Agrarstruktur und zur Sicherung land- und forstwirtschaftlicher Betriebe vom 28.07.1961, Bundesgesetzblatt I, S. 1091,
KROESCHELL, Karl: „Deutsches Agrarrecht ein Überblick", Schriftenreihe des Instituts für Landwirtschaftsrecht der Universität Göttingen, Band 29, S. 10ff, Köln 1983 und
TURNER, George: „Agarrecht: ein Grundriß", S. 20ff, Stuttgart 1994.

[84] BRUSSAARD, W. und M. ROSSO-GROSSMAN., S. 260, wie Anm. 76.

3.4.6 Bodenpachtrecht

Das Bodenpachtrecht ist in einigen Staaten relativ wenig geregelt. In manchen Ländern sind die Bedingungen der Pacht Verhandlungssache zwischen den Vertragspartnern mit nur geringen gesetzlichen Eingriffen. In anderen Staaten hingegen gibt es umfangreiche rechtliche Regelungen, welche die Pacht betreffen. Wird das Ziel verfolgt, den Boden optimal zu nutzen, nachhaltige Verbesserungen in den Betrieben zu fördern und die Eigenkapitalbildung zu erhöhen, so erscheint es sinnvoll, eine gewisse Sicherheit der Pacht für den Pächter zu gewährleisten. Derartige Sicherheit kann auf unterschiedlichen Wegen hergestellt werden.

Der Pächter ist praktisch in allen Ländern verpflichtet, ordnungsgemäß zu wirtschaften, um die Investitionen des Verpächters zu schützen. Diese Verpflichtung läßt dem Pächter jedoch sehr große Freiheiten bezüglich seiner Wirtschaftsweise und ist im allgemeinen nur ein sehr schwaches Instrument innerhalb des Pachtsystems. Der Pächter hat meist die rechtliche Garantie, daß seine Wirtschaftsweise nicht vom Verpächter beeinflußt werden darf. Andererseits kann auch der Pächter auf den Schutz eventuell durch ihn getätigter Investitionen vertrauen.

3.5 Eigentumsrechte und Ressourcenallokation

3.5.1 Grundlage marktwirtschaftlicher Ressourcenallokation

Nach Furubotn und Pejovich sind in einer Volkswirtschaft die Güter (n) sowie die Eigentums- und Verfügungsrechte an ihnen zu einem diskreten Zeitpunkt auf die einzelnen Wirtschaftssubjekte (m) in einer definierten Art und Weise verteilt, welche von den rechtlichen und institutionellen Rahmenbedingungen des jeweiligen Staates bestimmt wird.[85] Eine derartige Verteilung kann durch eine Matrix A dargestellt werden, in der jedes Element a_{ij} angibt, welche Menge des Gutes j vom Subjekt i besessen wird (mit m Subjekten, n Gütern und a_{ij} Elementen, mit i = 1, 2,..., m und j = 1, 2,..., n). Unterstellt man die Bedingungen einer freien Marktwirtschaft, so wird, ausgehend von der Matrix A, in einer bestimmten Zeitperiode ein Austausch an Gütern stattfinden, der in einer neuen Matrix B (mit m Subjekten, n Gütern und b_{ij} Elementen, mit i = 1, 2,..., m und j = 1, 2,..., n) resultiert. Die einzelnen Wirtschaftssubjekte werden nur dann an solch einem Austausch teilnehmen, wenn ihr Nutzenniveau ($u_{ib} = f_i\{b_{i1}, b_{i2},..., b_{in}\}$) danach höher liegt als in der Ausgangssituation ($u_{ia} = f_i\{a_{i1}, a_{i2},..., a_{in}\}$). Unter der Annahme neoklassischer Bedingungen innerhalb der Volkswirtschaft werden die geschilderten Austauschprozesse solange andauern, bis eine paretooptimale Allokation erreicht ist.

Mit jedem Gut sind eine Reihe von Rechten verbunden, deren Verteilung auf die Wirtschaftssubjekte, ähnlich wie die Verteilung des physischen Gutes selbst, in

---

[85] FURUBOTN, E. G. und S. PEJOVICH: „Property (...)", S. 3, wie Anm. 68.

Matritzenschreibweise dargestellt werden kann. Diese Rechte gliedern sich in drei Gruppen: Rechte, die die Nutzung des Gutes betreffen, Rechte, welche die Verteilung der Erträge aus der Nutzung bestimmen und schließlich Rechte, die eine mögliche Veränderung der Substanz des Gutes betreffen. Somit kann man jedem Gut in einer Volkswirtschaft eine bestimmte Anzahl von Matrizen zuordnen, welche über die Verteilung des Gutes und der mit ihm verbundenen Rechte Auskunft geben.

Durch den technischen Fortschritt, Veränderungen gesellschaftlicher Wertvorstellungen, des Entwicklungsstandes einer Volkswirtschaft und andere Faktoren erfolgt eine ständige Veränderung der Bewertung und damit der relativen Knappheit von Ressourcen und der Rechte an ihnen, so daß die Austauschprozesse in der Realität nicht zum Erliegen kommen. Die Matrizen der Eigentumsverteilung erfahren demnach eine mehr oder minder umfassende und permanente Rekombination. Die sich im Zeitablauf ändernden staatlichen Maßnahmen, wie zum Beispiel Besteuerung von Energieträgern und Vermögenswerten oder die Subventionierung von verschiedenen Wirtschaftssektoren oder Bevölkerungsgruppen haben ebenfalls eine Veränderung der Eigentumsmatrizen zur Folge.

3.5.2 Ressourcenallokation in sozialistischen Wirtschaftssystemen

In den sozialistisch geprägten Staaten Mittel- und Osteuropas war die Verteilung der Eigentumsrechte an den Ressourcen durch die staatliche Einflußnahme in einer Weise strukturiert, die einen Großteil der Produktionsfaktoren und vor allem der mit ihnen verbundenen Rechte auf staatliche bzw. kollektive Stellen oder damit vergleichbare Institutionen konzentrierte. Interpretiert man den Staat bzw. seine Institutionen als Wirtschaftssubjekte, so war die Ausgangsmatrix dieser Länder dadurch gekennzeichnet, daß viele Produktionsfaktoren und Güter auf relativ wenige (staatliche) Wirtschaftssubjekte konzentriert und nur wenige der Produktionsfaktoren (in der Tendenz gegen Null) und Güter auf die vielen (privaten) Wirtschaftssubjekte verteilt waren. Ferner war durch die sozialistische Wirtschaftspolitik der Wettbewerb innerhalb der Wirtschaft stark eingeschränkt oder völlig ausgeschlossen. Die Allokation erfolgte aufgrund politischer Präferenzen durch die Planungskommission und nicht aufgrund der relativen Knappheit der Ressourcen zum Zweck der Nutzenmaximierung von Privatpersonen. „Märkte“ und Preise der sozialistischen Volkswirtschaften waren politisch bestimmt. Die Gültigkeit neoklassischer Produktions- und Nutzenfunktionen kann ausgeschlossen werden. Folglich war die Allokation der Ressourcen nicht paretooptimal und die Dynamik sowie die Effizienz ihrer Reallokation, verglichen mit marktwirtschaftlichen Systemen, eingeschränkt.

Die Veränderung der Eigentumsrechte - anfangs nicht unbedingt mit sozialistischen Zielen - begann meist direkt nach dem Ende des zweiten Weltkriegs mit der Enteignung der Großgrundbesitzer und der vertriebenen Ethnien. So wurde zum Beispiel in Ungarn jeglicher Besitz über einer bestimmten Größe enteignet. Davon waren vor allem die katholische Kirche und der Adel betroffen. Das so frei gewordene Land wurde an landlose Tagelöhner und Kleinbauern verteilt, die ihrerseits unter der

Herrschaft der kommunistischen bzw. sozialistischen Partei Ungarns[86] ihren Besitz in Kollektive einbringen mußten (abgesehen von privaten Hoflandwirtschaften). In Polen und der ehemaligen CSFR wurden deutsche Minderheiten enteignet und deren Land entweder an Landlose verteilt, oder aber neu gegründeten Staatsbetrieben zugeordnet. Nach der Machtübernahme der Kommunisten wurden in den Ländern des sowjetischen Machtbereichs die Eigentumsrechte am Boden immer mehr eingeschränkt, soweit dies von der Bevölkerung toleriert wurde (siehe Polen). Am Ende der achtziger Jahre waren abgesehen von Polen und dem ehemaligen Jugoslawien, wo privates Eigentum an Produktionsmitteln in der Landwirtschaft eine erhebliche Rolle spielte, überwiegend staatliches und kollektives Eigentum an Boden vorherrschend.

In der Landwirtschaft der ehemals sozialistischen Staaten, war das Eigentum an den Produktionsmitteln in drei Formen anzutreffen. Die von der sozialistischen Theorie am höchsten bewertete Eigentumsform war das Staatseigentum. Im Agrarsektor war diese Form in den staatlichen Betrieben vorhanden, den Staatsgütern nach dem Vorbild der sowjetischen Sowchosen, sowie in Form von landwirtschaftlichen Flächen, die zwar im staatlichen Eigentum waren, aber von den Landwirtschaftlichen Produktionsgenossenschaften (LPGen) bewirtschaftet wurden. Daneben gab es auch Flächen, die im Eigentum regionaler oder kommunaler Verwaltungsorgane standen und somit zu Staatseigentum im weiteren Sinne gehörten.

Die zweitwichtigste Eigentumsform war die des kollektiven oder genossenschaftlichen Eigentums. Das Eigentum an derartigen Flächen war entweder vom Staat an die LPGen übertragen oder von den Mitgliedern an ihre LPG verkauft worden. Die Mitglieder mußten ihre Flächen an die LPGen oder den Staat verkaufen, wenn sie aus derselben ausschieden und nicht die Möglichkeit hatten, ihre Flächen auf Verwandte, welche noch Mitglieder waren, zu übertragen. Ein derartiger Verkauf ist aus eigentumsrechtlicher Sicht als sehr problematisch zu beurteilen. Zwar waren die Preise für den Boden offiziell Verhandlungssache zwischen Eigentümer und Staat bzw. LPG. Aufgrund der Verkaufsverpflichtung und mangelnder anderer Nachfrager war die Verhandlungsposition der Eigentümer jedoch sehr schlecht. Zum Teil wurden die Preise auch vom Staat in einer Höhe festgesetzt, die nicht dem Wert der Flächen entsprach.

Laut Auskunft ungarischer Gesprächspartner waren die Preise, welche im Rahmen eines derartigen Verkaufs bezahlt wurden, nicht geringer als diejenigen, die im Zuge des Entschädigungsverfahrens angesetzt worden sind. Bei der offensichtlich systematischen Unterbewertung von zu entschädigenden landwirtschaftlichen Immobilien liegt der Schluß nahe, daß als Grundlage für die Bewertung des Entschädigungsanspruches die Verkaufspreise aus sozialistischer Zeit als Maßstab herangezogen wurden. Somit sind die Bodeneigentümer doppelt benachteiligt worden: zunächst durch einen Verkauf ihrer Grundstücke unter Wert in sozialistischer Zeit und im

---

86 Bis 1948 „Kommunistische Partei Ungarns“, von 1949 bis 1955 „Partei der Ungarischen Arbeiter“, 1956 bis 1989 „Ungarische Sozialistische Arbeiter Partei“, ab 1990: „Ungarische Sozialistische Partei“.

Rahmen des Entschädigungsverfahrens, weil die niedrigen Preise der Verkäufe aus sozialistischer Zeit zugrunde gelegt wurden.

Die Vergütungen, welche an die Mitglieder aufgrund ihres in die LPG eingebrachten Bodens ausgezahlt wurden, waren ebenfalls vergleichsweise gering. Sie wurden dem Pachtwert des Bodens nicht gerecht. Gesetzliche Regelungen[87] legten fest, daß der Anteil des Einkommens aus der geleisteten Arbeit immer höher liegen müsse, als der aus eingebrachtem Boden. Auf Beschluß der LPG-Versammlung konnte die Zahlung einer Bodenrente auch ganz unterbleiben. In der Tschechoslowakei gab es keine Zahlungen für den eingebrachten Boden. Vergütungen für andere Vermögenswerte, die in die LPGen eingebracht worden waren, wurden von den LPGen in Form von mittelfristig zu tilgenden Krediten abgegolten. Schon 1960 war der Anteil solcher Zahlungen am Gesamteinkommen der LPG-Mitglieder auf 2,9 % gesunken.[88]

Die dritte Eigentumsform war das Privateigentum am Boden, das trotz des Ziels der völligen Vergesellschaftung nie ganz beseitigt werden konnte. Eine Ausnahme hiervon bildet lediglich die ehemalige Sowjetunion, in der per Gesetz aller Boden in Staatseigentum überführt worden war. Die Möglichkeit, Boden privat zu bewirtschaften, war je Person auf sehr kleine Flächen begrenzt. Dabei lag die Begrenzung nicht so sehr auf der Bewirtschaftung als vielmehr auf dem Neuerwerb bzw. der Zupacht von Boden. Die erlaubte Obergrenze war deutlich unter 5 ha festgelegt, häufig sogar unter 1 ha. Den Arbeitern oder Mitgliedern von Staatsgütern bzw. LPGen wurde 0,3 ha (in LPGen) bis zu 0,6 ha (in Staatsgütern) Land zur privaten Bewirtschaftung kostenlos überlassen, egal ob sie ursprünglich Boden eingebracht hatten oder nicht. Trotz dieser Regelung wurde in Ungarn etwa die Hälfte des Landes, welches für Hoflandwirtschaften zur Verfügung gestellt worden war, von den Berechtigten nicht in Anspruch genommen. Die privaten Hoflandwirtschaften spielten eine relativ bedeutende Rolle in der Landwirtschaft. Manchmal wurden auf solchen Flächen statistisch gesehen bis zu 40 % des gesamten Produktionswertes des Agrarsektors erwirtschaftet. Bei dieser scheinbar so hohen Produktivität der Hofparzellen ist jedoch zu beachten, daß die Großbetriebe verpflichtet waren, ihnen Vorleistungsgüter zur Verfügung zu stellen, die den Großbetrieben für die eigene Produktion fehlten.[89] Daneben bestand das Einkommen der Mitglieder von LPGen zum Teil aus Naturalien.[90]

---

[87] GENOSSENSCHAFTSGESETZ: „Ungarischer Juristen Verband: Genossenschaftsgesetz der ungarischen Volksrepublik", § 58/2, Budapest, 1971.

[88] GARAMVÖLGYI, K.: „Entwicklung der Einkommensverhältnisse der Bauern als Folge der sozialistischen Neuorganisation der Landwirtschaft", in: Ungarische Agrarrundschau, S. 8, Nr. 2, Budapest, 1963.

[89] LPGen produzierten zum Beispiel Futtermittel im Auftrag der Hoflandwirte, die statistisch den Hoflandwirtten zugerechnet wurden.

[90] In Ungarn mußten Naturalien als zusätzliches Einkommen im Gegensatz zu Bargeld nicht versteuert werden. Sie wurden daher gegenüber Barauszahlungen bevorzugt.

Entwirft man nach dem oben geschilderten Muster eine Matrix der Eigentumsverteilung des landwirtschaftlich genutzten Bodens für die ehemals sozialistischen Staaten, so zeigt sich ein deutliches Übergewicht staatlicher, regional/kommunaler und kollektiver Eigentümer. Dies gilt um so mehr, je genauer man die Restriktionen untersucht, die von staatlicher Seite auf privatem Bodeneigentum lagen. Durch die verschiedenen Maßnahmen der Markt- und Preispolitik für Vorleistungsgüter des Agrarsektors und für landwirtschaftliche Erzeugnisse, die bindenden Produktionsvorgaben für LPGen und Privatbetriebe und die Beschränkungen des Bodenhandels und der Beleihung desselben waren die Wesensmerkmale des Privateigentums fast vollständig aufgehoben.

Die Planvorgaben bestimmten weitgehend die Produktionsstruktur der Betriebe. Ein Wechsel zu Produktionssystemen oder Fruchtarten höherer relativer Vorzüglichkeit innerhalb der Betriebe war nur sehr eingeschränkt möglich. So kam es vor, daß in ausgesprochenen Gunstlagen Futterpflanzen mit relativ geringen Deckungsbeiträgen angebaut werden mußten, um die im Plan vorgesehene Tierproduktion durchzuführen. Andererseits wurde in marginalen Lagen weiterhin intensiver Ackerbau betrieben, obwohl vielleicht ein Übergang auf Grünlandsysteme betriebswirtschaftlich sinnvoller gewesen wäre.

Für die Ressource „landwirtschaftliche Nutzfläche“ und die mit ihr verbundenen Rechte bedeutete dies, daß ihr Marktwert gegen Null tendierte. Dies gilt sowohl für Privatpersonen, da der Handel von Boden verboten und das Eigentum stark eingeschränkt war als auch für staatliche und kollektive Eigentümer, da sie (abgesehen von der privaten Hoflandwirtschaft) das Monopol der Nutzung hatten und ihnen nur sehr geringe Nutzungskosten entstanden. Ein Wettbewerb um landwirtschaftliche Nutzflächen zwischen den Betrieben fand nicht statt. Da Wertzuwächse nicht - oder nur über höhere Produktion - realisiert werden durften, unterblieben Meliorations- und Erschließungsmaßnahmen, es sei denn der Staat verpflichtete die Betriebe dazu und stellte entsprechende Mittel dafür zur Verfügung. Diese Situation dürfte ein Hauptgrund für den wenig pfleglichen Umgang der sozialistischen Staaten mit landwirtschaftlichen Böden gewesen sein.

3.6 Neuverteilung von Eigentumsrechten im Zuge des Systemwechsels

3.6.1 Theoretische Überlegungen

Bei der Umformung sozialistischer Volkswirtschaften in marktwirtschaftlich geprägte, unterliegen die Eigentumsrechte an Produktionsmitteln einem grundsätzlichen Wandel. Die Gesamtwohlfahrtsverteilung war durch die einzelnen Nutzenniveaus der Ausgangsmatrix A gekennzeichnet, die aus der Summe der Vektoren a_{i1}, a_{i2},..., a_{im} resultiert (mit i = 1, 2,..., n). Der Transformationsprozeß soll das Übergewicht der staatlichen bzw. kommunalen/kollektiven Wirtschaftssubjekte am Eigentum zugunsten der privaten Wirtschaftssubjekte verändern. Da staatliche (oder damit vergleichbare Institutionen) nicht in der Lage sind, Ressourcen dort einzusetzen, wo sie volkswirtschaftlich den größten Nutzen bringen (wegen der politischen Einflußnahme von Interessengruppen, sozialen Gesichtspunkten, weicher Budgetschranken[91] u.ä.), ist eine Neuordnung der Eigentumsverhältnisse unerläßlich.

In den Staaten Mittel- und Osteuropas bestand vor der Transformation für praktisch keine Ressource ein im neoklassischen Sinn funktionierender Markt. Dementsprechend kann die Umverteilung der Eigentumsrechte nur über staatliche Eingriffe erfolgen und ist sicher nicht allokationseffizient. Solange im Rahmen der Transformation neoklassische Bedingungen für den Austausch von Eigentumsrechten geschaffen werden können, spielt die Form der Eigentumsverteilung, die zu Beginn der Periode vorliegt für die Allokationseffizienz, keine Rolle. Die nachfolgend einsetzende Reallokation durch Austauschprozesse zwischen privaten Eigentümern führt zu einem paretooptimalen Einsatz der Produktionsmittel. In sozialer und politischer Hinsicht sowie bezüglich der auftretenden Transaktionskosten der Umgestaltung kommt jedoch der anfänglichen Verteilung der Eigentumsrechte eine erhebliche Bedeutung zu. „Eine geschickte Ausgestaltung der Verfügungsrechte trägt zur Einsparung von Transaktionskosten sowie zur pfleglichen Nutzung von Ressourcen bei".[92] Dies gilt um so mehr, als die Bevölkerung, welche durch Wohlstandsverluste die Transaktionskosten zu tragen hat, durch die Einführung pluralistisch demokratischer Systeme bedeutenden Einfluß auf die Gestaltung der politischen Entscheidungen hat.

Die anfängliche Neuverteilung der Eigentumsrechte sowie die Neuallokation der Ressourcen verursacht Transaktionskosten, so daß in der Übergangszeit vom Ende sozialistischer Planwirtschaft bis zu Herstellung einer effizienteren Allokation mit Wohlfahrtsverlusten zu rechnen ist. Diese werden um so höher sein, je stärker die Ressourcenallokation unter dem sozialistischen System verzerrt war, je länger die Schaffung entsprechender Institutionen und Rahmenbedingungen und damit die Anpassung dauert. Bei einer derartigen Neuverteilung soll das Verfügungsrecht über den Boden (ebenso wie über andere Produktionsmittel) mehr oder minder umfassend in private Hand übertragen werden, während sie in sozialistischer Zeit beim Staat oder beim Kollektiv lagen.

Bei der Neuorganisation der Eigentumsrechte stellt sich die Frage, ob Land an seine früheren Eigentümer zurückgegeben, verkauft oder verschenkt werden soll. Bei Rückgabe an frühere Eigentümer ist zweifelhaft, wessen Ansprüche berücksichtigt werden sollen: die der Eigner von vor 1945, die Ansprüche derjenigen, die durch die erste Landreform nach dem Krieg begünstigt waren (also noch vor den Kommunisten), oder nur die, die unter den Kommunisten eine Einschränkung ihrer Rechte hinnehmen mußten. Ein Verkauf des Bodens ist ebenfalls problematisch. Erstens dürfte es ohne funktionierenden Bodenmarkt unmöglich sein, den einzelnen Parzel-

---

[91] KORNAI, Janos.: „The Economics of Shortage", North Holland u.a., 1980 und „The Soft Budget Constraint", Kyklos, Vol. 39, S. 3-30, North Holland u.a., 1986, sowie „The Road to a Free Economy", North Holland u.a., 1990.

[92] RICHTER, R.: „Institutionen (...)", S. 13, wie Anm. 65.

len realistische (d.h. an der Knappheit der Ressource Boden orientierte) Preise zuzuordnen. Zweitens ist die volkswirtschaftliche Effizienz der Ressourcenallokation im Transformationsprozeß wahrscheinlich nicht gegeben. Und drittens ist es beim gegebenen Umfang der Privatisierungsaufgabe zweifelhaft, ob genügend Kapital in der Bevölkerung vorhanden ist, um nennenswerte Teile des Bodenvermögens anzukaufen. Ein Verschenken der Eigentumsrechte am Boden wirft die Frage auf, nach welchem Schlüssel es erfolgen soll. Anders ausgedrückt ist unklar, welcher Personenkreis begünstigt werden soll und in welchem Umfang. So wird dafür plädiert, denjenigen, die den Boden während der kommunistischen Herrschaft bearbeiteten, zumindest ein Teilanrecht zum Erwerb von Bodeneigentum einzuräumen, auch wenn viele von ihnen juristisch gesehen in keiner Phase zu den Eigentümern gehörten.

Mit der Neu- bzw. Umverteilung der Eigentumsrechte am Boden ist immer auch eine Veränderung der Wohlfahrtsverteilung, des Einkommens der Empfänger und der bisherigen Nutznießer verbunden. Dabei wird es im allgemeinen so sein, daß die bisherigen Nutznießer ihre Einkommen aus der Nutzung des Bodens (auf Kosten der Gesellschaft) nach der Privatisierung nicht mehr werden realisieren können, sei es weil sie den neuen (alten) Eigentümern Pachten zahlen müssen, oder weil sie die Nutzungsrechte vollständig verlieren, oder weil die erzielbaren Einkommen aus der Bodennutzung ganz allgemein zurückgehen. Dementsprechend ist das Interesse derer, die das Land unter kommunistischer Herrschaft nutzten, an einer Neudefinition der Eigentumsrechte gering.

Die Verringerung der erzielbaren Einkünfte ist eine Folge der Veränderung der Ressourcenallokation im Rahmen der Transformation. Mit den eingeleiteten Reformen, insbesondere mit der erheblichen Verringerung der Subventionen für die Landwirtschaft auf der einen und den Verbrauch von Lebensmitteln durch die Konsumenten auf der anderen Seite, trat eine Verlagerung von Produktionsfaktoren von der Landwirtschaft in andere Wirtschaftsbereiche ein. Somit stellt der landwirtschaftliche Boden zwar einen hohen Wert als Produktionsfaktor dar, die Verzinsung dieses Wertes ist aber auf absehbare Zeit gering.

3.6.2 Zielkonflikte beim Systemwechsel

Die einzelnen Regierungen verfolgten mit dem Systemwechsel und der Neuverteilung der Eigentums- und Verfügungsrechte verschiedene Ziele, die zum Teil in Konkurrenz zueinander stehen. Erstens sollte möglichst viel privates Eigentum in möglichst kurzer Zeit geschaffen werden. Zweitens wollte man Unrecht aus sozialistischer Zeit wiedergutmachen oder entschädigen. Drittens sollten die Regelungen und Rahmenbedingungen geeignet sein, die Entwicklung eines wettbewerbsfähigen Agrarsektors zu fördern, zumindest jedoch nicht zu behindern.

Die Schaffung eines hohen Anteils an Privateigentum erfordert die Entwicklung konsistenter Gesetze, die zügig in die Praxis umgesetzt werden können. Zunächst ergeben sich dabei mehrere, eher technische Probleme: Eine derart umfangreiche

Privatisierung ist ohne Beispiel in der Geschichte. Somit konnte nicht auf Vorbilder zurückgegriffen werden und die für die Durchführung vorhandenen Verwaltungsressourcen reichten nicht aus. Daneben ergibt sich das eher grundsätzliche Problem, daß eine rasche Privatisierung einer Wiedergutmachung geschehenen Unrechts widerspricht. Die Privatisierung setzt voraus, daß keine Entschädigungsansprüche auf das zu privatisierende Eigentum bestehen. Dies läßt zwei Möglichkeiten offen: Entweder entkoppelt man die Entschädigung von der Privatisierung, das heißt man entschädigt über andere Mechanismen - zum Beispiel Zahlungen aus dem Staatshaushalt - oder man wickelt die Entschädigung vor einer Privatisierung ab. Angesichts der juristisch wie praktisch komplexen Sachverhalte bezüglich der Entschädigung und des langen Weges durch die Instanzen bei Streitfällen, schließt die zweite Möglichkeit eine rasche Privatisierung aus.

Das Ziel der Schaffung eines konkurrenzfähigen Agrarsektors erfordert auf Seiten der Neuverteilung der Eigentums- und Verfügungsrechte zweierlei: Zum einen ist es nötig, eine zügige und eindeutige Verteilung der Eigentums- und Verfügungsrechte sicherzustellen. Zum anderen müssen bezüglich Bodenhandel und Pacht verbindliche Regelungen vorhanden sein, die die Kosten bei Transaktionen möglichst niedrig halten. Ansonsten kommt es zur Verzögerung von Investitions- und Anbauentscheidungen sowie einem mehr oder minder großen Kapitalabfluß aus der Landwirtschaft. Beides würde die notwendige Umstrukturierung und Modernisierung behindern und verzögern.

Betriebswirtschaftlich gesehen macht es wenig Sinn, die existierenden Großbetriebe zugunsten einer kleinbäuerlichen Struktur aufzugliedern. Ohne auf die Diskussion um die optimale Größe landwirtschaftlicher Betriebe im Detail einzugehen, sei an dieser Stelle nur auf einzelne Aspekte verwiesen: Manche der sozialistischen Betriebe hatten in der Tschechischen Republik eine Größe erreicht, die eine Aufteilung in kleinere Organisationseinheiten sinnvoll erscheinen läßt.[93] Dennoch sollten die daraus entstehenden Betriebe gewisse Größen nicht unterschreiten, da zu kleine Betriebe Vorteile, die sich aus der Größendegression ergeben, nicht oder nur unvollständig nutzen können. Das ist auch der Grund dafür, daß der Kapitalbedarf für die Umstrukturierung mit abnehmender Betriebsgröße überproportional ansteigt. Andererseits widerspricht die Erhaltung größerer Betriebseinheiten dem Ziel einer möglichst breiten Streuung des Eigentums in der ländlichen Bevölkerung, zumindest dann, wenn die Betriebe im wesentlichen auf Eigentum basieren sollen und nicht auf Pacht.

Beim Systemwechsel sind vier Konzepte zu unterscheiden, welche die Neuverteilung der Eigentums- und Verfügungsrechte an den Produktionsfaktoren betreffen und in allen Ländern Mittel- und Osteuropas wiederzufinden sind:

(a) Restitution,
(b) Entschädigung,

---

[93] Zum Beispiel hatte das Staatsgut Šumava eine Fläche von 80 000 ha in einem Betrieb vereinigt.

(c) Transformation und
(d) Privatisierung.

Unter **Restitution** versteht man in diesem Zusammenhang die Rückgabe enteigneten Vermögens. Die Rückgabe an frühere Eigner als einfachste Möglichkeit der Neuregelung von Eigentumsrechten ist in den ehemals sozialistischen Staaten nicht immer durchführbar. Die Enteignungen liegen im allgemeinen viele Jahre oder Jahrzehnte zurück, so daß es zum Teil schwierig ist, die entsprechenden Aufzeichnungen und Unterlagen beizubringen. Manche Vermögensgegenstäde haben eine Veränderung ihres Wertes erfahren, die eine Rückgabe ausschließt oder zumindest erhebliche Probleme aufwirft. In der Landwirtschaft betrifft dies vor allem Gebäude, Anlagen und Maschinen, die heute wegen ihres Alters nicht mehr nutzbar sind und Grundstücke, die durch Bebauung, Nutzung als Gewerbe- oder Verkehrsflächen oder durch Meliorationsmaßnahmen eine positive oder negative Wertänderung erfahren haben.

Ist eine Restitution aus obigen Gründen nicht möglich oder politisch nicht gewollt, so wird häufig eine **Entschädigung** gewährt. Der Wert der Entschädigung kann dabei dem Wert des enteigneten Vermögens entsprechen oder es werden in Form einer degressiven Staffelung nur Teile des Vermögens entschädigt. Die grundsätzlichen Probleme hierbei sind die Bewertung des zur Debatte stehenden Vermögens und die Finanzierung der Entschädigung. Ein anderes Problem ist die Überprüfung der Rechtmäßigkeit von Forderungen. Ähnlich der Situation der Restitution ist auch bei der Entschädigung zunächst der Nachweis zu führen, daß ein Anspruch zu Recht betseht. Entsprechende Unterlagen sind oft nur schwer beizubringen.

Der Begriff **Transformation**[94] bezeichnet die Umwandlung sozialistischer Landwirtschaftlicher Produktionsgenossenschaften in Genossenschaften (oder andere Rechtsformen) nach westlichem Verständnis. Insbesondere das nur eingeschränkte Mitbestimmungsrecht der Mitglieder über Entscheidungen der Genossenschaft, wie dies in LPGen üblich war, wird in volles Mitbestimmungsrecht umgewandelt. Das früher unteilbare kollektive Eigentum wird in Eigentum der Mitglieder überführt und eingeschränkte Verfügungsrechte an de jure bestehendem Eigentum vollständig wiederhergestellt. Da in allen ehemals sozialistischen Ländern (mit Ausnahme Bulgariens und Polens) die LPGen eine zentrale Rolle im Agrarsektor spielten, kommt den Regelungen im Rahmen der Transformation derselben für die weitere Entwicklung der Landwirtschaft eine entscheidende Bedeutung zu.

Verbleibt nach Restitution, Entschädigung und Transformation noch Vermögen in staatlichem Eigentum, so versucht man dies zu **privatisieren**. Im landwirtschaftlichen Bereich bleiben davon diejenigen Betriebe ausgenommen, die für die als notwendig erachtete Forschung und Ausbildung vorgesehen sind. Für die Privatisierung stehen zwei grundsätzliche Möglichkeiten zur Auswahl: Verkauf und Verschen-

---

94 Häufig wird das gesamte Geschehen des Systemwechsels als Transformation und die betroffenen Länder als Transformationsländer bezeichnet.

kung. Bei einem Verkauf stellt sich die Frage, welche Methode angewandt werden soll - Bietverfahren, öffentliche Ausschreibungen oder Versteigerungen - und ob alle Teile der Bevölkerung sowie Ausländer zugelassen werden sollen. Bei einer Verschenkung ist zu klären, ob alle Teile der Bevölkerung gleichmäßig bedacht werden oder, falls nicht, welche bevorzugt werden sollen. Ein Verschenken macht insbesondere dann Sinn, wenn in Zeiten hoher Inflation und sinkender Realeinkommen kaum ausreichendes Kapital in der Bevölkerung vorhanden ist, um die gesamte Volkswirtschaft über Verkauf zu privatisieren.

3.7 Auswirkungen auf den Bodenmarkt

3.7.1 Die Angebotsseite

Die Angebotsseite auf dem Bodenmarkt in Mittel und Osteuropa teilt sich entsprechend den Eigentumsverhältnissen in drei Segmente auf. Zum einen gibt es den Staat als Anbieter landwirtschaftlicher Flächen, der entsprechend politischer Prioritäten und in geringerem Ausmaß auch aufgrund wirtschaftlicher Gesichtspunkte landwirtschaftlichen Boden anbietet. Zweiter Anbieter sind die LPGen bzw. deren Rechtsnachfolger. Ein Teil des von ihnen bewirtschafteten Bodens steht in ihrem Eigentum. Diesen bewirtschaften sie entsprechend dem Willen der Organe der Genossenschaften/Gesellschaften weiter, teilen ihn auf die Mitglieder/Gesellschafter auf oder bieten ihn zum Verkauf an. In Ungarn existiert Genossenschaftseigentum zur Zeit nur in geringem Umfang, da das Bodengesetz[95] vom September 1994 den juristischen Personen - also auch Genossenschaften - den Erwerb von Eigentum an landwirtschaftlichen Flächen ausdrücklich verbietet. Und schließlich gibt es private Bodeneigentümer, die ihr Land entweder in LPGen bzw. deren Rechtsnachfolger als Geschäftsanteile eingebracht haben, ihn selbst bewirtschaften, oder verkaufen.

In praktisch allen ehemals sozialistischen Staaten Mittel- und Osteuropas ergab sich die Situation, daß der Bodenmarkt nach der Reform der Eigentumsrechte Eigenschaften aufwies, die eine effiziente Allokation des Produktionsfaktors Boden einschränkten oder völlig unterbanden. So wurden zum Beispiel gesetzliche Auflagen erlassen, die die neuen Eigentümer verpflichteten, den Boden eine bestimmte Zeit selbst zu bewirtschaften. In diesem Zeitraum war es auch verboten, den Boden an andere zu verkaufen. Bewirtschaftungsverpflichtungen sind ein Kompromiß zwischen jenen, die Eigentum an landwirtschaftlichen Flächen nur den in der Landwirtschaft Tätigen zugestehen wollten und jenen, die den Bodenmarkt völlig liberalisieren wollten. Mit solchen Regelungen sollte eine Bodenspekulation ausgeschlossen und die weitgehende Bewirtschaftung aller Flächen sichergestellt werden. Einem ähnlichen Zweck dient auch die Bestimmung, daß nur bestimmte Personen Land erwerben können. Allerdings werden derartige Bestimmungen oft umgangen.

---

[95] GESETZ Nr. LV/1994: „1994. évi LV. törvény a termőföldről“, [„Gesetz Nr. LV vom Jahre 1994 über den fruchtbaren Boden“], in: Hatályos magyar jogszabályok, [Geltende Ungarische Rechtsnormen] Nr.V./18., Seite 1132, § 6, Abs. (1), Budapest 15. Sept. 1994.

Mitglieder von ehemaligen LPGen erhalten den Boden zurück, der bei Beginn der Transformation juristisch gesehen noch in ihrem Eigentum stand. Daneben erhalten sie (ebenso wie nicht-Boden-Einbringer) einen Entschädigungsanspruch für enteigneten Boden, eingebrachtes Inventar und Vieh sowie für die Arbeitszeit, die sie in der LPG verbracht haben. Die so erhaltenen Flächen ermöglichen nur selten die Erwirtschaftung eines für eine Familie ausreichenden Einkommens, so daß die meisten entweder im Nebenerwerb genutzt, verpachtet oder verkauft werden.

Bei einem Verkauf stellt sich die Frage, nach welchen Kriterien der einzelne Bodeneigentümer den Preis für sein Eigentum bestimmt. Bei rationalem Verhalten müßte ein Eigentümer einen Verkauf in Betracht ziehen, wenn der realisierbare Preis den Wert der kapitalisierten landwirtschaftlichen Grundrenten aus eigener Bewirtschaftung (oder die Einkünfte einer alternativen Verpachtung) übersteigt. Handelt es sich um außerlandwirtschaftliche Eigner, oder solche, die bisher nicht eigenständig wirtschafteten, kann dieser Punkt früher eintreten, als bei jenen Eigentümern, die aufgrund guter Ausbildung und Erfahrung höhere Gewinne aus der landwirtschaftlichen Produktion erzielen können.

Gibt es nur eine begrenzte Anzahl von Nachfragern, die nur bis zu einem bestimmten Gesamtpreis Land für die Gründung eines landwirtschaftlichen Betriebes nachfragen[96], so hängt der von den Anbietern geforderte Preis vom Risikoverhalten der Anbieter und von ihrem Anteil an der insgesamt nachgefragten Bodenmenge ab. Je nach dem Risikoverhalten der Eigentümer ergeben sich aus dem zersplittertem Angebot verschiedene Konsequenzen für die Preisforderung eines Anbieters in Konkurrenz zu anderen. Bei risikoindifferentem Verhalten bestimmt sich die Preisforderung allein nach der vom einzelnen angebotenen Menge Boden im Verhältnis zur Menge des insgesamt nachgefragten Bodens. Ein Anbieter, der im Verhältnis zur insgesamt nachgefragten Menge einen großen Anteil hält, kann aufgrund seiner relativen Marktmacht höhere Preise realisieren als ein kleinerer Anbieter.

Bei risikoaversem Verhalten der Anbieter hingegen wird sich mit steigendem Landanteil der Preise je ha nicht erhöhen. Mit anderen Worten: „Der geforderte Preis [je ha] ist um so kleiner, je größer der besessene Landanteil ist“.[97] In diesem Fall bewirkt ein hoher Marktanteil eines einzelnen Bodenanbieters nicht die ansonsten mit steigendem Marktanteil zu erwartende Preissteigerung. Hierbei kommt der Verkaufswahrscheinlichkeit eine erhöhte Bedeutung zu. Die Verkaufswahrscheinlichkeit ist diejenige Wahrscheinlichkeit, mit der ein Verkauf bei veränderten Preisforderungen eintritt. Diese Wahrscheinlichkeit hängt aber nicht nur von der Größe des Landanteils des einzelnen Anbieters ab, sondern auch von der insgesamt gehandelten Menge an Boden und von der Zahl der Teilnehmer am Handel. Ist die von einer

---

[96] Weil sonst der Kapitalaufwand prohibitiv hoch wird und damit die Betriebsgründung unwirtschaftlich.

[97] ECKART, Wolfgang: „Der Boden als Anlageobjekt und Produktionsfaktor: Theorie und Politik“, Europäische Hochschulschriften, Reihe V: Volks- und Betriebswirtschaft, Bd. 385, S. 125, Frankfurt am Main, Bern, 1982.

Person angebotene Landmenge im Verhältnis zur insgesamt nachgefragten Menge vergleichsweise groß, so wird diese Person je ha einen geringeren Preis fordern, um damit die Wahrscheinlichkeit, daß ein Verkauf zustande kommt zu erhöhen. Im Umkehrschluß bedeutet dies jedoch auch, daß Eigentümer, die im Verhältnis zur insgesamt gehandelten Bodenmenge nur kleine Flächen zum Verkauf anbieten, vergleichsweise hohe Preise je ha fordern können, da bei ihnen die Verkaufswahrscheinlichkeit nicht so schnell abnimmt, wie dies bei Eigentümern mit großen Flächen der Fall wäre.[98]

In der Wirtschaftstheorie gibt es widerstreitende Meinungen bezüglich der Wechselwirkung zwischen der Konkurrenzsituation auf dem Bodenmarkt und den sich ergebenden Preisen je ha bzw. der Auswirkungen auf die Allokation. Sowohl Coase[99] als auch Sieber[100] kommen in ihren Untersuchungen zu dem Ergebnis, daß der Bodenpreis in einer Monopolsituation der gleiche sei, wie in einer Kokurrenzsituation. Der Schwerpunkt beider Analysen liegt auf der Untersuchung von Spekulation mit Boden und des Übergangs von landwirtschaftlicher zu baulicher Nutzung desselben. Grundlage ihrer Arbeiten ist das mikroökonomische Standardmodell einer negativ geneigten Preisabsatzfunktion, deren Parameter dem Anbieter bekannt sind. Der Anbieter hat jedoch keine Preisabsatzerwartungen, das heißt Coase und Sieber nehmen an, der Anbieter beziehe die Zukunft nicht in seine Überlegungen mit ein.

Im Gegensatz dazu kommt Eckart, unter Berücksichtigung zu erwartender Bodenpreissteigerungen, zu anderen Ergebnissen. Er vertritt die These, daß mit sinkendem Monopolgrad die angebotene Landmenge ebenfalls zurückgeht, vorausgesetzt die Risikoaversion des Monopolisten ist hinreichend niedrig. Mit andren Worten, mit sinkendem Monopolgrad steigt tendenziell der Bodenpreis, da die Verkaufswahrscheinlichkeit ansteigt. Das „widerspricht der landläufigen Meinung über die Wirkungen von Marktmacht auf die Verkaufsmenge eines Gutes".[101] Hinzu kommt, daß bei verzögertem Verkauf durch die zu erwartende Wertsteigerung ein positiver Vermögenseffekt eintritt. Bei hoher Risikoaversion wird sich die angebotene Landmenge mit sinkendem Monopolgrad erhöhen.

Theoretisch hätte das für den Bodenmarkt ehemals sozialistischer Staaten zur Folge, daß die Bodenpreise tendenziell dort höher lägen, wo eine Vielzahl von Eigentümern jeweils kleine Flächen anböten. Andererseits würde es die Schaffung größerer Betriebe durch den Kauf von Flächen erschweren. Dies würde auch für die Pacht gelten, da die Pachtpreise mit steigenden Verkaufspreisen ebenfalls - zumindest tendenziell - zunähmen. Darüber hinaus würden Produktionszweige welche nur durchschnittliche oder geringe Flächenverwertung erbringen (Getreideanbau, Grün-

---

[98] Ebenda, S. 115 - 131.

[99] COASE, Ronald H.: „Durability and Monopoly", in: Journal of Law and Economics, S. 143-149, Apr. 1972.

[100] SIEBER, Hugo: „Bodenpolitik und Bodenrecht", Bern/Stuttgart, 1970.

[101] ECKART, W.: S. 107-114, wie Anm. 97.

land) eingeschränkt, Produktionszweige mit hoher Flächenverwertung (z.B. Gemüse-, Obst- und Weinanbau) eher ausgedehnt.

Die tatsächlich anzutreffende Situation spricht jedoch dafür, daß Eckarts Modell in den Transformationsländern auf den Markt für landwirtschaftliche Flächen entweder nicht zutrifft oder von anderen Faktoren überlagert wird, so daß der von ihm beschriebene Zusammenhang zwischen Monopolgrad und Bodenpreis nicht zu beobachten ist. Ausschlaggebend dafür dürften drei Gründe sein: Zum einen ist die Rentabilität der landwirtschaftlichen Produktion im Transformationsprozeß oft negativ.[102] Zum anderen herrscht, was die Bodennachfrage angeht, häufig ein Monopson, welches die Marktmacht der Anbieter stark einschränkt. Und zum dritten sind die meisten landwirtschaftlichen Betriebe in den Ländern Mittel- und Osteuropas auf großflächige Produktion ausgerichtet, wodurch kleine isolierte Parzellen an Attraktivität verlieren. Die Folge ist, daß trotz der sehr zersplitterten Eigentumsstruktur die Preise für landwirtschaftliche Nutzflächen extrem niedrig liegen.

Für Bodeneigentümer, deren Land vor den Reformen von den LPGen bewirtschaftet wurde, dürfte sich die Situation ähnlich darstellen, sofern sie nicht ohnehin Mitglieder bzw. Gesellschafter der Rechtsnachfolger sind. Mitglieder der LPG-Nachfolger tendieren dazu, ihre Flächen auch weiterhin gemeinschaftlich zu bewirtschaften (mit Ausnahme von kleinen, zur Eigenversorgung genutzten Flächen). Dies hat mehrere Gründe: Die Flächen je Person sind relativ klein, so daß eine Betriebsgründung auf dieser Basis schwierig sein dürfte. Außerdem steht den Bodeneigentümern in den meisten Fällen weder das notwendige Kapital für eine Betriebsgründung zur Verfügung, noch ist die allgemeine Infrastruktur für kleine Betriebe geeignet. So ist es zum Beispiel schwierig, für Kleinflächen geeignete Maschinen zu erwerben, ein Grundbuchsystem zur Absicherung des Rechtsanspruchs ist erst im Aufbau begriffen und die Vorleistungsindustrie ist noch ungenügend auf die Bedürfnisse von Kleinbetrieben eingestellt. Ein weiterer Grund ist die Risikobereitschaft. Die Mehrzahl der ehemaligen LPG-Mitarbeiter wird die relative finanzielle und soziale Sicherheit kollektiver Wirtschaftsweise einer mit hohem finanziellen und sozialen Risiko verbundenen privaten Wirtschaftsweise vorziehen. Nur risikoindifferente oder risikofreudige Personen werden sich selbständig machen. Obwohl ihre Gründung unter Zwang vor sich ging, wurden die LPGen von der jetzigen Generation der Landbevölkerung aufgrund ihrer sozialen und wirtschaftlichen Bedeutung überwiegend positiv gesehen.[103] Neben dem Kapitalmangel dürfte dies der Hauptgrund für die geringe Neigung der mittel- und osteuropäischen Landwirte sein, Familienbetriebe zu gründen.

---

[102] Wegen der Streichung von Subventionen, des Rückgangs der Verbrauchsmengen, der sich verschlechternden terms-of-trade der Landwirtschaft und der Kosten der Umstrukturierung.

[103] Die positive Einschätzung der LPGen durch die örtliche Bevölkerung wird von westlicher Seite meist unterschätzt.

3.7.2 Die Nachfrageseite

Die Nachfrageseite gliedert sich in mehrere Teilsegmente. Grundsätzlich gibt es zwei Verwendungszwecke, die die Nachfrage charakterisieren: die landwirtschaftlichen und die Gruppe aller nichtlandwirtschaftlichen Nutzungsarten. Nichtlandwirtschaftliche Nutzungen, die in keinem Zusammenhang zur landwirtschaftlichen Ertragsfähigkeit stehen, erbringen im allgemeinen wesentlich höhere Erträge als landwirtschaftliche Nutzungen. Sie werden daher immer realisiert, es sei denn, der Staat verbietet sie (zum Beispiel durch das Instrument der Flächennutzungspläne). Derartige Nutzungen sollen im folgenden unberücksichtigt bleiben.

Bei landwirtschaftlicher Nutzung wird der für einen Käufer maximal akzeptierbare Kaufpreis p_L im Idealfall der Summe der kapitalisierten landwirtschaftlichen Grundrente p_{Lmax} entsprechen. Daher wird ein Nachfrager Boden kaufen, solange der Preis dafür unterhalb von p_{Lmax} liegt. Dies gilt nur, wenn die Verzinsung des für den Bodenkauf eingesetzten Eigenkapitals höher ist, als bei einer konkurrierenden Anlageform, oder, anders ausgedrückt, im Fall von Fremdkapital, wenn der Ertrag aus dem Bodenkauf mindestens die Annuität des aufgenommenen Fremdkapitals abdeckt. Unter diesen Bedingungen stellt sich theoretisch die gesamtwirtschaftliche Nachfrage „D“ nach landwirtschaftlichem Boden folgendermaßen dar:[104]

$$D_{L\,ges}(p_L) = \begin{cases} \infty, & \text{für } p_L \leq p_{Lmax} \\ 0 & \text{sonst} \end{cases}$$

In der Realität tritt eine unendliche Nachfrage nicht auf, denn erstens ist der Personenkreis, der eine landwirtschaftliche Tätigkeit aufnehmen will, begrenzt, zweitens ist die Verzinsung des eingesetzten Kapitals bei anderen Anlageformen meist höher als in der Landwirtschaft und drittens sinkt die erzielbare Grundrente aus der landwirtschaftlichen Erzeugung mit steigender Produktion, da die Nachfrage nach landwirtschaftlichen Produkten nicht ausreichend stark wächst.

Nimmt man die Unteilbarkeit der Nachfrage eines Betriebsgründers an, das heißt hat sich diese Person entschieden, einen Betrieb mit der Mindestfläche L zu etablieren, die sie für ihre Pläne unbedingt benötigt, so läßt sich die mikroökonomische Nachfrage des Neueinrichters eines landwirtschaftlichen Betriebes G_L entsprechend seiner Absicht, als eine Funktion des Preises für landwirtschaftliche Nutzflächen p_L darstellen.

$$G_L(p_L) = \begin{cases} L, & \text{für } p_{L\,mittel} \leq p_L \\ 0 & \text{sonst} \end{cases}$$

Dabei entspricht p_{Lmax} der kapitalisierten landwirtschaftlichen Grundrente, die der Betriebsgründer maximal zu erzielen glaubt. Dieser maximale Preis, zu dem der

---

[104] ECKART, W.: S. 119, wie Anm. 97.

Gründer bereit ist, Land zu kaufen, ist den Landeigentümern nicht bekannt. Jedoch muß der mittlere Quadratmeterpreis $p_{Lmittel}$, das heißt die Summe aller Preisforderungen der Landeigentümer dividiert durch die gesamte Landmenge L, kleiner oder gleich p_{Lmax} sein. Ansonsten nimmt der Gründer von seinem Vorhaben Abstand und kauft überhaupt kein Land. Jeder der h Landeigentümer besitzt einen Teil L_i (i = 1, 2, ..., h) der Gesamtfläche L_{ges}, die definiert ist als $L_i = L_{ges}/n_i$. Für die Summe der Preisforderungen p_{Lges} ergibt sich somit:

$$p_{L\,ges} = \sum_{i=1}^{h} n_i p_i, \qquad \text{mit} \sum_{i=1}^{h} n_i = 1, \qquad \text{wegen} \sum_{i=1}^{h} L_i = L_{ges}.$$

Um die Auswirkungen des Monopolgrades auf den Kaufpreis zu klären, ist entscheidend, wie sich die Preisforderung für sein Stück Land mit der Größe desselben im Verhältnis zur gesamt nachgefragten Landmenge L_{ges} verändert. Der einzelne Landeigentümer wird seine Preisforderung nach verschiedenen Kriterien, wie etwa Bodengüte, Verkehrsanbindung, Schlagform und andere, gestalten. Die zwei den Preis bestimmenden Kriterien, die im Zusammenhang mit dem Monopolgrad betrachtet werden sollen, sind die Größe des Landanteils an der gesamt nachgefragten Menge und die Verkaufswahrscheinlichkeit. Der vom Nachfrager tatsächlich gezahlte Quadratmeterpreis ergibt sich als gewogener Durchschnittspreis aus der Summe der geforderten Preise durch die jeweiligen Landanteile. Daher sinkt die Verkaufswahrscheinlichkeit mit dem vom Verkäufer geforderten Preis, weil mit steigender Preisforderung des einzelnen die Wahrscheinlichkeit steigt, daß der Gesamtpreis über dem maximal vom Käufer akzeptierbaren Preis liegt und auf die Betriebsgründung verzichtet würde. Ferner tendieren Verkäufer von großen Landanteilen eher dazu, geringere Forderungen zu stellen, da eine hohe Preisforderung ihrerseits den gewogenen Durchschnittspreis stärker anhebt, als hohe Preisforderungen von Verkäufern mit nur kleinen Teilflächen. „Dieses Ergebnis zeigt, daß von einem hohem Marktanteil nicht auf hohe Preise geschlossen werden kann."[105]

Ein Punkt, der in den Ländern Mittel- und Osteuropas entscheidenden Einfluß auf Betriebsgründungen ausübt, ist die Höhe der Transaktionskosten. Die bei einem Kauf landwirtschaftlicher Flächen anfallenden Transaktionskosten werden im wesentlichen von zwei Faktoren bestimmt: von der Anzahl der Vertragspartner und von der Ausgestaltung und Durchsetzbarkeit rechtlicher und administrativer Rahmenbedingungen. Aufgrund des hochgradig zersplitterten Bodeneigentums privater Eigentümer ist in Mittel und Osteuropa im Regelfall eine Vielzahl von Vertragsverhandlungen erforderlich. Jeder einzelne Vertrag muß in irgend einer Form in Kataster- oder Grundbüchern registriert werden, und bei jeder Transaktion wird irgend eine Form von Steuer und/oder Verwaltungsgebühr erhoben. Hinzu kommt die mit der Durchsetzbarkeit von Verträgen und der Einklagbarkeit rechtlicher Rahmenbedingungen verbundene Unsicherheit, die ebenfalls transaktionskostenerhöhend wirkt.

---

[105] ECKART, W.: S. 125, wie Anm. 97.

Die genaue Höhe der Transaktionskosten läßt sich nicht allgemein bestimmen, da sie je nach der im Einzelfall gehandelten Landmenge, des Grades der Unsicherheit sowie der gewählten Form der Absicherung derselben sehr stark schwanken kann. Es kann jedoch durchaus so sein, daß die Transaktionskosten den eigentlichen Wert des Bodens übersteigen, bzw. der Bodenwert wegen hoher bereits eingetretener und zu erwartender Transaktionskosten vermindert wird. Die Transaktionskosten können vermindert werden, wenn es dem Käufer gelingt, größere Flächen am Stück zu erwerben. Ehemals staatliche Betriebe, die im Ganzen oder in größeren Teilstücken privatisiert werden, sind hier günstiger. Ähnliches gilt für den Erwerb von ehemaligen LPGen, wenn es möglich ist, mit dem Rechtsnachfolger direkt zu verhandeln, anstatt mit jedem einzelnen der Mitglieder bzw. Gesellschafter.

Im allgemeinen werden Betriebe in Mittel- und Osteuropa nicht durch den Kauf der Betriebsflächen gegründet. Dies ist nur dann der Fall, wenn der Staat Kredite mit günstigen Zins- und Tilgungskonditionen gewährt, was in den ersten Jahren der Umstrukturierung zum Beispiel in der Tschechischen Republik möglich war. Die Kredite sollten vor allem die Privatisierung staatlicher landwirtschaftlicher Nutzflächen beschleunigen. Die relativ hohe Inflation, die mit der wirtschaftlichen Umstrukturierung einherging, führte manchmal zu einer negativen realen Verzinsung derartiger Kredite. Betriebsgründungen erfolgen im wesentlichen auf der Grundlage gepachteter Flächen. Auch dabei sind die Transaktionskosten um so höher, je zersplitterter die Eigentumsstruktur ist. Wegen des mangelden Wettbewerbs um landwirtschaftliche Nutzflächen und der daraus resultierenden Marktmacht der Pächter sind die Pachtpreise meist so niedrig, daß die höheren Transaktionskosten keine prohibitive Wirkung haben.

Es ist zu vermuten, daß es sich in den ehemals sozialistischen Volkswirtschaften Mittel- und Osteuropas sowohl beim Bodenkauf- als auch beim Pachtmarkt für landwirtschaftliche Nutzflächen um monopsonistische Märkte handelt. In diesen Märkten dominieren die Rechtsnachfolger ehemaliger staatlicher und genossenschaftlicher landwirtschaftlicher Betriebe den Boden- und Pachtmarkt. Die geringe Zahl landwirtschaftlicher Privatunternehmen stellt aufgrund ihrer mengenmäßig geringen Nachfrage nach Boden höchstens lokal eine Konkurrenz zu den etablierten Großunternehmen dar.

4 Ungarn

4.1 Der Zustand des ungarischen Agrarsektors vor den Reformen

Die Entwicklung der ungarischen Landwirtschaft im Detail zu analysieren, würde am Thema dieser Arbeit vorbeiführen und ihren Umfang sprengen. Deshalb soll sie in diesem Kapitel nur verkürzt wiedergegeben werden. Zu diesem Thema stehen zahlreiche ausgezeichnete Arbeiten zur Verfügung. Beispielhaft sei auf einige Veröffentlichungen Endre Antalls[106] zur Agrar- und Nahrungswirtschaft des Landes verwiesen. Eine detaillierte Darstellung erfolgt nur dann, wenn es für die Analyse der Veränderungen der Eigentums- und Verfügungsrechte von Bedeutung ist.

Von der gesamten Staatsfläche Ungarns (9,3 Mio. ha) wurden 1989 etwa 6,5 Mio. ha oder 71 % landwirtschaftlich genutzt.[107] Im Agrarsektor waren zu dieser Zeit 19 % der Erwerbstätigen (davon etwa 12 % in der landwirtschaftlichen Primärproduktion) beschäftigt, während der Anteil am Bruttoinlandsprodukt rund 20 % betrug (davon etwa 11 % aus der landwirtschaftlichen Primärproduktion). Im selben Jahr waren die Exporte landwirtschaftlicher Produkte, mit einem Anteil von 27 % des Landes eine der wichtigsten Devisenquellen für Ungarn. Die pflanzliche und tierische Produktion waren etwa zu gleichen Teilen an der Wertschöpfung der ungarischen Landwirtschaft beteiligt. Die am Produktionswert gemessen wichtigsten landwirtschaftlichen Erzeugnisse waren Schweinefleisch, Weizen, Mais, Geflügel, Rindfleisch, Obst und Gemüse.[108]

Die Betriebsstruktur der Landwirtschaft Ungarns wurde von großen Einheiten dominiert. Der Agrarsektor gliederte sich in 1 260 Genossenschaftsbetriebe, die zusammen 4,7 Mio. ha bewirtschafteten (durchschnittlich 3 730 ha) und 128 Staatsbetriebe mit rund 1 Mio. ha landwirtschaftlicher Nutzfläche (durchschnittlich 7 813 ha). Daneben gab es etwa 2,1 Mio. kleine landwirtschaftliche Einheiten mit

---

[106] ANTAL, Endre: „Die Preisgestaltung im Nahrungsgütersektor Ungarns“, in: Bohnet, Armin und Eberhard Schinke (Hrsg.): Preise im Sozialismus, Kontinuität und Wandel, Teil I, Agrarpreissysteme in RGW-Ländern, Gießener Abhandlungen zur Agrar- und Wirtschaftsordnung des europäischen Ostens, Band 124,S. 38-72, Berlin 1983,
ANTAL, Endre: „Lebensmittelversorgung in Ungarn“, in: Südosteuropa, Jhrg. 32, Nr. 3/4/1983, München,
ANTAL, Endre: „Agrarproduktion und Nahrungsverbrauch in Ungarn“, Schriftenreihe des Bundesministeriums für Ernährung landwirtschaft und Forsten, Reihe C, Agrarpolitische Berichte der OECD, Heft 10, Gießen 1981,
ANTAL, Endre: „Die ungarische Landwirtschaft in den siebziger Jahren“, in Osteuropa-Archiv, Nr. 6/1977, A406-A45,
ANTAL, Endre: „Preissystem und Preispolitik in Ungarn“, in: Südosteuropa Mitteilungen, Nr. 3/1975, S. 9-21, München und
ANTAL, Endre: „Aktuelle Probleme der ungarischen Agrarpolitik“, in: Osteuropa Wirtschaft, Nr. 2/1972, S. 97-121.

[107] ROGERS, Heather: „Agriculture in Hungary“, Shell Agriculture, No. 12, 1992, S. 7, JGR Stevens, Exford, England.

[108] FEHER, István: „Tendencies of changement in Hungarian agricultural policies“, S. 1-20, Institute of Management and Training of the University of Agricultural Sciences, Gödöllö 1990, Hungary.

zusammen 0,5 Mio. ha (durchschnittlich 0,36 ha). Diese privaten Kleinparzellen, die die Großbetriebe ihren Arbeitnehmern zur Nutzung überließen, wurden von etwa 2 Mio. Familien bewirtschaftet. Rund 4,5 Mio. Menschen waren in der einen oder anderen Weise in die Produktion auf diesen Flächen einbezogen. Bei der kleinbetrieblichen Flächennutzung unterschied man diejenige im Ortsbereich, die als Garten eingestuft wurde, und diejenige außerhalb des Ortsbereich, welche zu den Nebenbetrieben gerechnet wurde. Die Zahl der kleinen landwirtschaftlichen Einheiten reduzierte sich im Rahmen des Systemwechsels bis 1996 auf etwa 1,2 Mio. Nebenbetriebe und etwa 0,46 Mio. Gärten.[109]

Fast 88 % aller landwirtschaftlichen Nutzflächen wurden von Großbetrieben bewirtschaftet. Von 1970 bis 1988 stieg die durchschnittliche Betriebsfläche der Genossenschaften von etwa 2 000 ha auf 3 730 ha und die der Staatsbetriebe von 5 500 ha auf 7 813 ha. Die Ausstattung der Kleinparzellen mit Produktionsmitteln und technischem Gerät war, im Vergleich zu den Großbetrieben gering, dennoch waren diese Kleinbetriebe vor allem bei der Erzeugung qualitativ hochwertiger oder hohen Arbeitseinsatz erfordernder Produkte (Obst, Gemüse) sehr wichtig.[110] Die kleinen Privatbetriebe erwirtschafteten nach statistischen Angaben auf 12 % der landwirtschaftlichen Nutzfläche rund 50 % der Wertschöpfung des ungarischen Agrarsektors.[111] Hierbei ist jedoch zu beachten, daß die Großbetriebe verpflichtet waren, ihnen Vorleistungsgüter zur Verfügung zu stellen[112], und das Einkommen der Mitglieder von LPGen zum Teil aus Naturalien bestand.[113] Bei einem Weiterverkauf dieser Erzeugnisse, wurden sie statistisch dem Hoflandwirtschaftssektor zugerechnet. Die statistisch ausgewiesene Produktion der Hoflandwirtschaften dürfte bei exakterer Erfassung einen deutlich geringeren Anteil ausgemacht haben. Experten beziffern die bereinigte Wertschöpfung der Kleinbetriebe auf etwa ein Drittel der gesamten landwirtschaftlichen Wertschöpfung.[114]

Viele der Staatsgüter und landwirtschaftlichen Genossenschaftsbetriebe gründeten ab 1971 sogenannte „Produktionssysteme“, welche eine Besonderheit des ungarischen Agrarsektors darstellten. Produktionssysteme waren „Dienstleistungsunternehmen (...), [die] anderen Unternehmen mit technologischen Ratschlägen (...)“ halfen.[115] Für ihre Mitglieder betrieben sie den Einkauf von Produktionsmitteln, den Verkauf der Endprodukte, Forschung und Beratung bei der Erzeugung der Produkte sowie die Ausgabe von Produktionsrichtlinien. In manchen

---

[109] Laut Auskunft von Prof. Varga, Gespräch am 03. August 1996 in Budapest.

[110] ANTAL, Endre et al.: „Der Private Sektor in der ungarischen Landwirtschaft“, in Osteuropa-Archiv, Nr. 6/1977, A416-A423.

[111] FEHER, I.: „Tendencies (...)“, S. 1-20, wie Anm. 108.

[112] LPGen produzierten zum Beispiel Futtermittel im Auftrag der Hoflandwirte, die statistisch den Hoflandwirten zugerechnet wurden.

[113] In Ungarn mußten Naturalien als zusätzliches Einkommen im Gegensatz zu Bargeld nicht versteuert werden. Sie wurden daher gegenüber Barauszahlungen bevorzugt.

[114] Laut Auskunft von Prof. Varga, wie Anm. 109.

[115] VARGA, Gyula: „Neue Produktionsbeziehungen in der ungarischen Landwirtschaft“, in: BERGMANN Th., P. GEY und W. QAISSER: „Sozialistische (...)“, S. 198-213, wie Anm. 25.

Fällen hatten die Systeme auch Tochterunternehmen in vor- und nachgelagerten Bereichen der Landwirtschaft. So übernahmen sie manchmal die erste Verarbeitungsstufe der landwirtschaftlichen Erzeugnisse, oder produzierten spezielle Mehrnährstoffdünger für bestimmte Kulturpflanzen. Landwirtschaftliche Betriebe konnten in mehreren verschiedenen Systemen gleichzeitig Mitglied sein. Die Systeme waren sehr erfolgreich und leisteten auch international anerkannte Forschungs- und Vermarktungsarbeit, zum Beispiel in der Mais- oder der Geflügelproduktion.[116]

Eine andere Besonderheit des ungarischen Agrarsektors war die Diversifizierung vieler landwirtschaftlicher Großbetriebe in den Dienstleistungs- und Gewerbebereich. So hatten einige der Genossenschaften und Staatsbetriebe Nahrungsmittel verarbeitende oder vermarktende Tochterunternehmen, andere Gewerbebetriebe oder Dienstleistungsfirmen, die zusammen rund 410 000 zusätzliche Arbeitsplätze boten. Vom gesamten Verkaufswert der LPGen machten solche Aktivitäten im Jahr 1986 51 % (44 % des Nettogewinns) aus, bei den Staatsgütern 52 % (47,6 % des Nettogewinns). Im Jahr 1990 hatte sich diese Zahl für die LPGen auf 49,8 % (40,5 % des Nettogewinns) und in den Staatsgütern auf 50,4 % (45,9 % des Nettogewinns) verändert.[117]

Schon vor 1989 war der ungarische Handel mit landwirtschaftlichen Erzeugnissen nicht sehr stark auf die Mitgliederstaaten des RGW ausgerichtet. Speziell aufgrund seiner günstigen Klima- und Bodenbedingungen konnte Ungarn Massengüter wie Fleisch, Mais und Weizen weltweit exportieren. Auch Obst und Gemüse sowie hochwertige Verarbeitungsprodukte wurden in größerem Umfang in andere als osteuropäische Staaten exportiert. Der Anteil der sozialistischen Staaten Mittel- und Osteuropas (einschließlich der UdSSR) am Gesamtwert des Handels Ungarns mit landwirtschaftlichen Erzeugnissen und Nahrungsmitteln betrug 1989 nur 13 % der Exporte und nur 3,4 % der Importe. Zur gleichen Zeit hatten EG und EFTA zusammen bereits einen Anteil von 58,2 % bzw. 27,4 % am Agrarhandel Ungarns.[118] Durch die vergleichsweise geringe Ausrichtung des Handels auf die anderen RGW-Länder ergaben sich beim Zusammenbruch des RGW 1991 für die ungarische Landwirtschaft weniger Probleme als für andere Länder die stärker darauf ausgerichtet waren. Sowohl 1991 als auch 1992 konnte Ungarn starke Steigerungen im Agrarhandel mit den Ländern des ehemaligen RGW erzielen. Der Außenhandelssaldo Ungarns im Agrarhandel verzeichnete vor 1989 und auch in den Jahren der Transformation einen starken Überschuß, der allein zwischen 1989 und 1991 um rund 29 % anstieg. Zwischen 1991 und 1995 kam es zu einem leichten Rückgang des Exportüberschusses um etwa 5,5 %, der aber an der grundsätzlich positiven Situation nichts änderte.[119]

---

116 Ebenda, S. 198-213.

117 OECD (Hrsg.): „Review (...): Hungary", S. 42, wie Anm. 12.

118 Ebenda, S. 37-38.

119 OECD (Hrsg.): „Agricultural (...)", S. 169, wie Anm. 2.

4.2 Wirtschaftspolitische Reformen

4.2.1 Allgemeine Wirtschaftsreformen

Während der siebziger und achtziger Jahre wurde Ungarn, verglichen mit übrigen RGW Staaten, von westlichen Beobachtern immer als „besonders“ oder „anders“ in seiner Wirtschaftspolitik eingestuft. Diese differenzierende Beurteilung ist wesentlich auf die Wirtschaftspolitik der Ungarischen Sozialistischen Arbeiterpartei unter Führung von Janos Kadar zurückzuführen. Bezüglich wirtschaftspolitischer Reformen nahm Ungarn unter der sozialistischen Herrschaft eine Vorreiterrolle im Ostblock ein.

Bereits 1953 und 1956/57 experimentierte die sozialistischen Regierung mit ersten Reformen. Mit der Einführung der sogenannten „Neuen Ökonomischen Mechanismen“[120] 1966-1968 erfolgte ein weiterer Schritt, der den Managern der Staatsbetriebe, auf Kosten der zentralen Planungsorgane, mehr Entscheidungsfreiheit zubilligte. Es gab wesentlich mehr privates Eigentum und eine größere Zahl kleiner privater Unternehmer als in anderen RGW Staaten, einen rudimentären Aktienmarkt und kommerzielle Banken, wenn auch in Staatseigentum.[121] Importe von Westprodukten durch Einzelbetriebe wurden ermöglicht und die Branchengliederung staatlicher Handelsagenturen in den achtziger Jahren aufgehoben. Zwischen den Handelsunternehmen entstand ein sich allmählich verstärkender Wettbewerb und ungarische Warenproduzenten hatten mit westlicher Konkurrenz zu kämpfen.

Im Gegensatz zur ehemaligen CSFR wurde in Ungarn eine indirekte Wirtschaftslenkung angestrebt.[122] Die wirtschaftliche Entwicklung sollte durch Geldmengenwachstum, Zinspolitik und ähnliches gesteuert werden. Es erfolgten nur wenig Eingriffe in den Markt zum Beispiel durch die Setzung von Mindest- und Höchstpreisen für bestimmte Produkte. Die Planungsbehörden entwickelten zwar jährliche und fünf Jahre umfassende Rahmenpläne, die aber gesamtsektorales und nicht einzelbetriebliches Wachstum vorgaben. Wenn auch das Staatseigentum in der industriellen Produktion grundsätzlich erhalten blieb, genossen die ungarischen Betriebe, was

---

[120] ANTAL, Endre: „Das neue ungarische Regulatorensystem“, in: Wissenschaftlicher Dienst Südosteuropa, S. 43-49, Heft 3, München, 1980; „Das neue ungarische Regulatorensystem II“, in: Wissenschaftlicher Dienst Südosteuropa, S. 91-98, Heft 4, München, 1980; „Der ungarische 'Neue Wirtschaftsmechanismus'“, in: Südosteuropa Mitteilungen, Nr. 1/1975, S. 23-36, München und DEMPSEY, Judy: „The politics of change“, in: The Financial Times, 17.09.1990, S. I, The Financial Times Ltd., London.

[121] OHNE NAMEN: „Too Many Firms, too Few Buyers“, „Voucher Power“, in: The Economist, 21.09.1991, Survey Business in Eastern Europe, S. 14-18; .S. 18-20, The Economist Newspaper Ltd., London.

[122] ANTAL, Endre: „Grundlagen und reformpolitische Einordnung des ungarischen Wirtschaftssystems“, Gießener Abhandlungen zur Agrar- und Wirtschaftsordnung des europäischen Ostens, Band 93, Berlin, 1978; „Die ungarische Wirtschaftsverfassung“, in: Wissenschaftlicher Dienst Südosteuropa, Heft 10/1975, S. 199-202; „Ungarns Wirtschaftspolitik am Scheideweg“, in: Wissenschaftlicher Dienst Südosteuropa, Heft 3/1976, S. 40-46München.

Managemententscheidungen betraf, größere Freiheiten als die Betriebsleiter in der CSFR.[123]

Ungarische Experten gehen davon aus, daß durch die frühen Reformen die ungarischen Manager mehr Erfahrung mit der Marktwirtschaft sammeln konnten, als dies anderen Wirtschaftsführern Osteuropas möglich war. Die tatsächlich realisierten ökonomischen Auswirkungen solcher Reformen sind jedoch umstritten. Nach Angaben einer Quelle[124] konnten selbst im reformierten ungarischen Sozialismus nur etwa 20 % der Investitionsentscheidungen von den Managern selbst getroffen werden. Es spricht vieles dafür, daß die Entscheidungsfreiheit der Unternehmensleiter im landwirtschaftlichen Sektor höher war als im industriellen. Obwohl die Öffnung zum Weltmarkt nicht allein in der Entscheidungskompetenz der ungarischen Regierung lag, hatten überdurchschnittlich viele landwirtschaftliche Großunternehmen Exportlizenzen für ihre Erzeugnisse und Importlizenzen für Vorleistungsgüter. Im Gegensatz zu allen anderen ehemals sozialistischen Staaten stammten zum Beispiel hochwertige Maschinen zu großen Teilen aus westlicher Produktion. Bei Mähdreschern soll dieser Anteil bereits Mitte der achtziger Jahre an die 50 % betragen haben.

Nach den politischen Umwälzungen Ende der achtziger Jahre beschleunigte sich der Dezentralisierungsprozeß zusehends. Während Polen eine Schocktherapie anwandte, um die makroökonomische Situation zu stabilisieren und die CSFR sich beeilte, möglichst viel Privateigentum so schnell wie möglich zu schaffen, entschied sich Ungarn dafür, einen graduellen Weg der Umgestaltung zu gehen. Angesichts der schon in den vorangegangenen Jahrzehnten erfolgten Reformschritte erscheint die graduelle Vorgehensweise der ungarischen Regierung verständlich. Viele der Reformen, die andere Staaten erst 1989/90 in Gang setzten, waren in Ungarn schon Jahre, wenn nicht Jahrzehnte früher durchgeführt worden. Für die ehemals sozialistischen Länder Mittel- und Osteuropas und die von ihnen verfolgte Politik des Systemwechsels läßt sich demnach eine deutliche Pfadabhängigkeit der Entwicklung feststellen.

Die sogenannte „Schocktherapie“ muß in diesem Zusammenhang von dem eingetretenen wirtschaftlichen und sozialen Schock der Transformation differenziert werden. Ersteres umfaßte ein Bündel politischer insbesondere wirtschaftspolitischer Maßnahmen, die von den Regierungen der jeweiligen Staaten ergriffen wurden, um eine möglichst schnelle und erfolgreiche Transformation der Wirtschaft zu gewährleisten. Der wirtschaftliche Schock der Transformation äußerte sich in hohen Inflationsraten, steigender Arbeitslosigkeit, zunehmender Einkommensdifferenzierung, rückläufiger industrieller Produktion und einem Verlust an Gesamtwohlfahrt. Er ist eine direkte Folge der wirtschaftspolitischen Reformen und ergibt sich zum einen

---

[123] OHNE NAMEN: „Too (...)“; „Voucher (...)“, wie Anm. 121.

[124] OHNE NAMEN: „Owners are the only answer“, in: The Economist, 21.09.1991, Survey Business in Eastern Europe, S. 12, The Economist Newspaper Ltd., London.

aus der unerläßlichen Neubewertung und Neuallokation der Ressourcen und zum anderen aus den dabei auftretenden Transaktionskosten.

Der offizielle Wechselkurs der achtziger Jahre hatte den Wert der ungarischen Währung immer etwas unterbewertet. Dennoch kam es immer wieder zu Abwertungsbestrebungen.[125] Die neue Regierung verfolgte eine Wechselkurspolitik, in der der Forint (Ft) an einen Korb von zehn westlichen Währungen gebunden war, wobei das größte Gewicht dem US$ zukam. Die sich ergebende Abwertung des Ft machte die Produkte der ungarischen Wirtschaft auf westlichen Märkten wettbewerbsfähiger. Viele ungarische Unternehmen, auch aus der Landwirtschaft, hatten bereits in den siebziger und achtziger Jahren selbständig mit dem Ausland gehandelt, was allerdings nur zu staatlich festgelegten fixen Wechselkursen möglich war.

Die meisten Preise waren schon vor 1989 freigegeben worden. Es gab allerdings einige Produkte, die noch zu regulierten Preisen gehandelt wurden. Im Bereich der Landwirtschaft und Nahrungsmittel waren davon Brotgetreide, Milch, Rindfleisch und Schweinefleisch auf Seiten der Erzeuger durch Mindestpreise betroffen. Für die Verbraucher gab es Höchstpreise für Weißbrot, Milch, Butter und einige Wurstsorten. Die Mindestpreise für die Erzeuger waren Garantiepreise, da der staatliche Garantiefonds dazu verpflichtet war, zu diesen Preisen alle Produkte aufzukaufen. Bei anderen Produkten unterlagen Preiserhöhungen einer Meldepflicht, wobei der Staat versuchte, zu starke Preissteigerungen durch eine progressive Umsatzsteuer zu verhindern.

Stärker als von der Umstellung des Preissystems war die ungarische Wirtschaft von der Streichung von Subventionen betroffen. Im Agrarsektor hatte dies vor allem folgende Wirkung: Einerseits stiegen die Kosten für die benötigten Vorleistungsgüter stark an, andererseits gingen die Verkaufserlöse zurück, da der Preis je erzeugte Einheit zurückging und sich die Absatzmenge der Produkte aufgrund höherer Verbraucherpreise wesentlich verringerte. So sank laut OECD-Angaben das aggregierte Produzentensubventionsäquivalent (PSE) von 46 % im Jahr 1986 auf 30 % im Jahr 1989 und schließlich 11 % im Jahr 1992. Bis 1994 stieg es auf 20 % an. Im gleichen Zeitraum war das aggregierte Konsumentensubventionsäquivalent (CSE) mit Ausnahme des Jahres 1992 durchgehend negativ. Ausgehend von -30 % 1986 stieg es auf -13 % 1989 und +2 % 1992. Bis 1994 sank es auf -11 % ab.[126]

Die Privatisierung des Einzelhandels und der großen Unternehmen ging zunächst langsam voran und die Regierung war geteilter Meinung über die geeignetste Vorgehensweise. Dabei zeigte sich die Schwierigkeit darin, praktisch eine ganze Volkswirtschaft Unternehmen für Unternehmen zu verkaufen, wie es in Ungarn versucht wurde. Da Ungarn die höchste Prokopfverschuldung aller Staaten Osteuropas

---

125 ÁBEL, István und John P. BONIN: „The 'big bang' versus 'slow but steady': a comparison of the Hungarian and the Polish Transformations", Discussion Paper No. 626, Centre for Economic Policy Research, London, Jan. 1992.

126 OECD (Hrsg.): „Agricultural (...)", S. 183, wie Anm. 2.

aufwies, war die Regierung bestrebt, das größtmögliche Kapital aus dem Verkauf der Staatsbetriebe zu erlösen; andererseits sollte die Privatisierung zügig vonstatten gehen. Insgesamt mußten in Ungarn 2 180 Unternehmen privatisiert werden. Es war Ziel der Regierung, wenigstens die Hälfte davon bis Ende 1994 verkauft zu haben. Nach Angaben der Regierung waren bis Ende 1991 rund 360 Transaktionen abgeschlossen. Davon waren aber nur 90 tatsächlich vollständige Verkäufe. Der Rest wurde entweder nur zum Teil verkauft, oder befand sich 1991 noch völlig in Staatseigentum, während sich nur die Rechtsform geändert hatte. Die so entstandenen Unternehmen waren rein formal privatrechtlich organisiert aber der Staat blieb alleiniger Anteilseigner.

Aktuellere Daten deuten auf eine Beschleunigung des Privatisierungstempos hin. Bedeutende industrielle Sektoren Ungarns, wie die Nahrungsmittel-, die Getränke-, Tabak-, Konsumgüter-, Zement- und Glasindustrie, sind inzwischen überwiegend in den Besitz westlicher, multinationaler Unternehmen gelangt.[127] Ungarn hat deutlich mehr westliches Kapital angezogen als irgend ein anderes osteuropäisches Land.[128] Diese Entwicklung hat unter der Bevölkerung Befürchtungen ausgelöst, es käme zu einem Ausverkauf der Produktionsmittel des Landes an westliche Unternehmen. Manche Teile der Bevölkerung stehen einem weiterem westlichen Engagement eher skeptisch gegenüber.

Die noch in Staatseigentum befindlichen Unternehmen Ungarns sind für westliche Investoren im allgemeinen weniger attraktiv. Um den Befürchtungen der Bevölkerung Rechnung zu tragen, wollte man ungarische Investoren fördern. Die ungarische Regierung versucht, für diejenigen Unternehmen Käufer zu finden, an denen der Westen wenig oder kein Interesse zeigt. Daher wurden im Mai 1992 folgende Maßnahmen von der Regierung verabschiedet:

-- eine Verpflichtung zur Bevorzugung inländischer Interessenten im Falle gleich attraktiver Angebote für Unternehmen;

-- die Unterstützung inländischer Investoren durch Konzessionsvergabe, Ratenzahlungen oder Vorkaufsrechte, wenn sie es sich nicht leisten können, ein Unternehmen direkt zu kaufen;

-- größere Staatsbetriebe sollten vor dem Verkauf aufgespalten werden, um einerseits den Wettbewerb zu stärken und andererseits die kleineren Unternehmen für inländische Investoren erschwinglicher zu machen.

---

127 DENTON, Nicholas: „From infancy to mid-life crisis“, in: The Financial Times, Financial Times Survey Section III, 03.07.1992, S. IV, The Financial Times Ltd., London, 1992.

128 OHNE NAMEN: „Catch-22“, in: The Economist, Survey Business in Eastern Europe, S. 5-9, 21.09.1991, The Economist Newspaper Ltd., London.

Als begleitende Maßnahme entwickelte die Regierung zusätzlich ein dezentrales Privatisierungsschema, das für Firmen gedacht war, die bis dahin kein in- oder ausländisches Kapital angezogen hatten. Unter diesem Schema wurde die Aufgabe, solche Unternehmen zu privatisieren, lokalen Behörden übertragen. Die lokalen Behörden sollten die Unternehmen in kleinere Einheiten aufteilen und diese neuen Einheiten über Verkauf privatisieren. Im Eigentum der staatlichen und regionalen Organe blieben nur solche Unternehmen, die für Investoren nicht attraktiv waren. Als Folge sollte sich das Privatisierungstempo beschleunigen und die Arbeitsbelastung des Ministeriums für Privatisierung in Budapest verringern.

Ferner gab es ein vereinfachtes Privatisierungsverfahren für Unternehmen mit weniger als 600 Mio. Ft Eigenkapital und weniger als 500 Angestellten. Derartige Unternehmen konnten in einem einfachen Ausschreibungsverfahren privatisiert werden. Dabei durfte ein vom Ministerium festgelegter Mindestpreis nicht unterschritten werden und es bestand eine Verpflichtung zur sofortigen Bezahlung des gebotenen Kaufpreises. Eine dritte Möglichkeit, Staatseigentum in Privathand zu überführen, war die Liquidation unprofitabler Unternehmen. Dies gewinnt zunehmend an Bedeutung, da die neuen Konkursgesetze immer wirksamer umgesetzt werden.[129]

4.2.2 Die Reformen der ungarischen Agrarpolitik

Von 1960 bis etwa 1984 zeigte der ungarische Agrarsektor ein durchschnittliches jährliches Wachstum von 3,4 %. Hingegen stagnierte nach 1984 das Wachstum des Sektors aufgrund der für die gesamte ungarische Wirtschaft charakteristischen Probleme. Die Produktionsstrukturen hatten sich in den drei Jahrzehnten von 1960 bis 1990 praktisch nicht verändert.[130] Zur Behebung der Probleme startete im Januar 1988, noch unter der sozialistischen Regierung Grosz, ein auf drei Jahre angelegtes Stabilisierungsprogramm, das die Öffnung der ungarischen Wirtschaft zum Weltmarkt zum Ziel hatte.[131]

Mit Wirkung vom 1. Januar 1990 wurden die noch verbliebenen staatlichen Kontrollen der Einzelhandels- und Erzeugerpreise aufgehoben und die Subventionierung landwirtschaftlicher Betriebe verringert. Im Hinblick auf die sehr hohe Verschuldung des ungarischen Staates wurde versucht, die Exporte ungarischer Agrargüter in Hartwährungsländer so weit als möglich zu steigern und die Subventionen zu verringern.

Wie aus Tabelle 4.2.2 a) ersichtlich wird, reduzierte Ungarn die Förderung der Landwirtschaft, gemessen als Produzentensubventionsequivalent (PSE), von

---

[129] DENTON, N. wie Anm. 127.

[130] ANTAL, Endre: „Die Reform der Steuerungsmechanismen für die ungarische Landwirtschaft", in: Osteuropa, Nr. 8/1977, S. 695-701; „Rezentralisierung in der ungarischen Wirtschaftslenkung", in: Osteuropa-Archiv, Nr. 5/1976, A410-A416.

[131] ANTAL, Endre: „Agrarpolitik des Wandels zur sozialen Marktwirtschaft in Ungarn", in: Südosteuropa, 41. Jhrg., Nr. 9/1992, München; „Ungarns Wirtschaft im Übergang", in: Südosteuropa, 38. Jhrg., Nr. 4/1989, München.

78,8 Mrd. Ft im Jahr 1989 auf 30,4 Mrd. Ft 1992 (das heißt um 61 %). Das prozentuale PSE sank damit von 30 % auf 11 %.[132]

Tabelle 4.2.2 a): Entwicklung der staatlichen Unterstützung für die Landwirtschaft in Ungarn

	Einheit	Jahr 1986	1987	1988	1989	1990	1991	1992	1993	1994
Produktionswert	Mrd. Forint	197,3	206,4	222,1	265,0	318,1	301,5	277,5	295,3	369,9
Markttransfers	Mrd. Forint	74,6	68,5	50,9	39,6	69,3	26,5	3,1	30,9	38,8
andere Transfers	Mrd. Forint	19,3	23,5	26,6	28,0	19,1	12,1	14,0	17,7	27,4
Markttransfers zu Gesamttransfers	%	79,0	74,0	66,0	59,0	78,0	69,0	18,0	64,0	59,0
Brutto-PSE (absolut)	Mrd. Forint	93,9	92,0	77,5	67,6	88,4	38,6	17,1	48,6	66,2
Netto-PSE (absolut)	Mrd. Forint	90,4	87,8	84,1	78,8	81,9	44,6	30,4	47,4	75,0
Netto-PSE (relativ)	%	46,0	43,0	38,0	30,0	26,0	15,0	11,0	16,0	20,0

Quelle: OECD (Hrsg): „Agricultural (...)“, S. 183, wie Anm. 2, (verändert).

Das Konsumentensubventionsequivalent (CSE) war mit Ausnahme von 1992 immer negativ (siehe Tabelle 4.2.2 b), was vor allem in den hohen negativen Markttransfers begründet lag. Die direkten Zahlungen des Staates an die Konsumenten sanken von einem relativ hohem positiven Niveau 1986 auf Null im Jahr 1992. Diese Maßnahmen bewirkten auf dem ungarischen Markt eine Steigerung der Preise zum Beispiel für Brot- und Backwaren um 30 % (allein im Jahr 1991).

Auch andere Grundnahrungsmittel, die vom Staat früher subventioniert worden waren, wie Zucker, Mehl oder Reis, verteuerten sich erheblich. Die durchschnittlichen Erzeugerpreise für landwirtschaftliche Produkte stiegen 1991 um 30 %, die Einzelhandelspreise für Lebensmittel um 40 %.

Die Subventionskürzungen hatten einen drastischen Rückgang der Lebensmittelnachfrage und der Einnahmen der landwirtschaftlichen Unternehmen zur Folge, der

132 OECD (Hrsg.): „Agricultural (...)“, S. 183, wie Anm. 2.

zum Teil noch immer anhält.[133] Von 1990 auf 1991 ging der Absatz landwirtschaftlicher Erzeugnisse um 22,4 % zurück. Genossenschaftsbetriebe berichteten von großen Verlusten in den Jahren 1990 und 1991. Verglichen mit dem Durchschnitt der Jahre 1986 bis 1990, fiel die Wertschöpfung der ungarischen Landwirtschaft 1991 real um 6 %. Die pflanzliche Erzeugung stieg um 9 %, was im wesentlichen auf eine sehr gute Getreideernte (+ 20 %) und den Anstieg der Produktion von industriell verwertbaren Pflanzen (+ 17 %) zurückzuführen war. Die tierische Produktion fiel 1991 um etwa 14 %. Die Erzeugerpreise sanken um 0,5 %, während die Preise für Vorleistungsgüter um 33 % anstiegen. Die Preissteigerung für Nahrungsmittel fiel mit 23,6 % deutlich geringer aus, als für Energieträger (75 %) oder langlebige Konsumgüter (31 %).[134]

Tabelle 4.2.2 b): Entwicklung der staatlichen Unterstützung für die Konsumenten in Ungarn

		Jahr								
	Einheit	**1986**	**1987**	**1988**	**1989**	**1990**	**1991**	**1992**	**1993**	**1994**
Gesamtwert des Konsums	Mrd. Forint	157,7	163,0	170,3	209,1	274,3	237,8	268,0	275,5	322,9
Markttransfers	Mrd. Forint	- 62,7	- 57,4	- 39,5	- 31,0	- 61,5	- 21,0	4,3	- 26,5	- 36,8
andere Transfers	Mrd. Forint	15,7	15,8	5,2	4,8	3,9	3,5	0,0	0,0	0,0
Markttransfers zu Gesamttransfers	%	133,0	138,0	115,0	118,0	107,0	120,0	100,0	100,0	100,0
CSE (absolut)	Mrd. Forint	- 47,0	- 41,6	- 34,3	- 26,2	- 57,6	- 17,5	4,3	- 26,5	- 36,8
CSE (relativ)	%	- 30,0	- 26,0	- 20,0	- 13,0	- 21,0	- 7,0	- 2,0	- 10,0	- 11,0

Quelle: OECD (Hrsg): „Agricultural (...)", S. 183, wie Anm. 2, (verändert).

Nach Angaben der OECD betrug der Rückgang der landwirtschaftlichen Produktion im Jahr 1992 fast 20 % (unter anderem durch eine gravierende Sommertrockenheit bedingt). Die Erträge aus Exporten landwirtschaftlicher Güter sollen nur wenig unter den 2,4 Mrd. US$ des Jahres 1991 gelegen haben.

Durch einen Rückgang des verfügbaren Einkommens der ungarischen Bevölkerung, eine Verringerung des Einkaufstourismus aus anderen ehemaligen RGW-Staaten

---

[133] OHNE NAMEN: „Hungarian agriculture hits recession in 1991", in: East Europe Agriculture and Food (monthly) Dez. 1991, S. 20, Agra Europe Ltd., London.

[134] OHNE NAMEN: „Hungarian (...)", wie Anm. 133.

und den Anstieg der Subsistenzwirtschaft, war für 1992 eine Abnahme des vermarkteten inländischen Verbrauchs an Lebensmitteln um drei bis vier Prozent zu verzeichnen.[135] Dieser konnte durch die Zunahme des Einkaufstourismus aus Österreich nicht ausgeglichen werden. Die Reduktion der Exporterträge war vor allem ein Ergebnis der schrumpfenden Exporte in die ehemaligen RGW-Staaten. Noch 1991 addierten sich die Exporte in die ehemalige UdSSR auf rund 500 Mio. US$, doch die Zahlungsunfähigkeit der GUS-Staaten verringerte diese Lieferungen 1992 erheblich.

Tabelle 4.2.2 c): Entwicklung der landwirtschaftlichen Produktion Ungarns
(in Prozent, Veränderung gegenüber dem Vorjahr)

Jahr	1989	1990	1991	1992	1993	1994	1995[1]
Pflanzliche Produktion	- 1,1	- 9,3	+ 4,0	- 26,1	- 9,2	+ 9,7	- 1,2
Tierproduktion	- 2,5	- 0,2	- 15,6	- 11,7	- 10,4	- 4,2	+ 3,2
Bruttoproduk-tion insgesamt	- 1,8	- 4,7	- 6,2	- 19,9	- 9,7	- 1,1	+ 0,7

1) vorläufig
Quelle: „Agricultural (...)", S. 171, wie Anm. 2, (verändert).

Die Bruttoproduktion der ungarischen Landwirtschaft zeigte von 1989 bis 1994 durchgehend eine negative Entwicklung. Der größte Rückgang innerhalb eines Jahres war 1992 mit fast 20 % zu verzeichnen. Für das Jahr 1993 war ein weiterer Rückgang der landwirtschaftlichen Bruttoproduktion um 9,7 % zu verzeichnen, wobei pflanzlicher und tierischer Bereich etwa gleich stark betroffen waren. Auch 1994 konnte die negative Entwicklung nicht umgekehrt werden. Erst das Jahr 1995 brachte mit + 0,7 % ein geringes Wachstum im Sektor. Dieses Wachstum war in erster Linie auf die Tierproduktion zurückzuführen (+ 3,2 %), während im pflanzlichen Bereich mit - 1,2 % erneut ein leichter Rückgang beobachtet wurde.

Die ungarische Regierung plante, das System der Exportsubventionen durch ein Marktinterventionssystem auf dem inländischen Markt zu ersetzen. Ein auf dem Inlandsmarkt eingreifendes System zur Regelung des Marktgleichgewichtes und zur Verhinderung von Überschüssen wurde als wesentlich vorteilhafter angesehen, als Exportsubventionen. Die Exportsubventionen betrugen allein 1992 rund 26 Mrd. Ft, blieben aber in ihrer Wirkung hinter den Erwartungen zurück. Der bereits damals

---

[135] OHNE NAMEN: „Fall in agricultural production forecast for 1992", in: East Europe Agriculture and Food (monthly) May 1992, S. 18-19, Agra Europe Ltd., London.

existierende Spezialfonds für Finanzinterventionen, der bis dahin 4 Mrd. Ft zur Verfügung hatte, wurde in diesem Zusammenhang wesentlich aufgestockt.[136]

4.3 Veränderungen der Eigentumsrechte in der ungarischen Landwirtschaft

4.3.1 Veränderungen der Eigentumsrechte vor 1989

Bis zum Ende des ersten Weltkrieges war die Eigentumsstruktur in Ungarn zweigeteilt und seit Jahrhunderten im wesentlichen unverändert. Auf der einen Seite stand eine relativ kleine Zahl feudaler Großgrundbesitzer, wie die katholische Kirche und der Adel, auf der anderen Millionen von landlosen Tagelöhnern und landarmen Kleinbauern. Nicht nur die Eigentumsstruktur des Bodens war konzentriert, sondern auch die Beteiligung an der politischen Macht war sehr ungleich verteilt. Das damals herrschende Wahlrecht führte dazu, daß ein großer Teil der ländlichen Bevölkerung von der politischen Willensbildung ausgeschlossen blieb.[137] Zu Beginn des zwanzigsten Jahrhunderts bildeten sich verschiedene Bauernbewegungen, die eine Reform des Wahlrechts und des Bodeneigentums anstrebten, um das herrschende Ungleichgewicht zu beseitigen. Aufgrung der Machtverhältnisse, konnten diese Bauernbewegungen vor dem Ende des ersten Weltkrieges jedoch keine nennenswerten Erfolge erzielen.

Auch nach der Unabhängigkeit Ungarns von der Habsburgermonarchie im Jahr 1918 blieb die Eigentumsstruktur der landwirtschaftlichen Nutzfläche weiterhin feudal geprägt. Ein Großteil des Bodens war noch immer in den Händen des ungarischen Adels, der katholischen Kirche und der sogenannten „Besitze der Toten Hand".[138] Wädekin vertritt sogar die Meinung, daß in keinem Land Osteuropas die Reform des Bodeneigentums so dringend war wie in Ungarn, wo rund die Hälfte der Bevölkerung von der Landwirtschaft lebte und Unterbeschäftigung weit verbreitet war.[139]

Nach Ende des Ersten Weltkriegs wurde von der ersten republikanischen Regierung unter Sádor Károly am 16. Februar 1919 ein Landreformgesetz verabschiedet, das jedoch kaum zu Enteignungen geführt hätte und das den Begünstigten hohe Ablösezahlungen aufgebürdet hätte. Die wenig später an die Macht gekommene, kurzlebige

---

[136] OHNE NAMEN: „Hungary plans new agricultural intervention system", in: East Europe Agriculture and Food (monthly) July 1992, S. 19, Agra Europe Ltd., London.

[137] KIRÁLY, Béla: „Democratic Peasant Movements in Hungary in the Twentieth Century", in: Gollwitzer Heinz (Hrsg.): Europäische Bauernparteien im 20. Jahrhundert, Quellen und Forschungen zur Agrargeschichte, Bd. 29, S. 403-436, Stuttgart 1977.

[138] Besitze der Toten Hand, auch „Fideikommiß" genannt: Die 1687 eingeführte Institution des Fideikommisses stellte eine Form von Eigentum dar, die weder verkauft, verschenkt noch belastet werden konnte und innerhalb der jeweiligen Familie nach bestimmten Regeln vererbt werden mußte. Beim Erbgang war die Zustimmung des jeweiligen Herrschers notwendig. 1913 umfaßten die Flächen des Fideikommisses ein Gebiet von rund 1,3 Mio. ha (vergl. BÁN, Péter [Hrsg.]: „Magyar történelmi fogalomtár", [Sammlung ungarischer geschichtlicher Begriffe], Bd. 1, S. 188f, Budapest, 1989).

[139] WÄDEKIN, Karl-Eugen: „Sozialistische (...)", S. 169ff, wie Anm. 21.

kommunistische Räteregierung Ungarns setzte das Landreformgesetz ihrer Vorgängerin nicht um. Die Räteregierung versuchte zunächst nicht, das Bodeneigentum zu reformieren. In einer Denkschrift zur Bodenfrage wurde jedoch ein Enteignungsrecht des Staates bei Betrieben über 57 ha (das heißt 100 ungarischen Katasterjoch) vorgesehen. Mit dem Ende der nur 133 Tage herrschenden ungarischen Räterepublik wurden die Bodenreformpläne in dieser Form nicht weitergeführt.[140]

Erst 1921 gelang es der neuen Regierung unter dem sogenannten „Reichsverweser" Horthy, die althergebrachte feudale Bodeneigentumsstruktur durch ein Gesetz zur Neuverteilung des Bodens, zumindest ansatzweise, zu reformieren. Bei der Durchführung des Gesetzes wurden zwischen 1922 und 1944 rund 541 000 ha der gesamten LN neu vergeben. Das Land wurde in 0,5 bis 1,1 ha großen Parzellen an Landlose und Kleinbauern verteilt. Der Umfang der Landverteilung zeigt, daß diese Reform weder dazu geeignet war, das Problem des konzentrierten Landeigentums zu beseitigen, noch dazu, existenzfähige Betriebe auf Basis der zugeteilten Flächen zu schaffen.[141] Setz man die verteilte Landmenge ins Verhältnis zur gesamten landwirtschaftlichen Nutzfläche Ungarns, so ergibt sich, daß weniger als 10 % von der Landreform der Horty-Regierung betroffen waren. Im Durchschnitt der Jahre 1920-1944 wurden dementsprechend nur rund 21 640 ha (37 700 KJ) also weniger als 0,4 % der Gesamt-LN jährlich verteilt.

Tabelle 4.3.1 a): Struktur der ungarischen Landwirtschaft 1935

Größengruppe in ha	Anteil an der Betriebszahl in %	Anteil an der Gesamt-LN in %	durchschnittliche Betriebsgröße in ha
weniger als 2,9	69,7	8,9	0,8
2,9 - 5,7	13,1	8,9	4,1
5,8 - 11,4	10,6	14,1	8,1
11,5 - 57,4	6,8	22,8	20,4
57,5 - 574	0,7	19,7	159,6
mehr als 574	0,1	25,6	1556,6

Quelle: CSIZMADIA, Ernö: „Socialist Agriculture in Hungary", S. 16, Akadémiai Kiadó, Research Institute of Agricultural Economics, Budapest, 1977.

Trotz der beschriebenen ersten Reformen herrschte bis 1945 ein sehr konzentriertes Bodeneigentum vor. So hatten 1,7 % der Betriebe, mit einer durchschnittlichen Betriebsfläche von 314 ha, mehr als die Hälfte der landwirtschaftlichen Nutzfläche des Landes in ihrem Eigentum, während 75 % der Betriebe nur 3 ha oder weniger Eigentumsfläche besaßen, was rund 10 % der gesamten Nutzfläche ausmachte. Tabelle 4.3.1 a) gibt die Betriebstruktur der Landwirtschaft im Ungarn des Jahres 1935

140 SZLOVÁK, Alexander: „Die Kollektivierung der ungarischen Landwirtschaft 1949-1959", S. 7, Dissertation Technische Universität München, 1964.

141 Ebenda, S. 9f.

wieder.[142] Da zu dieser Zeit der Anteil des gepachteten Landes sehr gering war, entspricht die Betriebsstruktur recht genau der Struktur des Bodeneigentums.

Vergleicht man die Landverteilung des Jahres 1935 mit der des Jahres 1895 (siehe Tabelle 4.3.1 b)), so wird deutlich, wie wenig die Reformen der Zwischenkriegszeit an der Konzentration des Bodeneigentums verändert hatten. Während die von den Betrieben über 574 ha bewirtschaftete Fläche von 32,3 % auf 25,6 % absank, stieg diejenige der Betriebe zwischen 57,4 und 574 von 15,4 % auf 19,7 % an und dies bei einer gleichzeitigen Verringerung der Anzahl der Betriebe dieser Größenklasse. Der Umfang der Flächennutzung durch die Betriebe zwischen 2,9 ha und 57,4 ha veränderte sich praktisch nicht. Hingegen stieg die Gesamtfläche der Betriebe unter 2,9 ha deutlich an.

Tabelle 4.3.1 b): Struktur der ungarischen Landwirtschaft 1895

Größengruppe in ha	Anteil an der Betriebszahl in %	Anteil an der Gesamt-LN in %	durchschnittliche Betriebsgröße in ha
weniger als 2,9	53,6	5,9	1,0
2,9 - 5,7	19,2	9,0	4,1
5,8 - 11,4	16,1	14,6	8,0
11,5 - 57,4	10,1	22,8	20,1
57,5 - 574	0,8	15,4	164,0
mehr als 574	0,2	32,3	1 816,0

Quelle: CSIZMADIA, E.: „Socialist (...)", S. 16, wie Anm. 142.

Im Jahr 1944, nach der Befreiung von der faschistischen Herrschaft durch die sowjetische Armee konnte die erste ungarische Nachkriegsregierung die Bodenfrage entschiedener angehen, da durch die sowjetische Besatzung der politische Einfluß der Großgrundbesitzer sehr stark eingeschränkt war. Im Zuge der Landreform vom 18. März 1945 wurde alles Bodeneigentum über 575 ha[143] vollständig enteignet. Bei mittelgroßen Betrieben von 115 ha bis 575 ha wurde der 115 ha übersteigende Anteil enteignet. Bei nicht-bäuerlichen Eigentümern der 57,5 ha übersteigende Teil.

Im Bodenreformgesetz war zwar eine monetäre Entschädigung vorgesehen, diese wurde aber zum Teil ungesetzlicherweise nicht bezahlt, bzw. wurde aufgrund einer herrschenden Hyperinflation nicht dem Wert des Bodens gerecht.[144] Das Land der deutschen Minderheit sowie von Kollaborateuren und Kriegsverbrechern wurde ohne Entschädigung enteignet.

---

[142] CSIZMADIA, Ernö: „Socialist Agriculture in Hungary", S. 16, Akadémiai Kiadó, Research Institute of Agricultural Economics, Budapest, 1977.

[143] Das entspricht 1 000 ungarischen Joch; ein ungarisches Katasterjoch = 0,575 ha.

[144] HOENSCH, Jörg K.: „Geschichte Ungarns 1867-1983", S. 164f, Stuttgart, 1984.

Insgesamt waren rund 75 000 Besitztümer von der Enteignung betroffen. Von diesen wurden etwa 43 000, die zusammen nur rund 10 % des insgesamt enteigneten Bodens stellten (im Durchschnitt 7,44 ha), entschädigungslos enteignet.[145] Es ist demnach keinesweg so, daß diese Maßnahme überwiegend Großgrundeigentümer betroffen hat. Aufgrund der gößeren Betriebe war deren Anteil am gesamten Flächenaufkommen zwar höher, ihre Anzahl jedoch vergleichsweise gering. Das so frei gewordene Land, etwa 3,2 Mio. ha oder 40 % der Gesamt-LN, wurde an Kleinbauen und Landlose verteilt. Tabelle 4.3.1 c) zeigt die Struktur der ungarischen Landwirtschaft nach der Bodenreform im Jahr 1947:[146]

Tabelle 4.3.1 c): Struktur der ungarischen Landwirtschaft 1947

Größengruppe in ha	Anteil an der Zahl der Betriebe in %	Anteil an der Gesamt-LN in %	durchschnittliche Betriebsgröße in ha
weniger als 2,9	53,2	19,1	1,2
2,9 - 11,4	42,1	59,9	4,6
über 11,4	4,7	21,2	14,7

Quelle: FISCHER, Lewis A. und Philip E. UREN: „New Hungarian Agriculture", S. 30, Montreal, 1973 und einene Berechnungen.

Betrachtet man das Ergebnis der Bodenreform, so zeigt sich die geringe Flächenausstattung der überwiegenden Zahl der Betriebe. Offensichtlich war es nicht das Ziel der Reform, existenzfähige landwirtschaftliche Familienbetriebe zu schaffen, denn dafür waren die je Familie vergebenen Flächen auch angesichts der damaligen Mechanisierungsstufe zu klein. Es drängt sich die Vermutung auf, daß die entstandene Betriebsstruktur von Anfang an nicht dazu gedacht war, auf dauer zu bestehen, sondern einen späteren Übergang zu gemeinschaftlichen Produktionsformen vorzubereiten.

Im Jahr 1948 erlangte die kommunistische Partei Ungarns die Regierungsgewalt. Als eine der ersten Maßnahmen wurde die Kleinlandwirtepartei verboten und die Sozialdemokratische Partei, ähnlich der Entwicklung in der DDR, mit der Kommunistischen Partei zwangsvereinigt. Damit waren die zwei wichtigsten Oppositionsparteien ausgeschaltet und die Kleinlandwirte hatten keine politische Vertretung mehr. Das Verbot der Kleinlandwirtepartei machte es der Regierung wesentlich einfacher, die nachfolgende Kollektivierung politisch durchzusetzen. Eine große Zahl kleiner wirtschaftlich unabhängiger Landwirte wurde als Bedrohung für die Entwicklung einer kommunistischen Gesellschaft erachtet und die Kollektivierung schien das geeignetste Mittel, deren Macht zu brechen.

Obwohl zu Beginn der sozialistischen Regierungszeit jegliche Absicht einer Sozialisierung der Landwirtschaft bestritten wurde, erfolgte zwischen 1948 und 1953 eine

---

145 DONÁTH, Ferenc: „Reform and Revolution, Transformation of Hungary's Agriculture 1945-1970", S. 100ff, Budapest, 1980.

146 FISCHER, Lewis A. und Philip E. UREN: „New Hungarian Agriculture", S. 30, Montreal, 1973.

erste Kollektivierungswelle. Sie betraf vor allem die durch die Bodenreform neu geschaffenen Kleinbauernwirtschaften und mündete in der Gründung von 3 500 Landwirtschaftlichen Produktionsgenossenschaften (LPGen). Daneben wurde auf den Flächen, die in Staatseigentum standen 500 Staatsgüter gegründet. Zu Beginn der Kollektivierung stand noch die Freiwilligkeit des Beitritts im Vordergrund. Nachdem damit nur wenige Bauern zum Eintritt bewogen werden konnten, wurden sie später durch direkte und indirekte Methoden dazu gezwungen, in die Genossenschaften einzutreten. Zu den direkten Methoden gehörten politischer Druck, Propaganda für die Kollektive, Drohung mit Enteignung und Gefängnis. Die indirekten Methoden waren subtiler aber nicht weniger wirksam. Dazu zählten wirtschaftliche Anreize, Zwangsablieferungen, Verknappung von Vorleistungsgütern und hohe Besteuerung für private Landwirte.[147]

Ähnlich wie in anderen sozialistischen Staaten gab es in der ungarischen Landwirtschaft, verschiedene Typen von LPGen:[148]

-- In *Typ 1* wurde die Ackerfläche der teilnehmenden Mitglieder gemeinsam bewirtschaftet, während der Rest (Dauerkulturen, Wald, Grünland, Viehhaltung) weiterhin privat bewirtschaftet wurde. Die Verteilung des Genossenschaftseinkommens erfolgte ausschließlich nach den eingebrachten Bodenanteilen.

-- *Typ 2* war durch die gemeinsame Nutzung sämtlicher Flächen, also auch der Dauerkulturen, des Waldes und des Grünlands gekennzeichnet. Daneben wurden Maschinen und Geräte sowie Arbeitstiere gemeinschaftlich genutzt. Die Viehhaltung blieb jedoch weiterhin individuell. Die Verteilung des Genossenschaftseinkommens erfolgte nach den eingebrachten Bodenanteilen und nach dem eingebrachten Inventar.

-- Bei *Typ 3* wurden alle Betriebsteile der Mitglieder gemeinschaftlich bewirtschaftet, also auch das Vieh. Die Verteilung des Genossenschaftseinkommens erfolgte zu 20 % nach den eingebrachten Bodenanteilen, zu 10 bis 15 % nach dem eingebrachten Vieh und Inventar und zu 65 bis 70 % nach der geleisteten Arbeit.

-- In *Typ 4* erfolgte ebenfalls die Nutzung aller Betriebsteile gemeinschaftlich, die Verteilung des Genossenschaftseinkommens erfolgte ausschließlich nach der jeweils erbrachten Arbeitsleistung.

---

[147] WÄDEKIN, Karl-Eugen: „Agrarian Policies in Communist Europe. A Critical Introduction", in: TOTOWA, N.J. et al.: Studies in East European and Soviet Russian Agrarian Policy; 1, 324 S., 1982-X, London.

[148] Zu Details der Typisierung landwirtschaftlicher Produktionsgenossenschaften in den sozialistischen Staaten siehe: WÄDEKIN, K.-E.: „Sozialistische (...)", wie Anm. 21.

Die vier Typen der Genossenschaften wurden nach der sozialistischen Theorie in „niedere“ bzw. „höhere“ Formen eingeteilt. Typ 1 und 2 waren niedere Formen, da bei ihnen nicht alle Betriebsteile gemeinsam bewirtschaftet wurden und das Genossenschaftseinkommen nach dem eingebrachten Boden, Vieh und Inventar verteilt wurde. Typ 3 und 4 wurden als höhere Formen gesehen, da bei ihnen alle Betriebsteile gemeinsam genutzt wurden und das Genossenschaftseinkommen ausschließlich oder zumindest zum Teil nach der erbrachten Arbeitsleistung verteilt wurde. Das Kriterium für die Einteilung nach höheren und niederen Formen von Genossenschaften war neben der Art der Einkommensverteilung die Verteilung der Eigentums- und Nutzungsrechte zwischen der LPG als Ganzes und den einzelnen Mitgliedern. Der Grad der Vergesellschaftung des Eigentums an den Produktionsmitteln war Kernpunkt sozialistischer Wirtschaftstheorie im allgemeinen und der sozialistischen Agrartheorie im besonderen.

Im allgemeinen wurden die LPGen als Typ 1 oder Typ 2 gegründet und nach einiger Zeit in Typ 3 oder Typ 4 überführt. Diese schrittweise Aufgabe der Eigentums- und Nutzungsrechte sollte die Abneigung der Landwirte gegen die Kollektivierung verringern. Dennoch war vor allem zu Beginn der Kollektivierung nur ein geringer Anteil der Bauern bereit, freiwillig ihre private, individuelle Wirtschaftsweise aufzugeben.[149] Erst der politische und wirtschaftliche Zwang sowie soziale Anreize wie geregelte Arbeitszeit, Urlaubsanspruch, Renten- und Krankenversicherung und im Zeitablauf steigende Arbeitseinkommen, bewirkten eine allmähliche Akzeptanz der Kollektivierung in der ländlichen Bevölkerung. Die staatlichen Investitionen in den Agrarsektor, die in erster Linie in der zweiten Kollektivierungswelle getätigt wurden, trugen erheblich zum Gelingen der Kollektivierung bei.

Im Zuge der Kollektivierung wurden mit beschlagnahmten Maschinen sogenannte Maschinen und Traktorenstationen (MTS) nach sowjetischem Vorbild aufgebaut, die in erster Linie die Genossenschaften bedienten und private Landwirte bei der Erledigung von Arbeiten benachteiligten. Ein anderes Mittel, um die privat wirtschaftenden Landwirte zu entmutigen, war die Flurbereinigungspraxis jener Zeit. Im Rahmen der Kollektivierung wurden Flurbereinigungsverfahren eingeleitet, die häufig permanenten Charakter annahmen und darauf hinausliefen, daß private Kleinbauern über Jahre hinweg ständig wechselnde Flurstücke erhielten. Die Verfahren wurden administrativ veranlaßt und es kam zu einer ausgeprägten Bevorzugung der LPGen bei der Flurneuordnung.[150]

Rein juristisch gesehen hatten die privaten Kleinlandwirte volle Eigentums- und Verfügungsrechte an ihren Flächen. Mit der Begründung übergeordneter Interessen

---

149 THOMAE, Hansjörg: „Einkommen Landwirtschaftlicher Produktionsgenossenschaften in Ungarn und Polen“, in KUHNEN, Frithjof (Hrsg.): Sozialökonomische Schriften zur Agrarentwicklung, Bd. 39, S. 92-97, Saarbrücken, Fort Lauderdale, 1981.

150 ASCHAUER, A.-K.: „Die strukturellen Veränderungen in der ungarischen Landwirtschaft und Industrie unter der Herrschaft der Sozialistischen Zentralplanwirtschaft“, S. 11, Diss., Universität Bonn, 1967.

der Landwirtschaft wurden ihnen diese Rechte im Rahmen der Flurbereinigung immer wieder entzogen und andere Flächen zugeteilt. Die damit verbundene Unsicherheit bezüglich der Rechtstitel, stellt schon an sich einen enteignungsgleichen Eingriff dar, zumal es kaum juristische Mittel gab, einen Flurbereinigungsbescheid anzufechten. Die Landwirte verloren das Interesse an einer ordnungsgemäßen Bewirtschaftung ihrer Flächen, da ihnen diese zum Teil sogar im Laufe einer Vegetationsperiode entzogen wurden. Im Gegenzug warf man den Kleinlandwirten vor, sie wären nicht in der Lage, ihre Flächen ordnungsgemäß zu bewirtschaften und setzte sie unter Druck, in Kollektivwirtschaften einzutreten.

In einigen Regionen wurden Genossenschaften freiwillig gegründet, während in anderen der Zwang überwog. Viele Bauern zogen es vor, die Landwirtschaft völlig aufzugeben, den ländlichen Raum zu verlassen und in anderen Wirtschaftsbereichen Arbeit zu suchen. Der Boden dieser Personen wurde enteignet und den Staats- oder Genossenschaftsbetrieben übereignet.[151] Die in die LPGen eingetretenen Bauern behielten zwar rein rechtlich das Eigentum an ihrem eingebrachten Boden und Inventar, die Verfügungsrechte gingen jedoch vollständig an die LPG und damit (zumindest in dieser Phase der Kollektivierung) an die LPG-Leitung als Ausführungsorgan der staatlichen Planungsstellen. Für den Boden erhielten die Eigentümer eine jährliche Bodennutzungsrente, die mindestens 190 Ft je ha betragen sollte.[152]

Innerhalb der Kollektivierungskampagne wurde der sogenannte „Klassenkampf" zum stärksten Mittel der politischen Führung. 1948 begann man bereits mit dem Kampf gegen die sogenannten „Kulaken".[153] In Ungarn wurde anfangs jeder als Kulak bezeichnet, der mehr als 17,25 ha (das heißt 30 ungarische Katasterjoch) Boden im Eigentum hatte oder ein Jahreseinkommen von über 350 Goldkronen (GK) oder eine eigene Dreschmaschine besaß oder familienfremde Arbeitskräfte beschäftigte oder die Landwirtschaftssteuer zahlen mußte.[154] Die Regierung legte sogenannte „Kulakenlisten" an, die neben Landwirten auch Angehörige anderer Berufsgruppen enthielten (zum Beispiel Ärzte, Juristen, Händler u.a.).[155] Bis 1949 versuchte die Regierung, bei der „Liquidierung der Kulaken" den Schein der Rechtstaatlichkeit zu wahren und triftige Gründe für die ergriffenen Maßnahmen zu finden. Später wurden den betroffenen Personen oft willkürlich zum Teil absurde Vergehen zur Last gelegt, um ihres Eigentums habhaft zu werden und sie abzuurtei-

---

[151] BEREND, I.T.: „The Hungarian Economic Reforms 1953-1988", Soviet and East European Studies, Nr. 70, Cambridge University Press, United Kingdom, 1990.

[152] Für Boden von durchschnittlicher Qualität, das heißt bei einem Bodenwert von circa 17-20 Goldkronen (GK) je ha. Die Goldkrone ist ein Bewertungsmaßstab für die Bodengüte, der von 0 bis 40 reicht und noch aus der Zeit der Habsburger Monarchie stammt. Sehr guter Boden (nach deutscher Bewertung 100) hat ist bereits bei einem Wert von 28 GK erreicht.

[153] „Kulak" ist ein aus dem Russischen entlehnter Begriff, der ursprünglich russische Mittel- und Großbauern bezeichnete, die ihren Boden mit überwiegend familienfremden Arbeitskräften bewirtschafteten.

[154] Landwirtschaftssteuer mußten Landwirte entrichten, die mehr als 9 ha Ackerland im Eigentum hatten, wenn ihr Einkommen 150 GK jährlich überstieg.

[155] VOLGYES, I.: „Dynamic Change: Rural Transformation 1945 - 1975", in: Held, J. (Hrsg.): The Modernisation of Agriculture: Rural Transformation in Hungary, 1848 - 1975, S. 371, New York, 1980.

len. Da den als „Kulaken“ eingestuften Personen der Eintritt in Genossenschaften untersagt war, konnten sie ihr Land nur dem Staat unentgeltlich anbieten und in die Städte abwandern, wenn sie Gefängnisstrafen entgehen wollten.[156]

Die erste Kollektivierungswelle erfolgte ohne nennenswerte materielle staatliche Unterstützung zur Gründung und Ausstattung der Genossenschaften. Die Arbeitsmoral in den Kollektiven war vergleichsweise schlecht und ein Großteil der Mitglieder verwendete die meiste Zeit auf die Pflege der ihnen verbliebenen Privatparzellen. In der Folge sank die landwirtschaftliche Produktion erheblich ab, so daß es zu Nahrungsmittelknappheit kam.[157] Die sinkende Nahrungsmittelproduktion und die daraus resultierende Versorgungskrise waren zwei einer ganzen Reihe von Ursachen für den ungarischen Volksaufstand von 1956.

Eine gravierende Wirtschaftskrise veranlaßte die ungarische Führung 1953, die Möglichkeit des Austritts aus den LPGen zu schaffen. Innerhalb des Jahres 1953 traten etwa 64 % der Mitglieder aus. Bis zum ungarischen Volksaufstand 1956 wurden nur noch circa 11 % der Fläche genossenschaftlich bewirtschaftet. Die Austretenden erhielten zwar Boden zurück, mußten aber in Kauf nehmen, daß er mitunter von schlechterer Qualität war, als der, den sie ursprünglich eingebracht hatten. Das eingebrachte Vieh und Inventar verblieb in den Genossenschaften, während die Austretenden anteilmäßig die aufgelaufenen Schulden der LPG übernehmen mußten. Nach dem ungarischen Volksaufstand wurden neue Gesetze erlassen, die eine Verbesserung der wirtschaftlichen Lage der Landwirtschaft herbeiführen sollten. So wurden die Zwangsablieferungen weitestgehend reduziert oder völlig beseitigt und die Preise für Agrarerzeugnisse deutlich erhöht. Der Staat erlaubte den freien Kauf und Verkauf von Boden, solange das Eigentum unter 14,4 ha (25 Katasterjoch) blieb.[158] Mit dieser Obergrenze wollte man eine „kapitalistische“ Entwicklung auf dem Land verhindern. Daneben wurde die Aufnahme allen Bodens in ein Kataster verpflichtend. Damit verbunden war eine gewisse Festigung der Eigentums- und Verfügungsrechte der noch in privater Nutzung verbliebenen Flächen, die jedoch in späteren Jahren wieder rückgängig gemacht wurde.

Ab 1959 erfolgt eine zweite Kollektivierungswelle, die zunächst im Dreijahresplan (1958-1960) nicht vorgesehen war. Zu Beginn der Planperiode war an eine langsame Vorgehensweise gedacht. Aufgrund sowjetischen Drucks (Agrarkonferenz in Moskau 1959) wurde im nachfolgenden Fünfjahrplan (1961-1965) die Vollkollektivierung zum Ziel der Wirtschaftsplanung. Dank erheblichen politischen Drucks, besserer Vorbereitung und staatlicher Unterstützung brachte diese Welle bis 1961 drei Viertel der LN in genossenschaftliche Bewirtschaftung. Eine detaillierte Dar-

---

[156] SZLOVÁK, A.: S. 19f, wie Anm. 140.

[157] VARGA, Gyula: „Auf dem Wege - aber wohin? Die Transformation der ungarischen Agrarwirtschaft und ihre Fragezeichen“ in: Südosteuropa, Zeitschrift für Gegenwartsforschung, Heft 7-8, Südost-Institut, München, 1991.

[158] SZLOVÁK, A.: S. 71, wie Anm. 140.

stellung des Verlaufs der Kollektivierung im Zeitraum 1949 bis 1965 gibt Tabelle 4.3.1 d) wieder.

Tabelle 4.3.1 d): Verlauf der Kollektivierung in Ungarn
(zu Jahresende wenn nicht anders angegeben)

Jahr	Anzahl der LPGen	Mitglieder in 1 000	Angestellte in 1 000	Ackerfläche in 1 000 ha[1)]	Anteil an der ges. AF in %	Ø Betriebsfläche in ha[2)]	Ø Mitgliederzahl
1949	1 250	35	-	141	2,6	86	26
1950	2 149	118	-	358	6,5	147	55
1951	2 626	202	-	542	9,8	183	77
1952	3 632	291	-	1 015	18,4	230	80
1953: 30.VI.	3 768	300	-	1 114	20,3	290	80
30.XII.	3 307	193	-	744	13,6	240	58
1954	3 329	175	-	686	12,6	239	54
1955	3 759	253	-	873	16,2	224	67
1956: 30.IX.	3 911	293	-	988	18,3	210	75
30.XII.	1 617	96	-	390	7,2	262	59
1957	2 557	120	-	536	9,5	200	47
1958	2 755	140	-	638	11,9	220	51
1959	4 158	548	-	1 958	36,4	368	132
1960	4 507	955	10[3)]	3 965	57,9	347	212
1961	4 204	1 115	15[3)]	5 277	77,1	966	265
1962	3 721	1 101	21	5 337	78,0	1 086	296
1963	3 611	1 087	30	5 370	78,4	1 113	301
1964	3 413	1 062	42	5 383	78,6	1 206	311
1965	3 278	1 038	63	5 387	78,7	1 249	317

1) alle LPG; 2) Landwirtschaftliche Nutzfläche der Kollektivwirtschaft; 3) geschätzt
Quelle: THOMAE, H.: „Einkommen (...)", S. 110, wie Anm 149; WÄDEKIN, K.-E.: „Sozialistische (...)", wie Anm. 21 und eigene Berechnungen.

Angesichts der wirtschaftlichen Rahmenbedingungen für private Kleinlandwirte und des erheblichen politischen (in Ausnahmefällen auch physischen) Drucks, kann von grundsätzlicher Freiwilligkeit der Kollektivierung nicht die Rede sein.[159] In vielen Fällen war der schrittweise Entzug der Eigentums- und Nutzungsrechte der ländlichen Bevölkerung an Grund und Boden auch unter den damals formell geltenden Gesetzen rechtswidrig.[160] Auf diesen Standpunkt gründen sich die Ansprüche auf Entschädigung und Rückgabe enteigneten bzw. quasi enteigneten Bodens. Die Geschehnisse vor 1948, das heißt die unter nicht kommunistischer Herrschaft durchgeführten Enteignungen sind zum Teil ebenfalls als rechtswidrig einzustufen, zumindest Umfang und Form der damals gewährten Entschädigung waren nicht rechtskon-

159 WÄDEKIN, K.-E.: „Sozialistische (...)", S. 176, wie Anm 21.
160 THOMAE, H.: S. 94ff, wie Anm 149.

form. Das ungarische Parlament teilte diese Rechtsauffassung und hat dementsprechend durch mehrere Entschädigungsgesetze[161] versucht, das damals geschehene Unrecht materiell auszugleichen.

Bereits Ende der fünfziger Jahre kam es zu Reformen des kollektiven Sektors der Landwirtschaft, mit denen der erste Schritt zur Verringerung der Dominanz des sozialistischen Sektors in der Landwirtschaft getan war. Im Zuge dieser Reformen wurde jeder Mitgliedsfamilie von der LPG ein kleines Stück Land (maximal 0,575 ha) zur privaten Nutzung überlassen. Daneben konnte eine zunächst noch begrenzte Zahl von Rindern und Schweinen sowie Geflügel gehalten werden. Die Lage dieses Landes wechselte bei 74 % der Mitglieder jährlich mit der Fruchtfolge der LPG, da deren Hofparzellen nicht direkt bei ihren Häusern lagen. Noch 1957/58 erzeugte der private Sektor der ungarischen Landwirtschaft 80 % der Bruttoproduktion, allerdings einen wesentlich kleineren Anteil der Marktproduktion.[162] Später konnte jedes Mitglied 0,575 ha zur eigenen Bewirtschaftung von der LPG beanspruchen, so daß je Familie auch mehr als eine Parzelle von 0,575 ha genutzt werden konnte.

Einzelnen Familien wurden verschiedene relativ selbständige Produktionszweige übertragen. Dabei bezogen sie die Produktionsmittel vom sozialistischen Großbetrieb und vermarkteten auch die Erzeugnisse über diesen. Um den Schein des sozialistischen Wirtschaftens zu wahren, wurde das Konstrukt des sogenannten „Familienkollektivs" geschaffen. Das Eigentum des von ihnen bewirtschafteten Grund und Bodens blieb zwar weiterhin beim Kollektiv oder Staatsbetrieb, ein Teil der Verfügungsrechte jedoch bei Privatpersonen. Hier zeigt sich die schrittweise Verringerung des vergesellschafteten Teils der Landwirtschaft und die Aufweichung der Dominanz des vergesellschafteten Eigentums.

Trotz der Erleichterungen wurde privates Grundeigentum starken Restriktionen unterworfen. So bestimmte § 37 des ersten ungarischen Genossenschaftsgesetzes aus dem Jahr 1959, daß die LPG-Mitglieder verpflichtet seien, sämtlichen Boden in die LPG einzubringen. Dies galt für allen Boden, der in ihrem eigenen Eigentum oder dem eines Haushaltsmitglieds stand. Von dieser Regelung ebenfalls betroffen waren Böden, welche die Mitglieder von Dritten gepachtet hatten oder dessen Nutznießung ihnen durch einen anderen Rechtstitel zustand. Die meisten privaten Bodeneigentümer hatten ihre Flächen in die LPGen eingebracht und demnach nur über ihr, mehr oder minder begrenztes Mitbestimmungsrecht als Mitglieder, Verfügungsrecht über

---

161 Im einzelnen handelt es sich dabei um: GESETZ Nr. XXV/1991, für Schäden am Eigentum von Bürgern die durch den ungar. Staat nach dem 08.06.1949 geschehen sind;
GESETZ Nr. XXIV/1992, für Schäden am Eigentum von Bürgern die durch den ungar. Staat zwischen dem 01.05.1939 und dem 08.06.1949 geschehen sind und
GESETZ Nr. XXXII/1992, für Schäden durch politische Verfolgung zwischen dem 11.03.1939 und dem 23.10.1989.

162 SANDOR, János: „La Collectivisation de l'Agriculture hongroise", Documentation sur l'Europe Centrale (Institut de Recherches de l'Europe Centrale), Louvain, 1/1964, S. 9 und 4/1964, zitiert nach: WÄDEKIN, K.-E.: Sozialistische (...), S. 176, wie Anm 21.

ihr Eigentum. In den LPGen Ungarns betrug der Anteil dieser Eigentumsform 1981 2,3 Mio. ha oder rund 40 % aller von den LPGen bewirtschafteten Flächen.[163]

In den sechziger Jahren erfolgte der Übergang zu indirekter Wirtschaftssteuerung, im Gegensatz zu einzelbetrieblichen Planvorgaben. Ab 1966 mußten die LPGen ihre Produktionspläne nicht mehr zur Genehmigung vorlegen, ihre Durchführung wurde aber weiterhin überwacht. Die Planungen der Betriebe sollten nicht mehr durch Verwaltungsmaßnahmen beeinflußt werden, sondern durch direkte und indirekte sogenannte „Regulatoren". Dadurch und durch die Erlaubnis zu umfangreicher kleinbetrieblicher Nebenproduktion, entwickelte sich in Ungarn bis zum Ende der achtziger Jahre ein System vielschichtiger Eigentums- und Nutzungsrechte, die dem einzelnen landwirtschaftlichen Kleinproduzenten wesentlich mehr Freiheit zugestand, als dies in den meisten anderen sozialistischen Ländern der Fall war.[164] Der Staat griff direkt nur wenig in die Produktion ein, so daß sich die Führungskader der LPGen und Staatsbetriebe zu den eigentlichen Verfügungsberechtigten über die Produktionsfaktoren entwickelten.

Nach dem LPG-Gesetz mußte die Genossenschaft an ihre Mitglieder für eingebrachten Boden eine Bodenpacht zahlen.[165] Die Höhe dieser Pacht war gesetzlich festgelegt. Die Festlegung der Pacht erfolgte je nach Bodengüte durch den Gegenwert von 88 bis 175 kg Weizen je ha und Jahr.[166] Bei dem damals üblichen Preis für Weizen von 3 Ft je kg ergaben sich 264 bis 525 Ft je ha und Jahr. Nach dem damals gültigen Umrechnungskurs entsprach dies etwa 33 bis 66 DM je ha und Jahr.

Im Jahr 1967 wurde ein Gesetz erlassen, welches einen weiteren Schritt zur vollständigen Vergesellschaftung der Produktionsfaktoren darstellte.[167] Es ermöglichte den LPGen, Boden nicht nur von Mitgliedern und nicht Mitgliedern zu pachten, sondern in direktes genossenschaftliches Eigentum zu übernehmen. Es sollte sich dabei vorwiegend um Boden handeln, der im Eigentum von Personen stand, die nicht Mitglieder in der LPG waren und in größerer Entfernung zur Genossenschaft lebten. Zum Zeitpunkt, zu dem dieses Gesetz erlassen wurde, waren davon etwa 18-20 % des LPG-Bodens betroffen. Der Anteil des im kollektiven Eigentum stehenden Bodens sollte in den darauffolgenden Jahren um jeweils 1-2 % erhöht werden.[168] Das Land wurde gegen eine Entschädigung in Höhe von 80 Ft (im Jahr 1976) je ha

---

[163] THOMAE, H.: „Einkommen (...)", S. 192ff, wie Anm. 149.

[164] ANTAL, Endre: „Die Eigentumverhältnisse in Ungarn", in: Wissenschaftlicher Dienst Südosteuropa, Heft 9/1977, S. 240-245, München.

[165] GENOSSENSCHAFTSGESETZ: „Ungarischer Juristen Verband: Genossenschaftsgesetz der ungarischen Volksrepublik", §§ 37, 38, Budapest, 1971

[166] SZABO, Gábor G.: „Certain Questions Related on Land Economics in Hungary's Agriculture", S. 51, in: BENET, Iván und János GYENIS: Economic Studies on Hungary's Agriculture, S. 46-63 Budapest, 1976

[167] GESETZ Nr. IV/1967, zitiert nach: NAGY, László: The Ownership of Land in the Producer's Co-operatives, in: Hungarian Survey, Nr. 3, Budapest, 1968.

[168] FEKETE, Ferenc, Earl, O. HEADY und Bob, R. HOLDREN: „Economics of Co-operative Farming (Objectives and Optima in Hungary)", S. 71, Budapest/Leyden, 1976.

und Goldkrone enteignet, wobei die Entschädigungssumme innerhalb von fünf Jahren in Raten ausgezahlt werden mußte. Die Entschädigung entsprach damit etwa 200 DM je ha.[169] Ein Vergleich mit den Bodenpreisen in anderen Ländern ist schwierig.[170] Die Höhe dieser Summe spricht jedoch dafür, daß die Entschädigung mehr symbolischen Charakter hatte. Mitglieder von LPGen, die ihren Boden von sich aus an die LPG verkauften erhielten bis zum Doppelten des oben genannten Betrages, welcher zusätzlich in nur einer Rate bei Abschluß des Kaufvertrags ausbezahlt wurde.[171] Auch in diesem Fall kann von einem angemessenen Preis des Bodens, entsprechend der relativen Knappheit dieses Faktors, nicht die Rede sein. An- und Verkauf von landwirtschaftlichem Boden zwischen Privatpersonen waren zu dieser Zeit verboten und bei den erlaubten Verkäufen an den Staat oder die LPGen wurde der Preis staatlich festgesetzt.

In den siebziger Jahren führten die Bestrebungen der Regierung, die Landwirtschaft zu industrialisieren, zur Schaffung immer größerer LPGen, zu vertikalen und horizontalen Kooperationen und zur Entwicklung der sogenannten Produktionssysteme. Der Zusammenschluß mehrerer kleinerer zu größeren Betriebseinheiten geschah nicht immer auf Initiative und unter Zustimmung der LPG-Mitglieder, denen eine solche Entscheidung nach den Statuten eigentlich zugestanden hätte. Dazu äußerte sich der Landesverband der Genossenschaften: Es ist bedenklich, „daß in der letzten Zeit in manchen Gebieten nicht nur solche Zusammenschlüsse von Mitgliedern realisiert worden sind, welche vom Willen dieser Mitglieder getragen waren, sondern auch verschiedene Behörden (...) kampagneartig den Zusammenschluß von Genossenschaften fördern“.[172] In der Tendenz führte diese Konzentration der Betriebe dazu, daß die „direkte Verantwortlichkeit des LPG-Bauern [abnahm und] (...) sein Verhältnis zur Genossenschaft (...) immer mehr das eines Arbeitnehmers und weniger das eines arbeitenden Miteigentümers“ wurde.[173]

Dies zeigt, wie groß der Einfluß der Führungskader auf die Allokation der Produktionsfaktoren war. Die größere Selbständigkeit der Führungskader und der Übergang zu indirekten Steuerungsmethoden bewirkten eine Erweiterung der Allokation von Produktionsmitteln anhand marktwirtschaftlicher Gesichtspunkte. Diese Allokation war nicht optimal, aber deutlich besser als die in anderen Ländern Mittel- und Ost-

---

169 Bei einem Boden mittlerer bis guter Qualität von 20 GK/ha und einem Wechselkurs von 7,9447 Forint je DM zum Jahreswechsel 1975/76, laut: STATISTISCHES BUNDESAMT (Hrsg.): „Statistisches Jahrbuch 1976 für die Bundesrepublik Deutschland“, S. 378, Berlin, 1976.

170 In der Bundesrepublik Deutschland lag der Kaufpreis für 1 ha landwirtschaftlicher Nutzfläche im Jahr 1975 bei durchschnittlich 17 200 DM, der Pachtpreis im Durchschnitt bei 237 DM. Vergleiche dazu: BUNDESMINISTERIUM FÜR ERNÄHRUNG, LANDWIRTSCHAFT UND FORSTEN (Hrsg.): „Agrarbericht der Bundesregierung 1985“, Materialband S. 22 und S. 39, Bonn, 1985.

171 BENET, Iván und János GYENIS: „Economic Studies on Hungary's Agriculture“, S. 51, Budapest, 1976.

172 OHNE NAMEN: „Landesrat der Genossenschaften: Informationen über die Genossenschaften von Ungarn und über den Landesrat der Genossenschaften“, S. 70, Budapest 1970.

173 THOMAE, H.: „Einkommen (...)“, S. 109, wie Anm. 149.

europas. Sie gab den Betriebsleitern außerdem die Möglichkeit, die Mechanismen marktwirtschaftlichen Wirtschaftens zu erlernen.

Bis zum Ende der achtziger Jahre hatte sich die Situation wie folgt entwickelt: Die von Staatsbetrieben bewirtschaftete und in deren Eigentum befindliche LN betrug 1989 15 % der gesamten LN Ungarns; hinzu kamen etwa 4 % der LPG-Flächen, die ebenfalls in staatlichem Eigentum standen, aber an Genossenschaften verpachtet waren (dies entspricht etwa 3 % der gesamten LN Ungarns, bzw. 0,2 Mio. ha). Die Genossenschaften bewirtschafteten Land in ihrem Eigentum, das 1989 rund 3,0 Mio. ha, d.h. 60 % der von ihnen insgesamt bewirtschafteten Flächen oder rund 45,8 % der gesamten LN des Landes umfaßte. Dieser Boden bildete die Kategorie des sogenannten „unteilbaren genossenschaftlichen Kollektiveigentums“. Im Privateigentum der Genossenschaftsmitglieder (von denen ein großer Teil bereits pensioniert war) standen nominell rund 1,8 Mio. ha, was 36 % der von LPGen bewirtschafteten Flächen oder 27,4 % der gesamten LN entsprach. Daneben gab es noch die Gruppe jener, die schon unter kommunistischer Herrschaft privates Bodeneigentum bewirtschafteten. Der Umfang dieses Bodeneigentums erreichte 1989 ca. 8,8 % der landwirtschaftlichen Nutzfläche Ungarns. Davon wurden 1,3 % oder 0,1 Mio. ha von Haupt- bzw. Vollerwerbsbetrieben, 7,5 % oder 0,4 Mio. ha von Aushilfs- oder Nebenwirtschaften bewirtschaftet.[174]

Die Reformen der Eigentums- und Verfügungsrechte vor 1989 bestimmten wesentlich Konzeption und Durchführung der Reformen nach 1989. Sie wurden mit dem Ende des Sozialismus nicht völlig aufgehoben, sondern stellten einen wesentlichen Gesichtspunkt bei der rechtlichen Gestaltung und Durchführung der Privatisierung dar. Man argumentierte, die Mitglieder und Angestellten hätten auch dann ein Anrecht auf die Zuteilung von Eigentum, wenn sie ursprünglich kein Eigentum eingebracht hätten, da sie durch ihre jahrelange Arbeit zur Mehrung des Vermögens der Betriebe beigetragen hätten. Die Abfindung dieser Ansprüche wurde vergleichsweise bescheiden gehalten. Die durchschnittliche Fläche, welche aufgrund derartiger Rechtstitel ersteigert werden konnte, umfaßte etwa 2,5 ha. Die Mitarbeiter von Staatsbetrieben erhielten ebenfalls einen Anteil am Vermögen der Betriebe, entsprechend ihrer Arbeitszeit im Betrieb. Die Ansprüche wurden nach der Qualifikation der Personen gestaffelt. So erhielt ein Agronom oder Betriebsleiter für die gleiche Zahl von Arbeitsjahren anteilig mehr Vermögen als ein Traktorist oder Zootechniker, weil erstere entsprechend ihrer höheren Qualifikation mehr zur Vermögensbildung der Betriebe beigetragen hätten als letztere.

Die Regelungen der Entschädigung und Privatisierung führten zu einer ausgeprägten Zersplitterung des Eigentums an landwirtschaftlichen Nutzflächen. In dieser Situation fiel es den Führungskadern der ehemaligen Staats- und Genossenschaftsbetriebe leicht, die Verfügungsrechte über die Produktionsfaktoren zu erhalten. Sie verfügten

---

[174] POPP, J. und Alois HEIßENHUBER: „Eigentumsverhältnisse in der ungarischen Landwirtschaft“, in: Schule und Beratung, Heft 8/90, S. I-9 - I-12, Bayerisches Staatsministerium für Ernährung, Landwirtschaft und Forsten, München, 1990.

über ausreichende Informationen, um sich einerseits bei Versteigerungen die besten und größten Parzellen zu sichern und andererseits Betriebe neuer Rechtsformen zu gründen, die die Bewirtschaftung der Flächen übernahmen. Dies geschah durchaus mit dem stillen Einverständnis der neuen Eigentümer, da sie meist über zuwenig Boden und über zu wenig Kapital und Erfahrung verfügten, um Betriebe neu zu gründen oder bestehende durch Privatisierung zu übernehmen. Somit bilden die „alten Führungskader" auch die neuen Betriebsleiter. Die in der sozialistischen Zeit de facto entstandene Verteilung der Verfügungsrechte blieb somit weitgehend erhalten.

Durch die frühzeitige Dezentralisierung der Verfügungsrechte, die Schaffung kleiner privater Wirtschaftsformen und deren Symbiose mit den großen Betrieben des sozialistischen Sektors, hatte Ungarn günstigere Voraussetzungen für die Transformation als andere Länder Mittel- und Osteuropas, die bis zum Ende der achtziger Jahre relativ starr an der zentralen Wirtschaftslenkung festgehalten hatten. Daß sich diese Voraussetzungen tatsächlich positiv auswirkten, scheint sich an der relativen Wettbewerbskraft und Leistungsfähigkeit des ungarischen Agrarsektors im internationalen Vergleich zu bestätigen. Nachfolgend werden die Reformen Ungarns bezüglich der Eigentumsrechte an landwirtschaftlichen Produktionsfaktoren eingehend analysiert. Es wird sich zeigen, daß die politischen Entscheidungen in dieser Zeit keineswegs immer im Sinne wirtschaftlicher Rationalität getroffen wurden. Zur Verdeutlichung dieser These soll zunächst kurz auf die politische Diskussion bezüglich der Privatisierung eingegangen werden.

4.3.2 Die Privatisierung in der politischen Diskussion nach 1989

Die Privatisierung des Staatslandes und die Rückführung des Genossenschaftslandes in Privathand wurde als Hauptaufgabe der agrarpolitischen Reformen in Ungarn angesehen. Beide Maßnahmen sollten nach der ursprünglichen Planung der Regierung bis zum Frühjahr 1993 abgeschlossen gewesen sein.[175] Die Vorgehensweise bei der Privatisierung löste aber unter den Kleinbauern Ungarns Besorgnis aus. Die anfänglich angestrebte Form des Privatisierungsprogramms hätte die ungarische Landwirtschaft in eine Krise geführt, so die Befürchtung der Kleinbauern. Die Behörden versuchten zu Beginn der Privatisierungsbestrebungen 5,5 Mio. ha Land ohne detaillierte rechtliche Rahmenbedingungen für die Eigentums- und die Bewirtschaftungsformen an frühere Eigentümer zu verteilen. Auf diese Weise wären bis zu 70 % der landwirtschaftlichen Nutzfläche Ungarns in den Besitz älterer Personen kommen, die selbst keine aktive Bewirtschaftung mehr hätten durchführen können. Dieser Personenkreis hätte, um seine soziale Absicherung sicherzustellen, das Land relativ schnell verkauft und so die Verbindung zwischen Grundeigentum und der das Land bewirtschaftenden Bevölkerung zerstört. Der Grundbesitz wäre in den Händen städtischer „Neureicher" konzentriert worden.[176]

---

175 OHNE NAMEN: „Land privatisation 'completed by Spring 1993'", East Europe Agriculture and Food (monthly) Feb. 1992, S. 20, Agra Europe Ltd., London.

176 Ebenda.

Diese Befürchtungen wurden von der „Agrarischen Allianz Ungarns", der Vertretung der ungarischen Kleinbauern geäußert, die ein nicht unerhebliches Eigeninteresse an der Privatisierung hatte. Wenn die Erwartung der Agrarischen Allianz Ungarns auch übertrieben gewesen sein mag, so zeigt sich daran doch, daß eine Abschätzung des Ergebnisses der Privatisierung und ihrer langfristigen Auswirkungen auf den ungarischen Agrarsektor sehr schwierig war und wie groß die Verunsicherung in der Bevölkerung war. Viele Betriebsleiter landwirtschaftlicher Unternehmen und auch die Kleinbauern waren dementsprechend sehr zurückhaltend und verzögerten Investitionen, bis das Ergebnis der Privatisierung abzusehen war. Diese Verhaltensweise verzögerte ihrerseits den notwendigen Umstrukturierungsprozeß.

Das anzustrebende Ziel bei der Privatisierung landwirtschaftlichen Bodens war auch unter den politischen Parteien und Entscheidungsträgern Ungarns sehr umstritten.[177] Einer der prominentesten Vorschläge wurde von der sogenannten „Unabhängigen Partei der Kleinlandwirte" (UPK) vorgebracht.[178] Die UPK vertrat die Auffassung, daß die Privatisierung die Wiederherstellung der Eigentumsrechte im Stand vom Dezember 1947 zum Ziel haben sollte. Dieser Zeitpunkt wurde gewählt, da damals die erste Landreform, welche nach dem zweiten Weltkrieg durchgeführt worden war, als abgeschlossen gelten konnte. Im Ergebnis waren die Großgrundbesitzer der Vorkriegszeit enteignet und das frei gewordene Land auf Kleinbauern und Landlose (etwa 642 000 Personen) verteilt worden. Die durchschnittliche Eigentumsgröße im Gefolge der damaligen Landreform betrug 2,9 ha. Diese Tatsache schließt die Gründung eines Haupterwerbsbetriebes nur mit restituierten Flächen aus. Eine Ausnahme davon würden jedoch Garten- und Weinbaubetriebe bilden, die in Ungarn eine nicht unerhebliche Rolle spielen. Die Vorgehensweise und die nötigen Maßnahmen, um das Ziel der Eigentumsrestitution zu erreichen, wurden von der UPK nicht näher spezifiziert.

Das Programm, das von der UPK während des Wahlkampfes zu den ersten freien Wahlen (am 22. März und 8. April 1990) vertreten wurde, verschaffte der UPK 11,73 % der abgegebenen Stimmen und ermöglichte es ihr, als Mehrheitsbeschaffer an einer Koalition teilzunehmen, die im Sommer 1990 die erste nicht kommunistische Regierung Ungarns bildete. Die Koalition bestand aus der UPK, dem sogenannten „Ungarischen Demokratischen Forum" (UDF) und der sogenannten „Christlich Demokratischen Volkspartei" (CDVP). Da die UPK im wesentlichen nur dieses eine Ziel verfolgte und ansonsten außen- sowie innenpolitisch inaktiv blieb, hatte sie mehr Einfluß auf agrarpolitische Entscheidungen, als man dies aufgrund ihres Stimmenanteils vermuten würde.

---

[177] OKOLICSANYI, Karoly: „Agricultural Privatisation in Hungary and the Smallholders Party", in: Radio Free Europe/Radio Liberty - Research, München 10.07.1990.

[178] Die Kleinlandwirtepartei wurde am 28. Oktober 1988 wiedergegründet. Siehe dazu: OHNE NAMEN: „Kommuniqué der Politischen Béla-Kovács-Gesellschaft vom 28. Okt. 1988", in: Hitel, 1. Feb. 1989, S. 40 sowie
BOZSÓ, Sándor: „1930-1990. 60 éves a Független Kisgazda-Földmunkás és Polgái Párt", [„1930-1990. Die Unabhängige Partei der Kleinlandwirte, Landarbeiter und Bürger ist 60 Jahre alt", S. 58, Budapest, 1990.

Das Programm der UPK hätte zur Folge gehabt, daß ein großer Teil der Eigentumsrechte der Genossenschaften an Grund und Boden, welche diese Ende der sechziger Jahre äußerst günstig erworben hatten, wertlos geworden wäre. Außerdem beinhaltete der Vorschlag der UPK, daß restitutionsberechtigte Eigentümer (bzw. deren Erben), die kein Interesse an Landerwerb hatten, entschädigt werden sollten. Die Herkunft der für solche Entschädigungen notwendigen Mittel wurde aber von der UPK nicht näher spezifiziert. Von der Gesamtfläche der Genossenschaften waren darüber hinaus 1990 nur etwa 38 % als Eigentum von aktiven oder im Ruhestand befindlichen Genossenschaftsmitgliedern in den Büchern eingetragen. Die ursprünglichen Eigentümer (vom Dez. 1947) der restlichen 62 % genossenschaftlich genutzten Landes wären nur sehr schwer festzustellen, da ein großer Teil der entsprechenden Aufzeichnungen nicht mehr vorhanden war.

Entsprechend der auftretenden Probleme mußte die UPK nach den Wahlen Abstriche an ihrem Programm vornehmen. So stellte sie klar, daß das Ziel einer Restitution entsprechend den Eigentumsverhältnissen vom Dezember 1947 mehr als juristische und moralische Maximalforderung anzusehen gewesen sei, denn als praktische Handlungsanleitung. Darauf aufbauend entwickelte die UPK einen Fünfstufenplan, mit Hilfe dessen landwirtschaftlicher Boden seinen Eigentümern zurückgegeben werden sollte. In diesem Plan sollte bei der Restitution folgenden Gruppen Priorität eingeräumt werden:

1.) Personen, die 1990 aktive Mitglieder von Genossenschaften waren und entweder einen eigenen Betrieb mit ihren Flächen gründen oder diese in eine genossenschaftliche Bewirtschaftung auf freiwilliger Basis einbringen wollten.
2.) Personen, deren Eigentumsrechte von den LPGen aufgekauft worden waren und die eine private Landbewirtschaftung wiederaufnehmen wollten.
3.) Vormalige Eigentümer, die zwar nicht in den LPGen Mitglied waren und auch keine eigene Bewirtschaftung aufnehmen wollten, aber auf dem Land lebten und ihr Land verpachten wollten.
4.) Jene ehemaligen Eigentümer (oder deren Erben), die in urbane Gegenden abgewandert waren,aber auf das Land zurück kehren wollten.
5.) Jene ehemaligen Eigentümer, die in Städten lebten und nicht auf das Land zurück kehren wollten.

Die fünfte Gruppe hätte keinen Anspruch auf Landeigentum gehabt, sondern eine Entschädigung in anderer Form erhalten. LPG-Mitglieder, die niemals Land besessen hatten, sollten entsprechend der Anzahl ihrer Mitgliedsjahre und ihres Einkommens in der LPG einen Anspruch auf Landzuteilung erwerben.

Nach Meinung von Experten wäre nach einer derartigen Restitution des landwirtschaftlichen Bodens noch ein Restbestand an Flächen geblieben, für den keine Ansprüche bestanden hätte. Die UPK vertrat die Ansicht, solche Flächen sollten in das Eigentum der entsprechenden Kommunen übergehen, die sie zur Erhöhung der kommunalen Einnahmen verpachten sollten. Über die Aufteilung genossenschaftlicher Anlagen, Gebäude und Maschinen wurden im Parteiprogramm der UPK keine konkreten Angaben gemacht.

Die Kritiker des Restitutionsvorschlags der UPK führten an, daß eine derartige Landreform die landwirtschaftliche Produktion stark beeinträchtigt und durch die zwangsläufig folgende Erhöhung der Bodenpreise sich auch die landwirtschaftlichen Produkte verteuert hätten. Der Hauptgegner der UPK in dem Prozeß der politischen Willensbildung der Regierungskoalition war das Ungarische Demokratische Forum (UDF). Das UDF argumentierte, welche Form auch immer eine Privatisierung in der Landwirtschaft annehmen werde, sie dürfe auf keinen Fall zu einer Beeinträchtigung der landwirtschaftlichen Produktion führen. Die Landwirtschaft sei eine der Hauptdevisenquellen Ungarns und daher unverzichtbar für den Transformationsprozeß.

Als Negativbeispiel für die Auswirkung kleinstrukturierter Agrarsektoren auf Produktion und Exportfähigkeit wurde von der UDF die Landwirtschaft Polens bzw. des ehemaligen Jugoslawien angeführt. Andererseits ging die UDF aber nicht auf den großen Erfolg des kleinstrukturierten Teils des ungarischen Agrarsektors ein, der Ende der achtziger Jahre immerhin 40 % der Gesamtproduktion der ungarischen Landwirtschaft hervorbrachte. Ferner sei eine breit angelegte Neugründung von landwirtschaftlichen Betrieben schon deswegen nicht möglich, so das UDF, weil dafür das notwendige Kapital und das technische Gerät fehlten.

Der einzige wesentliche Punkt in der Privatisierungsdiskussion bezüglich der Landwirtschaft, in dem die Koalitionspartner UDF und UPK übereinstimmten, war die Frage von Landerwerb durch ausländische Bürger. Beide Parteien waren sich einig, Ausländern keinen Erwerb landwirtschaftlicher Nutzflächen zu ermöglichen.

Die UPK war sich nach eigenen Aussagen der Tatsache bewußt, daß die von ihr vorgeschlagene Privatisierung der Landwirtschaft eine Neuverteilung von Ressourcen und Wohlstand und damit auch eine Umverteilung der politischen Macht zur Folge gehabt hätte. Damit wäre ihre Position in zukünftigen Wahlen zweifellos verbessert worden. Außerdem konnte sie, durch die kompromißlose Vertretung des Standpunkts der durch die Kollektivierung benachteiligten Personen, eine gewisse moralische Autorität bei den Wahlen für sich in Anspruch nehmen.

Durch die Wiederherstellung der Eigentumsverhältnisse vom Dezember 1947 verfolgte die UPK neben der reinen Privatisierung noch weitere agrarpolitische Ziele. Nach ihrer Meinung war der ungarische Agrarsektor durch kapitalintensive Massenproduktion von Getreide (insbesondere Weizen und Mais) und Fleisch gekennzeichnet. Stattdessen sollte Ungarn sich auf eine mehr gärtnerische Produktion konzentrieren. Eine derartige Produktion ist nach Ansicht der UPK sehr gut für einen kleinbetrieblichen Agrarsektor geeignet, der aus der Privatisierung entstanden wäre, da sie sehr arbeitsintensiv sei und zum Abbau der Arbeitslosigkeit im Land beitragen könne. Außerdem wären solch qualitativ hochwertigen und relativ teuren Produkte nicht unter eine Marktordnung der EU gefallen, und die Produktion hätte schneller umgestellt werden können, falls die Konsumenten andere Präferenzen entwickelten.

Eine Privatisierung der landwirtschaftlichen Nutzflächen hätte nach Auffassung der UPK auch zu einer Verbesserung der Kapitalverfügbarkeit in der Landwirtsschaft führen können, da diese dann als Eigenkapital in den Bilanzen hätte geführt und als Sicherheit für Kredite hätte dienen können. Die LPGen hätten diese Möglichkeit nicht und würden daher an Kapitalmangel leiden, was deren Umstrukturierung verzögerte. Ein realistischer Preis für landwirtschaftliche Böden hätte, ohne privates Eigentum daran, ohnehin nur schwerlich festgelegt werden können, so daß ein Verkauf der zu privatisierenden Grundstücke nicht gut möglich gewesen sei, so die Argumentation der UPK. Der Befürchtung steigender Preise für landwirtschaftliche Erzeugnisse begegnete die UPK mit der Ansicht, eine Reduzierung der staatlichen Subventionen und der entstehende Wettbewerb unter den Erzeugern verhindere einen nennenswerten Preisanstieg.

Die stärkste Kritik erfuhr das Privatisierungsprogramm der UPK für die Landwirtschaft von der sogenannten „Agrarunion" (AU). Die AU wurde von dem ehemaligen „Nationalen Rat der Landwirtschaftlichen Kooperativen" gegründet, der sich jetzt „Nationaler Rat der Landwirtschaftlichen Kooperativen und Erzeuger" nennt. Dieser Rat ist eine Vereinigung von Genossenschaftsmanagern und Lokalpolitikern, die während der Regierung der Ungarischen Sozialistischen Arbeiterpartei in ihre Ämter kamen und von dem sozialistischen System profitierten. Sie befürchteten, durch eine Privatisierung, wie sie von der UPK vorgeschlagen worden war, ihre Privilegien zu verlieren. Daher befürworteten sie den Erhalt der LPGen, wollten diese aber von staatlicher Kontrolle befreien.

4.3.3 Die Kompensations- und Entschädigungsgesetze[179]

Bereits im Januar 1990 unternahm die Regierung Miklos Németh erste Schritte in der nach-sozialistischen Ära zur Veränderung der Eigentumsrechte am landwirtschaftlich genutzten Boden. So wurde damit begonnen, das unteilbare genossenschaftliche Bodeneigentum in Anteilseigentum der Mitglieder aufzuteilen. Ferner wurden die Beschränkungen der Eigentumsrechte der Mitglieder an ihrem individuell eingebrachten Boden aufgehoben, so daß sie in der Lage waren, ihn bei einem Austritt aus der Genossenschaft herauszunehmen, ihn ohne Beschränkungen zu kaufen, zu verkaufen (auch an Dritte) und zu vererben. Trotz dieser Möglichkeiten hatte

---

[179] Eine übersichtliche Darstellung des Sachverhalts bietet folgende Veröffentlichung, auf die sich dieser Abschnitt stützt: SITZLER, Kathrin: „Die Transformation der Ungarischen Landwirtschaft und ihre Folgen, Teil 1: Die Reform des Bodeneigentums im Rahmen der Entschädigung", S. 5f, Südost-Institut, Abteilung Gegenwartsforschung, München, 1995.

sich die Eigentumsstruktur der landwirtschaftlich genutzten Flächen bis 1992, dem Beginn der Durchführung der Entschädigung, verglichen mit dem Zustand vor 1990 nur unwesentlich verändert.

Die Kompensations- oder Entschädigungsgesetze gründeten sich auf die Erkenntnis, daß eine Rückkehr zu den Eigentumsverhältnissen von vor 1947 aus politischen und wirtschaftlichen Gründen nicht möglich sei. Die grundsätzliche Rechtmäßigkeit von Entschädigungsansprüchen aus der Zeit vor 1947 wurde jedoch anerkannt. Damit erhielten die Großgrundbesitzer, welche vor 1945 das Eigentum an Flächen hatten, die Bauern, die im Rahmen der Bodenreform von 1945 Land erhalten hatten, aber später enteignet worden waren, und auch jene, die nie Boden im Eigentum hatten, aber über Jahre hinweg durch ihre Arbeit zur Mehrung des LPG-Vermögens beigetragen hatten, einen Anspruch auf Entschädigung. Nach den neuen Gesetzen sollte es für erlittenes Unrecht in der Zeit von 1939 bis 1989 eine Beanspruchungsfrist für Entschädigungsleistungen geben. Nach Ablauf der Frist, sollten keine weiteren Ansprüche mehr geltend gemacht werden können. Die Behörde, die für die Privatisierung zuständig war, würde dann prüfen, ob und, wenn ja, in welchem Umfang die Ansprüche gerechtfertigt wären. Berechtigte Ansprüche sollten in Form von Gutscheinen abgegolten werden, die jeweils zum Kauf einer bestimmten Fläche Land und/oder anderer Vermögenswerte berechtigten. Beim Erwerb von Land sollten die ursprünglichen Eigner und diejenigen Personen, die das Land zum Zeitpunkt der Privatisierung bewirtschaften, Priorität genießen, vorausgesetzt sie waren im Besitz entsprechender Gutscheine. Land, welches zum Beispiel durch Besiedelung oder Straßenbau „verloren“ gegangen war, sollte durch Land auf das kein anderer Anspruch bestand ausgeglichen werden.[180]

Die ungarische Regierung einigte sich im Gesetzgebungsverfahren auf den Grundsatz Entschädigung vor Rückgabe und eine degressive Bemessung des Entschädigungsanspruches. Die rechtliche Grundlage für die Entschädigung bildeten vier Gesetze, die 1991 und 1992 in Kraft traten. Es handelt sich dabei im einzelnen um die Gesetze:[181]

-- **XXV / 1991**:
über diezur Regelung der Eigentumsverhältnisse vorzunehmende teilweise Entschädigung für die durch den Staat in der Zeit ab dem 8. Juni 1949 am Eigentum der Bürger unrechtmäßig verursachten Schäden;

[180] OHNE NAMEN: „Hungarian Answer to Land Ownership Question“, in: East Europe Agriculture and Food (monthly) Jan. 1991, S. 11, Agra Europe Ltd., London.

[181] SITZLER, K.: S. 5f, wie Anm. 179 und
GADÓ, Otto et al. (Hrsg.): „Tulajdon, átalakulás, privatizáció“, [Eigentum, Transformation, Privatisierung], Budapest, 1992.

-- **XXIV / 1992**:
über die teilweise Entschädigung für Schäden am Privateigentum aufgrund von Rechtsvorschriften, die in der Zeit vom 1. Mai 1939 bis zum 8. Juni 1949 erlassen wurden;

-- **XXXII / 1992**:
über die Entschädigung von Personen, die aus politischen Gründen in der Zeit vom 11. März 1939 bis zum 23. Oktober 1989 rechtswidrig getötet oder ihrer Freiheit beraubt wurden;

-- **IL / 1992**:
zu Einzelfragen der Verwendung der Entschädigungsscheine zum Eigentumserwerb an landwirtschaftlichen Nutzflächen, der Einsetzung von Bodenregulierungs- und Landvergabekommissionen vor Ort und unter Beteiligung von Vertretern der Entschädigungsberechtigten sowie die Möglichkeit einer Einigung der Interessenten über Preis und Verteilung der Flächen vor Beginn der Bodenauktionen, auf welchen die für die Entschädigungszwecke bereitgestellten landwirtschaftlichen Nutzflächen von den Berechtigten im Gegenwert ihrer Entschädigungsscheine erworben werden können.

Für den Entschädigungsablauf galten entsprechend den oben genannten Gesetzen folgende Regelungen:[182]

a) **Personenkreis:**
Personen mit einem rechtmäßigen Anspruch auf Entschädigung mußten folgende Kriterien erfüllen: Ausschließlich natürliche Personen bzw. deren Erben waren entschädigungsberechtigt. Sie mußten die ungarische Staatsangehörigkeit besitzen oder dieselbe zum Zeitpunkt der Schadenszufügung besessen haben. Personen, denen im Zusammenhang mit der Ausbürgerung Schaden zugefügt worden war sowie Ausländer (bzw. deren Erben), die zum 31. Dezember 1990 ihren Wohnsitz in Ungarn hatten, waren ebenfalls berechtigt.

b) **Entschädigungshöhe:**
Sie wurde degressiv an der Höhe des erlittenen Schadens festgelegt. Je Vermögensgegenstand - bei mehreren Objekten je ehemaliger Eigentümer - betrug die maximal erreichbare Entschädigungssumme 5 Mio. Ft

c) **Zahlungsmodus:**
Rechtmäßige Entschädigungszahlungen erfolgten in der Form von Entschädigungsscheinen im Nominalwert des bestätigten Entschä-

[182] SITZLER, K.: „Die Transformation (...)“, S. 12f, wie Anm. 179.

> digungsanspruchs. Entschädigungsscheine stellten für den Inhaber keine direkte Geldforderung gegen den Staat dar. Die Entschädigungsscheine berechtigten vielmehr zum anteiligen Erwerb von zu privatisierendem Staatsvermögen. Sie waren steuerfrei, wurden verzinst und waren als übertragbare Inhaberwertpapiere handelbar.

Es bestand die Möglichkeit, Entschädigungsscheine anstatt zum Kauf von Anteilen an ehemaligen Staatsbetrieben auch für andere Zwecke zu verwenden. So konnten damit kommunale oder staatliche Wohnungen ersteigert werden, oder man verwendete sie als Nachweis von Eigenkapital bei der Bewerbung um Privatisierungskredite. Der Erstinhaber konnte sich den Gegenwert der Entschädigungsscheine in der Form einer Lebensrente auszahlen lassen. Ebenfalls nur die Erstinhaber konnten mit ihren Entschädigungsscheinen laut Gesetz an den Versteigerungen von landwirtschaftlichen Nutzflächen teilnehmen, welche vom Staat oder von den Genossenschaften zu Privatisierungszwecken bereitgestellt werden mußten. In den Expertenbefragungen wurde immer wieder geäußert, daß die letztgenannte Regelung zum Erwerb landwirtschaftlicher Nutzflächen mit Entschädigungsscheinen häufig umgangen wurde. Ein Kaufwilliger ohne oder mit zu wenig Scheinen kaufte von anderen die Scheine auf und gab vor, an den Versteigerungen im Auftrag der Erstinhaber teilzunehmen. Diese Vorgehensweise am Rande der Legalität führte dazu, daß wesentlich mehr Boden in den Händen weniger konzentriert werden konnte, als dies vom Gesetzgeber her beabsichtigt worden war.

Die Anmeldung von Ansprüchen mußte in schriftlicher Form innerhalb bestimmter Fristen erfolgen. Den Nachweis über die Rechtmäßigkeit der gemachten Ansprüche mußte der jeweiliger Antragsteller führen, zum Beispiel anhand von Eigentumsurkunden, Kaufverträgen oder Grundbucheintragungen. Die Anträge waren an die zuständigen Komitatsämter für Entschädigung bzw. das Landesamt in Budapest zu stellen. Die Regulierung von Entschädigungsfällen sowie die Organisation und Durchführung der entsprechenden Versteigerungen waren Aufgabe dieser Ämter. Ein eventueller Einspruch gegen den Entschädigungsbescheid eines Komitatsamtes konnte beim Landesamt in Budapest gestellt werden. Falls danach immer noch Unstimmigkeiten bestanden, konnte der Antragsteller den Rechtsweg zu den ordentlichen Gerichten einschlagen.

Die Entschädigungsämter wurden 1991 von der Regierung geschaffen. Die Personalausstattung war zu Anfang sehr niedrig (zehn Mitarbeiter je Amt), so daß bei der großen Zahl der Anträge Verzögerungen bei der Bearbeitung auftraten. Im Jahr 1995 beschäftigten die Ämter schließlich rund 1 500 Personen (1992: 1 800). Die Komitatsämter mußten bis Juni 1994 etwa 1,2 Mio. Anträge bearbeiten, das Landesamt 30 500 Einspruchsverfahren. Die Ämter bildeten bis zum Regierungswechsel 1994 eine selbständige Behörde, die der Regierung unmittelbar unterstand. Seit der Reorganisation durch die neue Regierung untersteht die Entschädigungsbehörde dem Landwirtschaftsamt, da die noch ausstehenden Entschädigungsverfahren (Ende 1994 noch 537 000) größtenteils in den Bereich Landwirtschaft fielen.

Eine vorläufige Bilanz der Entschädigungsbehörde (vom 10. Juni 1994) ergab, daß auf Grundlage des ersten Entschädigungsgesetzes (also für die Zeit von 1949 bis 1989) rund 844 526 Anträge gestellt worden waren, wobei Ansprüche für 3 609 485 Einzelfälle geltend gemacht wurden. 26 000 Anträge wurden aus Mangel an Nachweisen zurückgewiesen. 3 262 000 Fälle betrafen Entschädigungen für landwirtschaftliche Nutzflächen, 259 840 für andere Immobilien, 87 645 verschiedene Unternehmen. Damit wird ersichtlich, daß 90 % aller Fälle die Entschädigung enteigneter oder geschädigter landwirtschaftlicher Nutzflächen betreffen.

Als Ausgangspunkt für Entschädigungsansprüche bezüglich landwirtschaftlicher Nutzflächen wurde der Goldkronenwert (GK) zum Zeitpunkt der Enteignung herangezogen. Eine GK wurde dabei mit 1 000 Ft bei Ackerland und 4 000 Ft bei Wald bewertet. Für Ackerboden mittlerer Qualität (17-20 GK/ha) ergab sich ein zu entschädigender Wert von 17 000 bis 20 000 Ft je ha (etwa 180 bis 210 DM je ha).[183] Bei Wald wurden im allgemeinen nur 4 GK je ha veranschlagt was 16 000 Ft je ha zu entschädigenden Wert ergab.

Mit den erhaltenen Entschädigungsscheinen konnte der Entschädigte analog den oben geschilderten Möglichkeiten verfahren. Wenn er die Scheine zum Kauf von landwirtschaftlichen Flächen verwenden wollte, so mußten zusätzlich einige Voraussetzungen erfüllt werden. Nur der Erstinhaber (oder ein bevollmächtigter Vertreter desselben) konnte mit seinen Entschädigungsscheinen Land ersteigern. Ferner mußte der Bieter entweder seinen Erstwohnsitz in der Gemeinde haben, in der das zu versteigernde Land lag oder er mußte zum Zeitpunkt der Versteigerung Mitglied der versteigernden Genossenschaft sein (oder dies zumindest zum 1. Januar 1991 gewesen sein) oder, falls der Bieter nicht (nicht mehr) ortsansässig war, mußte der Boden, den er ersteigern wollte, auf dem Gebiet der Genossenschaft (des Staatsgutes) liegen, in der er früher Mitglied (Angestellter) war, bzw. dort, wo das enteignete Vermögen war.

Tabelle 4.3.3 a): Jahresübersicht der Bodenauktionen

	Anzahl der Auktionen	Versteigerter Boden in		Zahl der Teilnehmer		Anzahl der getätigten Bodenkäufe		Ø Größe des gekauften Bodens je Käufer in	
Jahr		Mio. GK	ha (bei 20 GK/ha)	insgesamt	je Auktion	insgesamt	je Auktion	Goldkronen	ha (bei 20 GK/ha)
1992	1 712	1,9	95 000	21 000	12,2	20 000	11,6	95,0	4,7
1993	12 181	24,1	1 205 000	402 000	33,0	303 000	24,8	79,5	3,9
1994	7 296	10,7	535 000	315 017	43,0	202 481	27,7	52,8	2,6

Quelle: SITZLER, K.: „Die Transformation (...)“, S. 33, wie Anm. 179, (verändert).

183 Bei 1 DM = 98 Forint, aktueller Wechselkurs Anfang 1996.

Die Bodenversteigerungen waren besonders dort für die ortsansässige Bevölkerung von Nachteil, wo eine große Zahl nicht ortsansässiger Personen Boden nachfragte. Durch die hohe Nachfrage wuchs die durchschnittlich gebotene Menge an Entschädigungsscheinen je ha und Goldkrone, so daß es häufig vorkam, daß nur ein kleiner Teil der Flächen zurückerworben werden konnte, die ursprünglich enteignet worden waren. Analysiert man den Verlauf der Entschädigungsversteigerungen genauer (siehe Tabelle 4.3.3 b)), so sind vor allem zwei Fakten von Bedeutung: Zum einen nahm die Zahl der je Versteigerung teilnehmenden Personen im Zeitablauf zu (von 12 auf 35), zum anderen sank die durchschnittlich je Person versteigerte Fläche erheblich ab (von 4,7 ha auf 3,5 ha).

Tabelle 4.3.3 b): Bodenauktionen im Rahmen der Entschädigung in Ungarn

im Zeitraum bis	Anzahl der Auktionen	Versteigerter Boden (kumulativ) in		Teilnehmer an den Auktionen		Anzahl der getätigten Käufe		Ø Größe des gekauften Bodens je Käufer in	
		Mio. GK	ha bei 20 GK/ha	insgesamt	je Auktion	kumulativ	je Auktion	GK	ha bei 20 GK/ha
Dez. 1992	1 712	1,9	95 000	21 000	12,2	20 000	11,6	95,0	4,7
April 1993		6,4	320 000			70 000		91,5	4,6
Okt. 1993		18,0	900 000			200 000		90,0	4,5
26.12.1993	13 893	26,0	1 300 000	423 000	30,4	323 000	23,2	80,4	4,0
23.01.1994	14 652	27,5	1 375 000			340 227	23,2	80,8	4,0
01.03.1994	15 462	29,2	1 460 000	486 165	31,4	367 000	23,7	79,4	4,0
07.04.1994		31,8	1 590 000			413 000		77,0	3,9
10.04.1994	17 642	32,0	1 600 000			421 695	23,9	75,8	3,8
05.05.1994	18 517	33,6	1 680 000	626 203	33,8	458 948	24,7	73,2	3,7
22.05.1994	19 843	34,8	1 740 000			483 523	24,4	71,8	3,6
13.07.1994	20 886	35,9	1 795 000			510 970	24,5	70,2	3,5
28.11.1994	21 189	36,7	1 835 000	738 017	34,8	525 481	27,4	69,8	3,5

Quelle: SITZLER, Kathrin: „Die Transformation (...)“, S. 32, wie Anm. 179, (verändert)

Die insgesamt zu zahlende Entschädigungssumme wurde nach einem Verfassungsgerichtsurteil vom 3. Juni 1994[184] auch für landwirtschaftliche Vermögen nach den allgemeinen degressiven Regelungen errechnet.[185] Bis zu einer Schadenshöhe von 200 000 Ft wurde zu 100 % entschädigt, bei 200 001 Ft bis 300 000 Ft der 200 000 Ft übersteigende Teil zu 50 %, bei 300 001 Ft bis 500 000 Ft der 300 000 Ft übersteigende Teil zu 30 % und bei 500 001 Ft und mehr wurde der 500 000 Ft übersteigende Teil zu 10 % entschädigt. Die errechneten Ansprüche wurden bis zu einer maximalen Entschädigung von 5 Mio. Ft aufsummiert. Bei einer bestätigten Schadenshöhe von beispielsweise 1 Mio. Ft erhielt der Geschädigte Entschädigungsscheine im Wert von 360 000 Ft. Um den maximalen Wert an Entschädigungsscheinen zu erhalten mußte ein Schaden von 47,4 Mio. Ft (oder mehr) anerkannt werden.

Tabelle 4.3.3 c): Höhe des Entschädigungsanspruches in Abhängigkeit vom entstandenen Schaden nach den ungarischen Kompensationsgesetzen

Höhe des entstanden Schadens in Forint	davon zu entschädigender Anteil in %
0 - 200 000	100
200 001 - 300 000	50
300 001 - 500 000	30
500 001 und mehr	10

Quelle: GESETZ Nr. XXV/1991: „Gesetz Nr. XXV/1991 (...)“, wie Anm. 161.

Boden, der mit Entschädigungsscheinen ersteigert wurde, unterlag vom Zeitpunkt des Erwerbs einer fünfjährigen Bewirtschaftungsverpflichtung, die entweder der Käufer selbst oder jemand in seinem Auftrag erfüllen mußte. Der Verkauf von Boden aus Entschädigungsversteigerungen war zwar nicht ausdrücklich verboten, aber bei einem Verkauf innerhalb von drei Jahren nach der Ersteigerung wurden Gebühren und Einkommensteuern fällig, die so hoch festgesetzt waren, daß sie auf Verkäufe in dieser Zeit eine prohibitive Wirkung hatten. Diese Regelung sollte eine Spekulation mit landwirtschaftlichen Nutzflächen verhindern oder zumindest einschränken. Außerdem sollte damit das großflächige Brachfallen von Boden verhindert werden. Die Auswirkungen dieser Regelungen werden unter Punkt 4.4.6 genauer untersucht.

---

[184] Ursprünglich war bei landwirtschaftlichem Vermögen im Gegensatz zu anderen Vermögensarten eine 100 %ige Entschädigung von Vermögen bis zu 1 Mio. Forint vorgesehen. Das vom damaligen Staatspräsidenten angestrengte Normenkontrollverfahren führte zum obengenannten Urteil des Verfassungsgerichts, das diese Unterscheidung für rechtswidrig erklärte.

[185] Siehe dazu: GESETZ Nr. I/1992: „Entschädigungsgesetz I/1992“, § 4, Abs. 3-4, in Magyar Közlöny, Nr. 77/1991, S. 1422, Budapest.

4.3.4 Das Genossenschafts- oder Transformationsgesetz[186]

Das Genossenschaftsgesetz des Jahres 1992 legte fest, daß das Vermögen der LPGen (vormals „unteilbares Kollektiveigentum"), entsprechend der Abschlußbilanz vom Dezember 1991, auf die Mitglieder der LPG aufgeteilt werden mußte. Der Aufteilungsschlüssel wurde in seinen Grundsätzen durch das Genossenschaftsgesetz selbst und im Detail durch die Beschlüsse der Mitgliederhauptversammlung festgelegt. Der Anteil des Vermögens des jeweiligen Mitglieds sollte seiner Mitwirkung bei der Vermögensmehrung der LPG entsprechen (im allgemeinen an der Dauer der Mitgliedschaft und der Position innerhalb der LPG festgemacht). Die Vermögensaufteilung mußte bis spätestens 30. April 1992 erfolgt sein. LPG-Vermögen, welches in der Abschlußbilanz vom Dezember 1991 schon in der Form von Anteilscheinen bestand, wurde nicht erneut verteilt. Eine frühere Umwandlung in Anteilscheine wurde somit akzeptiert.[187] Landwirtschaftliche Nutzflächen waren von der Verteilung an die Mitglieder nach dem Transformationsgesetz ausgeschlossen. Nach der Bestätigung der Vermögensaufteilung und des neuen Genossenschaftsstatutes durch ein Firmengericht konnten die Vermögensanteile frei an dritte veräußert werden. Berechtigte der Vermögensaufteilung waren folgende:

-- Personen, die zum Zeitpunkt des Inkrafttretens des Gesetzes aktive Mitglieder der Genossenschaft (Stichtag 1. Januar 1991) waren oder

-- Nichtmitglieder, die früher wenigstens fünf Jahre Mitglied der jeweiligen LPG waren (bzw. deren Erben, wenn sie innerhalb von 60 Tagen nach Inkrafttreten des Gesetzes ihren Anspruch anmelden; ansonsten erlosch er) oder

-- Personen, die ein erloschenes Mitgliedsverhältnis wiederherstellten oder

-- auf Antrag Nichtmitglieder, die in der jeweiligen LPG angestellt waren oder noch sind, wobei die Zeit des Arbeitsverhältnisses als Mitgliedsdauer anzusehen war (bei Antragstellung innerhalb von 60 Tagen nach Inkrafttreten des Gesetzes).

---

[186] GESETZ Nr. II/1992: „1992. évi II. törvény a szövetkezetkről szóló 1992. évi I. törvény hatálybalépéséről és az átmeneti szabályokról", [„Gesetz II vom Jahre 1992 über das Inkrafttreten des Gesetzes I vom Jahr 1992 über die Genossenschaften und die Übergangsbestimmungen"], in: Hatályos magyar jogszabályok, [Geltende Ungarische Rechtsnormen], Nr. III./11., S. 763-794, Budapest, 1992.

[187] Das Betriebsvermögen von LPGen konnte ab 1987 auf Beschluß der Mitglieder zu 50 % in Anteilscheine umgewandelt werden. So aufgeteiltes Vermögen konnte nicht aus der LPG herausgenommen werden. Bei Austritt erhielt das ehemalige Mitglied eine entsprechende Dividende. Den im Eigentum befindlichen Boden konnte man ab 1987 aus der LPG-Bewirtschaftung nehmen. Von diesen Möglichkeiten wurde jedoch nur wenig Gebrauch gemacht.

Bezüglich des von der LPG genutzten Bodens wurden im Genossenschaftsgesetz gesonderte Regelungen getroffen. Die Eigentumsrechte von Mitgliedern, pensionierten Mitgliedern, ehemaligen Mitgliedern und eventueller Erben, welche rechtlich noch bestanden, mußten wieder vollständig hergestellt werden, das heißt Flächen mußten ausdrücklich ausgewiesen werden (nicht die ursprünglichen Flächen) um bei Bedarf aus der LPG-Nutzung herausgenommen werden zu können. Dabei mußte der wiederhergestellte Wert dem eingebrachten Wert des Bodens entsprechen und darüber hinaus jeder einzelne Eigentümer (entsprechend dem Verhältnis der gesamten LPG mit höchstens 10 %iger Abweichung) einen relativ gleichen Anteil an Bodenqualitäten und bei Dauerkulturen auch an den entsprechenden Anlagen erhalten. Wenn Personen aufgrund mehrerer Rechtstitel Anspruch auf Land hatten, sollte es ihnen möglichst in einem Schlag zugeteilt werden. Die letztgenannte Bestimmung konnte fast nie eingehalten werden. Tabelle 4.3.4 a) gibt die Veränderung des Bodeneigentums in den LPGen Ungarns wieder.

Tabelle 4.3.4 a): Veränderung des Bodeneigentums in ungarischen LPGen

	Fläche in 1000 ha	Fläche in %
Von LPGen insgesamt genutzter Boden (Stand 15. Juli 1992)	5 596	100,0
Davon: Privateigentum	2 028	36,3
Staatliches Eigentum	154	2,7
Genossenschaftliches Kollektiveigentum	3 414	61,0
Bodenbedarf laut Meldung der Entschädigungsämter	2 431	100,0
von den LPGen für Entschädigungszwecke bereitgestellter Boden	1 873	77,0
Boden im genossenschaftlichen Kollektiveigentum	3 414	100,0
Davon: Bodenfonds für Landzuteilung an Mitglieder und Angestellte	814	23,4
Entschädigungsfonds	1 806	52,9
Verkauf an langjährige Pächter	30	0,9
Nach Entschädigung im genossenschaftlichen Kollektiveigentum verbleibend	764	22,4

Quelle: FORSCHUNGS- UND INFORMATIKINSTITUT FÜR AGRARWIRTSCHAFT (Hrsg.): „A földtulajdon rendezés és a vagyonfelosztás helyzete a mezögazdasági szövetkezetekben", [Die Regelung des Bodeneigentums und die Vermögensaufteilung in den LPG], FM-AKII, Budapest, 1992.

Außerdem mußten die LPGen einen bestimmten Anteil des von ihnen genutzten Landes in die speziellen Landfonds einbringen, die für Entschädigungszwecke gedacht waren. Land, welches sich im Staatseigentum befand, mußte ebenfalls ausgewiesen werden. Auch bei diesen beiden Landarten mußte ein relativ zum Gesamtland der LPG gleicher Anteil an Bodenqualitäten und eventueller Dauerkulturen sowie Meliorationsanlagen vorhanden sein. Die Bestimmung der anteilmäßigen Gleichheit der Bodengruppen scheint auf den ersten Blick dem Gerechtigkeitsgrundsatz sehr gut zu entsprechen; in der Praxis stellte sich jedoch heraus, daß gerade diese Regelung die Transformation des Bodeneigentums unnötig lange behinderte und erheblich zur Zersplitterung der Eigentumsstruktur beitrug. Die befragten Experten waren einhellig der Meinung, daß dies mit einer der Ursachen für die geringe Zahl von Neugründungen landwirtschaftlicher Betriebe war.

Die Regierung namm an, daß die Genossenschaften, die einen Großteil der landwirtschaftlichen Nutzflächen bewirtschafteten, auch weiterhin einen wichtigen Beitrag zur ungarischen Agrarproduktion leisten würden. Allerdings änderte sich Ende 1992 die Rechtsform dieser Unternehmen so, daß entweder das Kapital auf die Mitglieder aufgeteilt wurde, die dann zu Anteilseignern wurden oder das Unternehmen als Ganzes von einer Privatperson übernommen wurde. Im zuletzt genannten Fall ging der genossenschaftliche Charakter der Unternehmen verloren. Nach Ansicht des Generalsekretärs des Landesverbandes der landwirtschaftlichen Genossenschaften und Produzenten (MOSZ) in Ungarn, Gábor Horváth kam es durch die Reformgesetze zu juristischen und steuerrechtlichen Benachteiligungen der Genossenschaften bzw. ihrer Nachfolgeorganisationen. So habe das Genossenschaftsgesetz dazu geführt, daß nur etwa 30 % der Anteilseigner ausreichten, um die Vermögensaufteilung durchzusetzen.[188]

4.3.5 Das ungarische Bodengesetz vom April 1994

Das Bodengesetz war sehr umstritten und wurde lange Zeit im Parlament behandelt. Nachdem die Regierung bereits bei Übernahme der Amtsgeschäfte 1990 angekündigt hatte, eine Neuregelung zu beschließen, zogen sich die Beratungen darüber bis zum Ende der Legislaturperiode 1994 hin. In der letzten Sitzung des Parlaments vor der Wahl wurde als letzter Tagesordnungspunkt die Abstimmung über das neue Bodengesetz durchgeführt. Dies zeigt, wie brisant das Bodengesetz zu jenem Zeitpunkt war. Die Präambel des ungarischen Bodengesetzes vom April 1994 (in Kraft getreten im September 1994) nennt mehrere Ziele, die durch das Gesetz erreicht werden sollten[189]:

-- Die rechtlich Absicherung der Transformation der Eigentums- und Nutzungsrechte vom sozialistischen zum marktwirtschaftlichen System.

---

[188] OHNE NAMEN: „UNGARN: Diskriminierung der Genossenschaften abbauen", in: Agra-Europe, 29/94, 18. Juli 94, Kurzmeldungen, S. 24, Bonn, 1994.

[189] GESETZ Nr. LV/1994: „1994. évi LV. törvény a termőföldről", [Gesetz LV vom Jahre 1994 über den fruchtbaren Boden"], in: Hatályos magyar jogszabályok, [Geltende Ungarische Rechtsnormen], Nr. V./18., S. 1127-1165, Budapest, 1994.

-- Regelung des Bodenhandels und der Beleihbarkeit des Bodens durch Hypotheken, um die Kapitalausstattung der landwirtschaftlichen Betriebe zu verbessern.

-- Förderung wettbewerbsfähiger Betriebseinheiten und Verhinderung von Besitzzerstückelung.

-- Sicherung einer kontinuierlichen und nachhaltiger Bodenbewirtschaftung.

-- Die Erhaltung und den Schutz des landwirtschaftlich genutzten Bodens.

Das Bodengesetz gilt für alle Flächen des ungarischen Staatsgebietes, die land- oder forstwirtschaftlich (auch als Rebflächen, Obstplantagen, Fischteiche, Gärten, Rasen- oder Schilfflächen) genutzt werden und außerhalb geschlossener Ortschaften und von Einzelgehöften liegen. Ferner für Flächen innerhalb geschlossener Ortschaften, sofern diese einer der oben genannten Nutzungsarten angehören, also nicht oder noch nicht bebaut sind. Darüber hinaus sind auch unter Naturschutz stehende Flächen und Ödland den Bestimmungen dieses Gesetzes unterworfen, soweit andere Gesetze die Nutzung derartiger Flächen nicht regeln. Für die Bewirtschaftung und Nutzungsänderung von Waldflächen und für den Bodenschutz gelten gesonderte Gesetze.

Neben dem rein rechtlichen Ziel, das Bodeneigentum sowie den Handel damit und die Pacht zu regeln, wurden auch agrar- und gesellschaftspolitische Ziele mit dem Gesetz verfolgt. Als Grundlage des Bodenbesitzes wurde ausdrücklich das Privateigentum festgestellt. Dabei sollten Privatpersonen (ungarischer Nationalität) land- oder forstwirtschaftliche Nutzflächen bis zu einer maximalen Größe von 300 ha oder bis zu einem maximalen Wert von 6 000 Goldkronen erwerben dürfen. Bei der Bestimmung der Maximalfläche mußten laut Gesetz auch nicht bewirtschaftete Restflächen, die den einzelnen Flurstücken zugeordnet sind, angerechnet werden. Hofstellen bzw. Flächen innerhalb von Hofstellen wurden bis zu einer maximalen Größe von 0,6 ha von der Errechnung der erwerbbaren Fläche ausgenommen, auch wenn diese für eine landwirtschaftliche Produktion geeignet waren. Die Flächenobergrenze galt auch für einen Flächentausch. Bei solchen Flächen, die Aufgrund des Entschädigungs- oder des Genossenschaftsgesetzes in das Eigentum von Privatpersonen gelangt waren wurde die Obergrenze von 300 ha bzw. 6 000 Goldkronen nicht angewandt. Mit anderen Worten, Flächen von privaten Einzelpersonen, die mit Hilfe der erhaltenen Entschädigungsleistungen erworben wurden, sowie Flächen, die aus den ehemaligen landwirtschaftlichen Produktionsgenossenschaften herausgenommen und in Privateigentum überführt wurden, durften auch größer als 300 ha sein.

Ungarische juristische Personen konnten laut Bodengesetz kein Eigentum an land- oder forstwirtschaftlichen Flächen erwerben. Ausgenommen davon waren der ungarische Staat, regionale und kommunale Körperschaften sowie Vereinigungen von Wald- und Weidenbesitzern und öffentliche Stiftungen. Kirchlichen Organisationen, die vor dem zweiten Weltkrieg mit zu den größten Landeigentümern in Ungarn zählten (vor allem die katholische Kirche), wurde im Bodengesetz der Erwerb land- und forstwirtschaftlicher Flächen nicht ausdrücklich untersagt. Jedoch waren die rechtlich anerkannten Möglichkeiten dazu stark eingeschränkt. Land durfte nur durch Vererbung, Schenkung, Unterhalts- und Fürsorgeverträge in ihr Eigentum übergehen.

Nicht ungarische private und juristische Personen waren von Erwerb land- und forstwirtschaftlicher Flächen ausgeschlossen, es sei denn, sie hatten es aufgrund des Entschädigungs- oder des Genossenschaftsgesetzes erworben bzw. erhalten. Hingegen konnten nicht land- oder forstwirtschaftliche Flächen bis zu einer Größe von 0,6 ha von Ausländern, bzw. ausländischen juristischen Personen erworben werden. Interessanterweise war es für Ausländer von 1987 bis zum Inkrafttreten diese neuen Bodengesetzes möglich, landwirtschaftliche Flächen zu kaufen. Ausländer mußten dazu eine Erlaubnis des Landwirtschaftsministerium einholen. Offensichtlich trat am Anfang der 90'er Jahre diesbezüglich ein Meinungsumschwung in der Bevölkerung ein, der in nicht geringem Maß auf die Argumentation der sogenannten Kleinlandwirtepartei zurückzuführen sein dürfte.

Beim Verkauf von Flächen, die unter die Regelung dieses Gesetzes fielen, stand eventuell vorhandenen Pächtern, Halbpächtern oder Anteilanbauern ein Vorkaufsrecht über die von ihnen genutzten Flächen zu. Kamen Flächen zum Verkauf, die Naturschutzregelungen unterworfen waren, so kam zunächst dem ungarischen Staat bzw. seinen Organen (zum Beispiel Naturschutzbehörden oder Naturparkverwaltungen) und, falls dieser es nicht wahrnahm, eventuell vorhandenen Pächtern ein Vorkaufsrecht zu.

Neben den allgemeinen Bestimmungen des ungarischen Bürgerlichen Gesetzbuches, welche die Pacht von Grundstücken betrafen, gab es auch im Bodengesetz Regelungen zur Pacht landwirtschaftlicher Nutzflächen.[190] Nach diesen Regelungen darf die Pachtdauer maximal 10 Jahre betragen, es sei denn, es handelt sich um Wald oder Wein- und Obstgärten, bei denen eine entsprechend längere Pachtdauer erlaubt ist. Im Gegensatz zu den Bestimmungen für den Bodenkauf stellt das Gesetz bezüglich der Pachtdauer juristische und natürliche Personen sowie In- und Ausländer gleich. Der Pächter zahlt neben dem Pachtentgelt an den Verpächter auch die jährliche Bodensteuer an den Staat. Bei Ereignissen höherer Gewalt, wie etwa der Dürre des Jahres 1992, hat der Pächter Anspruch auf Ermäßigung des Pachtentgelts. Die Ermäßigung bemißt sich nach der Reduzierung der Bodensteuer, die in einem solchen Fall vom Staat gewährt wird. Dementsprechend legt der Staat die Pachtminderung indirekt fest. Formen von Halb- und Anteilspacht sind grundsätzlich erlaubt, soweit die zwischen Verpächter und Pächter getroffenen Abmachungen mit den allgemeinen Regelungen des Bodengesetzes vereinbar sind.

---

[190] Ebenda, S. 1134-1138.

Der Verpächter kann den Pachtvertrag nur dann vorzeitig kündigen, wenn der Pächter ohne Zustimmung des Verpächters den Boden weiterverpachtet, größere Investitionen vornimmt, den Bewirtschaftungszweig ändert, oder durch sein Tun die nachhaltige Ertragsfähigkeit des Bodens gefährdet. Der Pächter kann seinerseits den Pachtvertrag nur dann vorzeitig kündigen, wenn er aus gesundheitlichen oder familiären Gründen nicht mehr in der Lage ist, seinen Verpflichtungen nachzukommen. Bei Ablauf oder Kündigung eines Pachtvertrages erhält der Pächter eine Entschädigung für noch nicht abgeschriebene Anlagen, Gebäude, Meliorationseinrichtungen, soweit diese mit Erlaubnis des Verpächters errichtet worden waren; ebenso hat der Verpächter darauf Anspruch, die Fläche im Ausgangszustand zurückzuerhalten. Läuft ein Pachtvertrag regulär aus, so hat der bisherige Pächter ein Vorpachtrecht auf die jeweiligen Flächen.

Juristische und natürliche Personen können landwirtschaftlichen Boden bis zu einer Grenze von maximal 300 ha oder 6 000 GK Bodenwert pachten. Hierbei besteht kein Unterschied zwischen In- und Ausländern. Die Pachtobergrenze des Bodengesetztes wurde in der Realität nicht durchgesetzt. Genossenschaften mit Sitz in Ungarn können abweichend von obiger Begrenzung bis zu 2 500 ha oder 50 000 GK Bodenwert von Nichtmitgliedern zupachten. Die Flächen der Mitglieder, welche die Genossenschaft gepachtet hat, werden dabei nicht angerechnet. Diese Regelung stellt eine klare Bevorzugung der Genossenschaften als Rechtsnachfolger der LPGen dar. Angesichts der Tatsache, daß bis zu 40 % der von den Genossenschaften bewirtschafteten Böden im Eigentum von Nichtmitgliedern steht, das heißt im allgemeinen deutlich mehr als 300 ha, wollte man offensichtlich ein Weiterbestehen der Genossenschaften nicht durch das Pachtgesetz erschweren.

4.3.6 Der Bodenmarkt in Ungarn

Wie in den durchgeführten Expertenbefragungen deutlich zum Ausdruck kam, werden die unter Punkt 4.4.3 geschilderten Beschränkungen des Bodenhandels (hohe Gebühren und Einkommenssteuern) weitgehend umgangen. Die Möglichkeiten dazu sind vielfältig. Die den Intentionen des Gesetzgebers am wenigsten zuwider laufende Vorgehensweise ist ein langfristiger Pachtvertrag mit eingetragenem Vorkaufsrecht. Solche Verträge laufen darauf hinaus, daß der Pächter nach Ablauf von drei Jahren seinen Pachtvertrag in einen Kaufvertrag umwandelt und den unter der Hand schon vorher festgelegten Kaufpreis zahlt.

Zum Teil wird der Boden aber auch gleich nach der Ersteigerung durch den Erstinhaber der Entschädigungsscheine an Interessenten verkauft, wobei jedoch weder der Verkauf noch die Verkaufseinnahmen den Behörden angezeigt werden. Diese Vorgehensweise ist eindeutig rechtswidrig, da dem Staat Gebühren und Steuern vorenthalten werden. Die rechtliche Unsicherheit bei solchen Transaktionen ist für beide Parteien groß, da zum einen beide illegal handeln und zum anderen die Einklagbarkeit von Eigentumsrechten und Vertragsbestimmungen nicht gegeben ist. Der Käufer dürfte bei solchen Verträgen das größte Risiko eingehen, denn rechtlich gesehen bleiben die Eigentumsrechte in den ersten drei Jahren beim Verkäufer. Werden derartige Verträge den Behörden angezeigt, so werden Strafverfahren eingeleitet und das in Frage stehende Land geht in Staatseigentum über.

Der tatsächliche Umfang derartiger Abmachungen (sowohl was die Fläche angeht, als auch bezüglich der Kaufpreise) ist nicht feststellbar, weil aus verständlichen Gründen niemand bereit ist, darüber Auskunft zu geben. Die befragten Experten gehen jedoch in subjektiven Schätzungen davon aus, daß mehr als die Hälfte des mit Entschädigungsscheinen erworbenen Landes im Rahmen solcher Vereinbarungen „gehandelt" wird. Diese Annahme gründen sie auf persönliche Beobachtungen und die Tatsache, daß ein großer Teil der durch die Entschädigung begünstigten entweder schon im Rentenalter ist oder aufgrund ihrer beruflichen Ausrichtung außerhalb der Landwirtschaft bzw. ihres Wohnsitzes in Städten keinerlei Interesse an einer eigenständigen Bewirtschaftung des Bodens haben. Ein weiterer Grund ist in der wirtschaftlich schwierigen Lage zu sehen. Viele Bodeneigentümer versuchen, ihren Boden so schnell wie möglich zu verkaufen, um eine Erhöhung ihres verfügbaren Einkommens zu erzielen. Dies ist um so mehr der Fall, als ein Anstieg der Bodenpreise auf absehbare Zeit, wegen der Unsicherheit und der schlechten Ertragslage in der Landwirtschaft, nicht zu erwarten ist.

Die obigen Erkenntnisse zeigen die zweigeteilte Entwicklung des Bodenmarktes in Ungarn. Zum einen gibt es den Markt für landwirtschaftliche Flächen, welche nicht aus der Entschädigung stammen. Dies ist ein formeller Markt, auf dem Käufer und Verkäufer sich den Regeln der Bodengesetzgebung Ungarns unterwerfen. Zum anderen gibt es den Markt für Boden, der durch Versteigerungen im Rahmen der Entschädigungsgesetze in privatem Eigentum ist. Diesen Markt kann man als informell bezeichnen. Die Transaktionskosten im letztgenannten Markt sind aufgrund des großen Risikos und der Schwierigkeit der Durchsetzung von „Vertragsbestimmungen" ungleich höher als im formellen Bodenmarkt. Dies hat zwei wesentliche Auswirkungen für die „Vertragspartner" im informellen Markt: Erstens dürften die Bodenpreise deutlich unter denen des formellen Marktes liegen.[191] Zweitens weichen die Beteiligten zur Senkung der Transaktionskosten auf andere als auf rechtliche Absicherungen aus; das heißt derartige Verträge werden häufig unter Verwandten geschlossen, weil man annimmt, daß diese eher bereit sind, sich an die getroffenen Vereinbarungen zu halten.

Die Nachfrage nach Boden zur landwirtschaftlichen Nutzung gliedert sich in Ungarn wie folgt: Zum einen gibt es die Personen mit Entschädigungsscheinen, die entweder einen eigenen Betrieb gründen oder Land als Anlageobjekt erwerben wollen. Zum anderen gibt es die Rechtsnachfolger der LPGen, die zwar schon über erhebliche Flächen verfügen (Flächen der Mitglieder), aber zumindest einen Teil ihrer Flächen von Dritten gepachtet haben und diese auch weiter bewirtschaften wollen. Nach einer eventuellen Aufhebung des Verbots des Bodeneigentums und Erwerbs durch juristische Personen beabsichtigen diese Betriebe, wenn überhaupt,

---

[191] Sie dürften etwa um den Betrag niedriger liegen, den der Staat durch Steuern und Abgaben abschöpft.

nur einen kleinen Teil derartiger Flächen zu kaufen. Und zwar einerseits wegen Kapitalmangels und andererseits, da wegen geringer Pachtpreise die Pacht wirtschaftlicher ist. Drittens gibt es Privatpersonen, die entweder schon einen Betrieb im Eigentum haben und diesen erweitern oder einen solchen gründen wollen aber über keine entsprechenden Entschädigungsscheine verfügen. Für sie ist es möglich, indirekt Land in beliebiger Menge zu kaufen. So können sie mit Entschädigungsberechtigten Verträge abschließen, die ihnen nach Ablauf von fünf Jahren ein Vorkaufsrecht einräumen, oder direkt den Eigentumsübergang beinhalten. In den vorangehenden fünf Jahren kann der Interessent das Land schon gepachtet und bewirtschaftet haben.

Zieht man die Preise (bzw. die Zahl an Entschädigungsgutscheinen) in Betracht, die für landwirtschaftliche Flächen in den Gunstlagen Ungarns in den ersten Auktionsrunden geboten wurden, so muß man annehmen, daß von den Investoren eine relativ langfristige Sichtweise angenommen wurde.[192] Für diese Personen hat ein fünfjähriges Verkaufsmoratorium (durch hohe Abgaben auf einen vorzeitigen Handel) keine prohibitive Wirkung.[193]

Die Flächenallokation erfolgt zum überwiegenden Teil über den Pachtmarkt. Neben dem Verkaufsmoratorium für restitutierte Flächen spielen dabei in erster Linie zwei Gründe eine bedeutende Rolle: der allgemeine Kapitalmangel in der Landwirtschaft, der umfangreiche Bodenkäufe trotz der geringen Preise ausschließt, und das Bodenerwerbsverbot für juristische Personen. Von letzterem sind vor allem die Rechtsnachfolger der ehemaligen LPGen betroffen. Zwar würden die juristischen Personen auch ohne Erwerbsverbot nur geringe Flächen kaufen, aufgrund ihrer dominanten Stellung innerhalb der ungarischen Landwirtschaft würde die Aufhebung des Verbots den Bodenmarkt jedoch wesentlich beleben.

Laut Auskunft der befragten Experten sieht die Betriebsstruktur in den meisten Gebieten des Landes so aus, daß die Rechtsnachfolger bei weitem den größten Teil der Flächen bewirtschaften. Die Großbetriebe dominieren damit den Pachtmarkt. Neben den Rechtsnachfolgern der ehemaligen LPGen existiert je Gemarkung meist nur ein, maximal zwei Vollerwerbsbetriebe, die nennenswerte Nachfrage auf dem lokalen Pachtmarkt ausüben können. Die meist zahlreich vorhandenen kleineren Betriebe (unter 10 ha) werden häufig im Nebenerwerb bewirtschaftet und stellen für Großbetriebe nur in Ausnahmefällen (etwa im Bereich der Obst-, Gemüse- oder Weinproduktion) ernsthafte Konkurrenten um Boden dar. Der Pachtmarkt ist somit als monopsonistisch, bestenfalls oligopsonistisch zu bezeichnen. Eine paretooptimale effiziente Flächenallokation ist unter diesen Bedingungen zweifelhaft.

Im Bodenkaufmarkt sieht die Situation derzeit anders aus, da juristische Personen als Nachfrager ausfallen. Dies wird aber nur solange der Fall sein, als das Bodenerwerbsverbot weiterbesteht. In der parlamentarischen Diskussion um eine Novellie-

---

[192] SITZLER, K.: „Die Transformation (...)", wie Anm. 179.
[193] OECD (Hrsg.): „Review (...): Hungary", S. 55, wie Anm. 12.

rung des Bodengesetzes von 1994 ist eine Aufhebung dieses Verbots der Hauptstreitpunkt zwischen den politischen Parteien. Ein indirekter Einfluß der juristischen Personen auf den Kaufmarkt ist über die Pacht gegeben. Da häufig langfristige Pachtverträge abgeschlossen werden, sind die Verfügungsrechte eines eventuellen Käufers von vornherein deutlich eingeschränkt. Dies wirkt tendenziell preissenkend und reduziert die Verkaufswahrscheinlichkeit, das heißt die Menge des insgesamt gehandelten Bodens.

Regional gesehen, scheint es eine deutliche Zweiteilung des Boden- und Pachtmarktes in Ungarn zu geben. Sowohl in den Pachtpreisen als auch bei Kaufpreisen gibt es offensichtlich ein starkes Gefälle in West-Ost-Richtung. Die Preise verändern sich vermutlich nicht kontinuierlich, sondern sprunghaft. Die Sprungstelle ist dabei laut Meinung von Experten die in Nord-Süd-Richtung verlaufende Donau. Westlich davon fallen die Preise relativ kontinuierlich von einem vergleichsweise hohen Niveau an der österreichischen Grenze auf ein niedrigeres nahe der Donau. Östlich der Donau fallen die Preise ebenfalls in West-Ost-Richtung, allerdings auf deutlich niedrigerem Niveau. Diese Zweiteilung des Bodenmarktes ist nicht aus den Bodenklimazahlen zu begründen. Die Experten vermuten, daß der Hauptgrund dafür in der Nähe der westlichen Gebiete zu Österreich und damit zum EU-Markt zu suchen ist (mit der Erwartung kapitalkräftiger Investoren für die Landwirtschaft). Daneben scheint sich um den Plattensee ein attraktives touristisches Gebiet zu entwickeln, was die Preisentwicklung zum Teil von der landwirtschaftlichen Ertragsfähigkeit der jeweiligen Böden loslöst.

Die in der Osthälfte Ungarns gelegenen Böden scheinen hingegen wegen ihrer Grenznähe zu den weniger entwickelten Nachbarn (Rumänien, Ukraine) und ihrer früheren Ausrichtung auf den Markt der ehemaligen Sowjetunion, nur geringe Attraktivität für Käufer und/oder Pächter aufzuweisen. In Nord-Süd-Richtung zeichnet sich ebenfalls ein Preisgefälle ab. Die Unterschiede sind jedoch nicht so ausgeprägt und zum Teil durch den Bürgerkrieg im ehemaligen Jugoslawien und das nachfolgende Wirtschaftsembargo überlagert.

5 Tschechische Republik

5.1 Der Zustand des tschechischen Agrarsektors vor den Reformen

Für die Zeit vor 1989, die in diesem Abschnitt behandelt wird, gelten die Angaben für die Tschechoslowakei (im weiteren CSSR für „Tschechoslowakische Sozialistische Republik" oder CSFR für „Tschechische und Slowakische Föderative Republik"), da die Auflösung der Föderation von Tschechischer Republik und Slowakischer Republik erst zum 1. Januar 1993 erfolgte. Die Landwirtschaft in der CSFR zeigte relativ große Unterschiede zu derjenigen Ungarns, sowohl was die Betriebs- und Eigentumsstruktur angeht, als auch bezüglich der agrarpolitischen Zielsetzungen und Maßnahmen der jeweiligen Regierungen.

In der ehemaligen CSFR entfielen von 12,5 Mio. ha Gesamtfläche etwas mehr als die Hälfte auf landwirtschaftliche Nutzflächen (6,7 Mio. ha oder 53,6 %). Wie in der übrigen Wirtschaft, so war auch im Agrarsektor der Anteil des Staatseigentums einer der höchsten im gesamten Bereich des RGW. Dementsprechend war die private Landwirtschaft relativ unbedeutend für den Gesamtsektor, insbesondere im Vergleich mit Ungarn.

Zusammen verfügten Staats- und Genossenschaftsbetriebe über rund 94 % der landwirtschaftlichen Nutzfläche. Rund 30 % der landwirtschaftlichen Nutzfläche wurden von circa 335 Staatsbetrieben bewirtschaftet und etwa 64 % von 1 650 Genossenschaften. Die Staatsbetriebe hatten im Durchschnitt je 7 907 ha Nutzfläche, während die Genossenschaften durchschnittlich auf je 2 489 ha produzierten. Der Anteil der privaten Landwirtschaft war um so höher, je ungünstiger die natürlichen Gegebenheiten in einer Region waren. In vielen bergigen Gebieten, besonders in den slowakischen Teilen, waren die Privatbetriebe daher nicht unerheblich, wenn sie auch auf das ganze Land bezogen unbedeutend blieben.[194]

Die CSFR war relativ stark industrialisiert, so daß nur etwa 9 % der Erwerbstätigen waren in der Landwirtschaft beschäftigt waren. Das von der Landwirtschaft erzeugte Bruttoinlandsprodukt war mit 9,6 % geringfügig größer als ihr Anteil an der Erwerbsbevölkerung. Obwohl also die Landwirtschaft ein wichtiger Arbeitgeber und Wirtschaftszweig in der CSFR war, war sie weniger bedeutend als in anderen Staaten des RGW.

Die landwirtschaftlichen Betriebe der CSFR gehörten zu den produktivsten in ganz Osteuropa. Die Erträge je ha gehörten zu den höchsten des RGW. Im vergangenen Jahrzehnt war ein beachtlicher Anstieg in den Erträgen zu verzeichnen, der zum Teil auf verbesserte Anbautechnik und ertragreichere Sorten zurückzuführen war, zum Teil aber auch auf verbessertes Management.

---

[194] MARKS, Hilary F.: „Facing up to a new farming order", Shell Agriculture, No. 12, 1992, S. 10-12, JGR Stevens, Exford, United Kingdom.

Tabelle 5.1 a): Durchschnittliche Getreideerträge ausgewählter Länder (in t pro ha)

Land	Jahr 1986	1987	1988	1989	1990	1992	1994
Polen	3,04	3,06	3,07	3,22	3,28	2,40	2,60
CSFR	4,30	4,58	4,68	4,84	5,21	4,25	4,10[1)]
Ungarn	4,98	4,95	5,23	4,61	4,47	3,68	3,90
Spanien	2,14	2,63	2,64	2,58	2,49	1,91	2,33
BRD[2)]	5,32	5,06	5,72	5,61	5,79	5,34	5,72
Frankreich	5,32	5,70	5,76	6,00	6,20	6,49	6,55
Vereinigtes Königreich	6,10	5,51	5,40	5,86	6,14	6,32	6,45

1) Tschechische Republik2) bis 1990 Westdeutschland, ab 1992 Gesamtdeutschland
Quelle: FAO (Hrsg.): „FAO Yearbook, Production 1994", S. 66, Rom 1995, (verändert).

Rund zwei Drittel des Produktionswertes stammten aus der tierischen und der Rest aus der pflanzlichen Produktion. In der CSFR waren Milch (34 %), Schweinefleisch (25 %) und Rindfleisch (22 %) die wichtigsten Erzeugnisse aus der tierischen Produktion. Bei der pflanzlichen Erzeugung waren Getreide mit 45 % der Verkaufserlöse, Frischgemüse (12 %), Kartoffeln (9 %) und Ölsaaten (5 %) die wichtigsten Produkte.[195]

Ebenso wie in anderen Ländern des RGW wurden in der CSFR den Betrieben alle Vorleistungsgüter entsprechend dem nationalen Wirtschaftsplan zugeteilt. Die zugeteilten Produktionsmittel erfüllten nur unzureichend die Bedürfnisse der Betriebe, während andererseits die Produktionsvorgaben immer höher angesetzt wurden. Ähnlich wie im industriellen Bereich wurden die Produktionsziele, nach Maßgabe des nationalen ökonomischen Plans, entsprechend politischer Prioritäten festgesetzt, ohne wesentliche wirtschaftliche Notwendigkeiten oder die Nachfrage im Markt zu berücksichtigen. Die Erzeugnisse mußten an staatliche Einkaufsorganisationen geliefert werden, die das Monopol auf den Handel mit landwirtschaftlichen Produkten hatten.[196]

Im Vergleich mit den Agrarsektoren anderer RGW-Staaten war die tschechoslowakische Landwirtschaft erfolgreich. Die Versorgung der eigenen Bevölkerung mit Nahrungsmitteln war ohne größere Importe immer sichergestellt und stundenlanges Anstehen um Grundnahrungsmittel war in der CSFR unbekannt. Dies war vor allem

---

[195] Ebenda.

[196] OHNE NAMEN: „Input dearth hampers farming", in: East Europe Agriculture and Food (monthly), Sept. 1989, S. 12ff, Agra Europe Ltd., London.

das Ergebnis von besserer Verwaltung und Betriebsführung in den landwirtschaftlichen Produktionsbetrieben.[197] Die Agrarhandelsbilanz der CSFR wies in den meisten Jahren einen geringen negativen Saldo aus, der aber nicht jene Ausmaße annahm, wie dies in anderen Ländern innerhalb des RGW der Fall war.

Zusammenfassend läßt sich sagen, daß die CSFR einen der am höchsten zentralisierten Agrarsektoren im ehemaligen Ostblock hatte, wovon ein sehr hoher Anteil in Staatseigentum war. Die Produktionsziele, die Einsatzmenge an Vorleistungsgütern und die Preise für die Erzeugnisse, die an Staatsmonopole zu verkaufen waren, wurden bis ins Detail von den staatlichen Planungsbehörden festgelegt. Trotz dieser Widrigkeiten wurde in der CSFR sehr erfolgreich produziert, was auf ein vergleichsweise gutes Management zurückzuführen war.

5.2 Wirtschaftspolitische Reformen

5.2.1 Allgemeine Wirtschaftsreformen

Auch in der CSFR gab es schon vor 1989 Versuche, das wirtschaftliche System durch Anreize für die Arbeitnehmer und das Management zu reformieren. Nach Beendigung des Prager Frühlings durch die Invasion der Truppen des Warschauer Pakts im Spätsommer 1968, wurden diese Reformen nicht nur beendet, sondern man kehrte zum strikten Kommandosystem zurück. Dadurch wurde die CSFR einer der RGW-Staaten, die am engsten an den Prinzipien der Planwirtschaft geführt wurden. Das Wirtschaftssystem der CSFR blieb nach 1968 praktisch unverändert bis 1989.[198]

Die Novemberrevolution des Jahres 1989 veränderte die politische Lage in der CSFR völlig und bahnte den Weg für eine Folge von Reformen in der Wirtschaftsplanung. In der ersten Hälfte des Jahres 1990 widmete man sich der Diskussion über den besten Weg des Übergangs in ein marktwirtschaftliches System. Zentrale Ressourcenallokation und verpflichtende Produktionsziele wurden abgeschafft, was zu einer Destabilisierung der Beziehungen zwischen den Unternehmen führte, da freier Wettbewerb im Markt und sich am Markt bildende Preise fehlten. Als Folge der zunehmenden wirtschaftlichen Schwierigkeiten und der Weigerung vieler Manager, die notwendigen Umstrukturierungen vorzunehmen, mußte das Management in den meisten Unternehmen ausgewechselt werden. Der Versuch, durch eine Neubesetzung des Managements der Industrie die Wirtschaftsreformen durchzusetzen, wiederholte sich mehrmals im Jahre 1990, da kompetente Manager schwer zu finden waren. Der ständige Wechsel in den Chefetagen der Industrieunternehmen verunsicherte die Belegschaft und ihre Arbeitsmoral sank drastisch. Das Resultat war ein dramatischer Produktionsrückgang und ein Absinken der Produktivität. Die Füh-

---

[197] Ebenda.

[198] OHNE NAMEN: „Capitalism or bust", in: The Economist, 08.02.1992, S. 59, The Economist Newspaper Ltd., London.

rungskräfte im Agrarsektor wurden in dieser Zeit hingegen wenig oder gar nicht verändert.

Eine andere Quelle der Instabilität war die Auflösung des RGW. Die Lieferungen von Energie, Rohstoffen und Halbfertigwaren aus anderen ehemals sozialistischen Staaten sanken so stark, daß der Bedarf durch vergleichsweise teuere Importe aus anderen Ländern gedeckt werden mußte. Darüber hinaus mußten die Importe aus Drittländern auf Dollarbasis abgerechnet werden, ein System, zu dem auch die ehemaligen Partner des RGW sehr bald übergingen. Aufgrund der Zahlungsunfähigkeit der Handelspartner der CSFR, verringerten sich gleichzeitig die Verkäufe von tschechoslowakischen Produkten, sowohl im ehemaligen Ostblock, als auch in vielen Entwicklungsländern.[199]

Schließlich wurden 1991 grundlegende systematische Veränderungen in den wirtschaftlichen Rahmenbedingungen begonnen, mit dem erklärten Ziel des allmählichen Übergangs von einer Zentralplanungswirtschaft zur Marktwirtschaft. Dem Inkrafttreten des Umstrukturierungsprogramms ging eine Phase der Formulierung der grundlegenden Strategie der Umstrukturierung, sowie der Einigung auf vorbereitende Schritte und den Zeitpunkt des Programmbeginns voraus.[200] Die Reformen basierten insbesondere auf folgenden Punkten:

- -- Freigabe der Preise,
- -- gesamtwirtschaftlich vernünftige Geldpolitik,
- -- interne Konvertierbarkeit der tschechoslowakischen Krone,
- -- Liberalisierung des Handels (national und international),
- -- Privatisierung von Staatseigentum,
- -- förderliche Gesamtwirtschaftspolitik.

Mit Wirkung vom 1. Januar 1991 wurde die staatliche Festsetzung der Preise abgeschafft. Die Bildung von Preisen wurde der Wirkung von Angebot und Nachfrage im Markt überlassen. Preisbeschränkungen konnten aber dennoch vom Staat erlassen werden, wenn entweder aufgrund unvollständigen Wettbewerbs die freie Preisbildung gestört war oder wenn eine Krisensituation im Markt eingetreten wäre.

Die Freigabe der Preise ist von großer Bedeutung für die Wirtschaft. Vor den Reformen wurde die Industrie zu unrealistisch niedrigen Preisen mit Rohstoffen und Energie versorgt. Die Preise waren dabei nicht durch Angebot und Nachfrage, also die relative Knappheit der Ressourcen bestimmt, sondern durch politische Entscheidungen. Dies führte zum ineffizienten Einsatz der Rohstoffe und, wegen der periodisch auftretenden Versorgungsengpässe, zur Anlage von großen Rohstoffvorräten,

---

[199] LANDESMANN Michael und István SZÉKELY: „Industrial restructuring and reorientation of trade in Czechoslovakia, Hungary and Poland“, in: Discussion Paper No. 546, Centre for Economic Policy Research, London, 1991.

[200] OHNE NAMEN: „Transformation of the CSFR economy“, S. 1, Research Institute for Foreign Economic Relations, Prag, 1992.

welche nach dem Einsetzen der Transformation das in den Betrieben vorhandene Umlaufkapital unnötig erhöhten.

Allgemein zielte die Geldpolitik der CSFR auf eine Stabilisierung der Währung. Im einzelnen bedeutete dies eine dauerhafte Verringerung der Inflation auf ein niedriges Niveau, den Erhalt der Liquidität innerhalb des Finanzsystems und die Verhinderung zu starker Schwankungen der Wechselkurse gegenüber anderen Währungen. Eine restriktive Geldpolitik im Jahr 1991 sollte das Gesamtwachstum des inländischen Kreditvolumens unterhalb der Inflationsrate halten. Die Einführung neuer Bankgesetze und die strikte Geldpolitik sollten ein weiteres Ansteigen der Kredite der Unternehmen untereinander verhindern. Solche nicht realisierten Verbindlichkeiten zu anderen Unternehmen, ermöglichten vielen Verlust machenden Firmen das wirtschaftliche Überleben. Die Liquiditätsprobleme wurden durch neue Kredite finanziert.[201] Auch die Landmaschinenindustrie war von der strikteren Geldpolitik betroffen, da nicht bezahlte Lieferantenrechnungen in diesem Sektor an der Tagesordnung waren. In den folgenden Jahren verfolgte die Regierung eine im wesentlichen neutrale Geldpolitik, um sich die Möglichkeit offenzuhalten, auf aktuell auftretende Probleme prompt reagieren zu können. Die Währung der CSFR wurde intern konvertierbar gemacht, mit einer Bindung der Krone an einen Korb von fünf ausgewählten westlichen Währungen.

Auch der Außenhandel wurde 1992 liberalisiert und ist inzwischen zu einem normalen Bestandteil unternehmerischer Aktivität geworden. Der Staat kann im Moment nur durch Lizenzvergabe oder Zollbeschränkungen Einfluß auf den Außenhandel ausüben. Direkte Eingriffe über die ehemals monopolistischen, staatlichen Außenhandelsagenturen sind nicht mehr möglich. Wo also in der Vergangenheit sowohl die Einfuhr von Rohstoffen, als auch die Ausfuhr fertiger Waren in die Zuständigkeit der staatlichen Handelsagenturen fielen, sind sie jetzt Bestandteil eines jeden Unternehmens.

Die allgemeinen makroökonomischen Maßnahmen bestanden aus neuen Bankgesetzen, Reformen des Steuerwesens, strikter Geldpolitik und einer Unternehmensgesetzen. Viele dieser Gesetze sind westeuropäischen Standards angeglichen worden, da es das erklärte Ziel der CSFR ist, sobald als möglich ein Vollmitglied der EG zu werden.

5.2.2 Reformen der Agrarpolitik

Die politischen Entscheidungsträger in der ehemaligen CSFR erkannten schon relativ früh die systembedingten Schwächen einer zentralwirtschaftlich organisierten Landwirtschaft. Entsprechend gab es schon vor 1989 Versuche, die Probleme durch Reformen zu lösen. Die dabei ergriffenen Maßnahmen blieben aber innerhalb der vom System gesetzten Grenzen. Im Agrarsektor ebenso wie in anderen Bereichen

---

[201] OHNE NAMEN: „The end of the lending merry-go-round“, in: The Economist, 21.09.1991, Survey, S. 22, The Economist Newspaper Ltd., London.

der Wirtschaft wurden bis 1989 nur geringe Erfolge bei der Umstrukturierung erzielt.

Die tschechoslowakische Regierung entschied sich für eine raschere Vorgehensweise als die ungarische.[202] Mittel- bis langfristig ging man von Seiten der tschechischen Regierung davon aus, daß der Agrarsektor keine wesentlichen Exportüberschüsse erzielen, sich aber marktorientiert entwickeln und auf westeuropäischen Märkten konkurrenzfähig werden sollte. Daher zielte die Regierung darauf ab, ein Marktgleichgewicht im Inland herzustellen, ineffiziente Exporte von landwirtschaftlichen Gütern zu verringern sowie nicht mehr benötigte Nutzflächen für nicht landwirtschaftliche Zwecke umzuwidmen.[203]

Die Regierung ergriff folgende Maßnahmen: Im Jahr 1990 wurde die negative Umsatzsteuer auf Lebensmittel aufgehoben, welche die Nahrungsmittel für die Bevölkerung verbilligen sollte. Dementsprechend kam es nach ihrer Aufhebung zu einer ersten Verbraucherpreissteigerung und einer Verringerung des Verbrauchs. Zum 1. Januar 1991 wurden die Preise freigegeben. Die Auswirkungen dieser Maßname auf die Einkommenssituation der Bevölkerung und der Landwirtschaft wurden durch Subventionen an die Verbraucher und Beschränkung der Einfuhr einiger Produktgruppen, wie Fleisch, lebende Rinder und Schweine, abgemildert. Daneben wurde den landwirtschaftlichen Betrieben eine Reihe von Vergünstigungen gewährt. Dazu zählten Kreditverbilligungen, Exportsubventionen und mengenbezogene Zahlungen für Erzeugnisse, die auf dem heimischen Markt abgesetzt worden waren.

Die Handelspolitik der Tschechischen Republik war vor Beginn der Transformation durch sehr strikte Steuerung des Handels gekennzeichnet. Es wurden Lizenzen mit bestimmten Quoten an die staatlichen Handelsunternehmen ausgegeben, die genau vorschrieben, zu welchen Konditionen welche Erzeugnisse im- oder exportiert werden konnten. Zusammen mit der Zuteilung der nötigen Devisen durch den Staat und der Monopolstellung der Staatshandelsunternehmen war die Kontrolle damit vollständig, so daß die Zollsätze auf Einfuhren sehr gering gehalten werden konnten. Zum 1. Januar 1992 wurden für die gesamte ehemalige CSFR die staatlichen Handelsmonopole und -quoten aufgehoben und der internationale und inländische Handel liberalisiert. Daneben wurde die interne Konvertierbarkeit der tschechoslowakischen Krone eingeführt, was eine starke Abwertung derselben bewirkte. Die Reformen führten dazu, daß wesentlich mehr Unternehmen im Handel mit Agrar- und Vorleistungsgütern tätig wurden.[204]

Das neue Handelsregime basierte auf wesentlich höheren Zollsätzen - insbesondere bei landwirtschaftlichen Erzeugnissen. Es mußten zwar noch immer Lizenzen für Handelsaktivitäten erworben werden, deren Zuteilung erfolgte aber quasi automa-

---

[202] MARKS, H. F.: „Facing (...)", wie Anm. 195.

[203] OECD (Hrsg.): „Agricultural Policies, Markets and Trade, Monitoring and Outlook 1994", S. 46, CCET, Paris, 1994.

[204] MARKS, H. F.: „Facing (...)", wie Anm. 195.

tisch. Laut Aussagen der Regierung diente die Lizenzvergabe rein statistischen Zwecken. Die Handelsregelungen der Tschechischen und Slowakischen Republik sind denen der EU gegenüber Drittländern sehr ähnlich. Es zeigt sich wiederum, daß die Staaten Mittel- und Osteuropas durch eine Angleichung ihrer Wirtschaftspolitik versuchen, sich auf die angestrebte Mitgliedschaft in der EU vorzubereiten.

Die Handelspolitik dieser Länder gegenüber der EU wird gerade im landwirtschaftlichen Bereich von den sogenannten „Europa- bzw. Assoziierungsverträgen“ mit der EU bestimmt, die im Jahr 1991 ausgehandelt wurden. Die Verträge sehen höhere Einfuhrquoten sowie den stufenweisen und zugunsten der mittel- und osteuropäischen Staaten asymmetrischen Abbau von Zöllen und Abschöpfungen vor. Die Öffnung des EU-Marktes für Agrarprodukte der Vertragsländer ist dabei nur begrenzt gewährt worden.[205]

Im Jahr 1993 wurde der Export verschiedener landwirtschaftlicher Erzeugnisse (Butter, Milchpulver, Rindfleisch und Kartoffeln) subventioniert. Für einigen Produkte gab es andererseits Exportbeschränkungen mit dem Ziel, die Preise auf dem Inlandsmarkt nicht zu sehr ansteigen zu lassen. Darüber hinaus gab es - trotz der allgemeinen Harmonisierung der Zolltarife mit den entsprechenden EU-Richtlinien - zusätzliche Abgaben auf Einfuhren, wie für lebende Schlachtrinder, Schafe und Ziegen, verschiedene Fleischarten, Butter, Kartoffeln, Trauben, Sonnenblumen und Rapsöl. Diese Abgaben wurden auf einen Schwellenpreis bezogen, der sich an den geschätzten durchschnittlichen Produktionskosten für das jeweilige Produkt in der Tschechischen Republik orientierte.[206]

Im Budget der Tschechischen Republik wurden 1994 5,1 Mrd. Csk (Tschechische Kronen) als Subventionen für den Agrarsektor vorgesehen. Davon sollten im Rahmen des sogenannten „tschechischen Hilfs- und Garantiefonds für Land- und Forstwirtschaft“ 3,5 Mrd. Csk für Investitionen genutzt werden; diese Mittel konnten auch für den Landankauf verwendet werden. Von den verbleibenden 1,6 Mrd. Csk waren 1,2 Mrd. Csk für Umweltschutzzwecke und 0,4 Mrd. Csk für die Verbesserung der Infrastruktur vorgesehen. Zusätzlich waren 1,9 Mrd. Csk für die Regelung von Bodenrestitutionsansprüchen eingeplant.[207]

Beim tschechischen Hilfs- und Garantiefonds für Land- und Forstwirtschaft handelte es sich um eine staatliche Einrichtung, die im Januar 1994 geschaffen wurde. Der

---

[205] Für die genauen Vertragsbestimmungen und die Höhe der einzelnen Kontingente wird verwiesen auf:
OHNE NAMEN: „Europaverträge mit Polen, Ungarn und der Tschechoslowakei paraphiert“, in: Agra-Europe Nr. 50/91, Europanachrichten S. 2, Amtsblatt der Europäischen Gemeinschaften L 114 und L 115, beide 30. April 1992;
OHNE NAMEN: „EG-Abkommen mit Polen, Ungarn und der CSFR“, Ausgabe 1992, Serviceinformationen der Handelskammer Hamburg; sowie
VOLKART, Vincent: „Auflösung des RGW und schrittweise Annäherung Mittel- und Osteuropas an die EG“, Osteuropa-Institut München, Mai 1992

[206] OECD (Hrsg.): „Agricultural (...)“, S. 57, wie Anm. 204.

[207] Ebenda, S. 54.

Fonds sollte die Verteilung öffentlicher Mittel an den Agrarsektor effizienter machen, als dies zwischen 1991 und 1993 der Fall gewesen war. In dieser Zeit wurden staatliche Mittel über die Verwaltungsorgane an die Landwirtschaft verteilt. Am Fonds waren die Ministerien für Landwirtschaft und für Finanzen, die Landwirtschaftskammer, die „Agrobank" sowie ein Maklerunternehmen beteiligt. Die Finanzierung des Fonds setzte sich aus 3,5 Mrd. Csk des Agrarhaushalts der Tschechischen Republik sowie Aktienanteilen von privatisierten Unternehmen der Nahrungsmittelindustrie zusammen. Diese Aktien waren Teil der 20 % jener Aktien, welche der tschechische Staat bei der Kuponprivatisierung zurückbehalten hatte. Der Fonds sollte neben der erhofften Effizienzsteigerung bei der Mittelverteilung zwei wesentliche Ziele verfolgen: Erstens sollte er die Landwirte daran hindern, sich direkt beim Staat um Subventionen zu bemühen und zweitens sollte er die ökonomische Selbständigkeit der landwirtschaftlichen Unternehmen erhöhen. Landwirte konnten durch den Fonds Unterstützung in drei Formen erhalten. Entweder sie erhielten eine Kreditbürgschaft, eine Zinsverbilligung oder ein Mischung von beidem. Dabei sollte der Fonds bis zu 80 % der Kreditsumme verbürgen, während der Rest vom Landwirt selbst zu tragen war.[208]

Neben dem Hilfs- und Garantiefonds wurde ein sogenannter „Staatsfonds zur Marktregulierung" (FMR) geschaffen. Dieser sollte der Regierung Eingriffe in den Markt ermöglichen, um ein Gleichgewicht zwischen Angebot und Nachfrage von landwirtschaftlichen Massengütern sicherzustellen. In den Jahren 1991 und 1992 wurden die meisten Mittel des FMR als Exportsubventionen verwendet, wobei etwa ein Drittel der ausgegebenen Gelder direkt an die Erzeuger ging. Im einzelnen wurden 1991 5,22 Mrd. Csk und 1992 4,37 Mrd. Csk aufgewendet. Wie Erfahrungen aus anderen OECD-Ländern zeigen, verursachen derartige Markteingriffe erhebliche Kosten, führen mittelfristig zu einer Verzerrung des Marktes und zu Fehlallokationen von Ressourcen. Hier zeigt sich eine gewisse Widersprüchlichkeit der tschechischen Agrarpolitik, die einerseits die Umstrukturierung der Landwirtschaft hin zu Marktorientierung und internationaler Konkurrenzfähigkeit anstrebt, andererseits jedoch erhebliche Eingriffe in das Marktgeschehen vornimmt. Angesichts der von der Tschechischen Republik angestrebten Mitgliedschaft in der Europäischen Union, scheint die Regierung ihre Agrarpolitik schon frühzeitig auf das EU-System auszurichten, damit der Agrarsektor in den Beitrittsverhandlungen möglichst unproblematisch ist.

Ein weiteres Zeichen für die Annäherung der tschechischen Agrarpolitik an das europäische System ist die Einführung von garantierten Mindestpreisen für eine begrenzte Menge bestimmter Erzeugnisse, welche auch durch Exportsubventionen gefördert werden. Obwohl nur eine Entlastung des inländischen Marktes beabsichtigt war, entwickelte sich dieses Instrument derart, daß die Garantiepreise den Inlandspreis determinieren. 1991 galten garantierte Mindestpreise für Milch, Schlachtrinder und Mahlweizen. Ab 1993 wurde dieses System auf Schlachtschweine und Speisekartoffeln ausgeweitet.

---

[208] Ebenda, S. 55.

Allgemein läßt sich feststellen, daß Anzahl und Umfang der direkten Subventionen an die tschechische Landwirtschaft sich seit 1990 deutlich verringert haben. Die gewährten Investitionssubventionen wurden bis etwa 1992 als Zuschuß, bis 1994 als zinsloses Darlehen und ab 1994 als Zinsverbilligung für Bankkredite gezahlt. Zu Beginn der Transformation wurden Subventionen wie Preisstützung und Exportsubventionen stark verringert, was als positiver Schritt auf dem Weg zu einer marktorientierten Landwirtschaft gewertet werden muß. In den Jahren 1993 und 1994 war aber ein Trend zu produktionsbezogenen Subventionen zu erkennen, die den sich entwickelnden Markt verzerren.

1992 betrugen die Subventionen an die Landwirtschaft nominal noch etwa 40 % der Subventionen des Jahres 1989, während sie real auf 24 % gesunken waren. Davon wurden 1991 rund 34 % für Zwecke der Umstrukturierung ausgegeben, 31 % für den Umweltschutz und andere nicht produktionsfördernde Maßnahmen. Im selben Jahr erhielten private Landwirte 19 % der gesamtem Mittel, wobei die Förderungsrichtlinien nicht sicherstellen konnten, daß die Gelder der wirtschaftlich besten Verwendung zugeführt wurden. Nach einer Verschärfung der Richtlinien für die Vergabe gingen 1992 bereits 37 % der Mittel an private Landwirte. Diese Anteilssteigerung wird relativiert, wenn man berücksichtigt, daß die Subventionen für Umstrukturierungsmaßnahmen 1992 auf 8,8 % sanken und auch die Ausgaben für den Umweltschutz und andere nicht produktive Maßnahmen deutlich zurückgingen. Diese Entwicklung setzte sich auch 1993 weiter fort. 1993 und 1994 wurde keine direkte Einkommensstützung durchgeführt. Daneben gab es Pläne für Flächenstillegungs- und Extensivierungsprogramme.

Bei der Einführung der Konkurs- und Bankrottgesetzgebung im Jahr 1993 wurden der Landwirtschaft Sonderregelungen eingeräumt. So war es zwischen dem 1. April und dem 1. Oktober untersagt, gegen landwirtschaftliche Betriebe Konkursverfahren einzuleiten, was in erster Linie Staats- und Genossenschaftsbetrieben zugute kam. Für Privatbetriebe wurden Konkursverfahren bis zum Januar 1995 aufgeschoben. Mit diesen Ausnahmeregelungen für den Agrarsektor wollte man zum einen eine Kettenreaktion von Konkursfällen verhindern, zum anderen war man auf Seiten des tschechischen Landwirtschaftsministeriums der Ansicht, daß der Agrarsektor ein Nettokreditgeber für die übrige Wirtschaft ist. Der Konkurs großer Teile der landwirtschaftlichen Betriebe hätte daher negative Auswirkungen auf die gesamte Wirtschaft gehabt.[209]

Die Maßnahmen zur Umstrukturierung der Wirtschaft im allgemeinen und der Landwirtschaft im besonderen führten zu einer schweren Rezession im Agrarsektor der beiden Teile der ehemaligen CSFR. Kennzeichen dafür sind eine stark zurückgehende Nahrungsmittelnachfrage und Liquiditätsschwierigkeiten der Betriebe. Die ungünstigen Rahmenbedingungen haben es zeitweise selbst für die am besten geführten Unternehmen unmöglich gemacht, ein positives Ergebnis zu erzielen. Einige

---

[209] Ebenda.

statistische Zahlen über die Preisentwicklung in der tschechoslowakischen Landwirtschaft machen dies sehr deutlich. Während die Preise für Vorleistungsgüter von 1989 bis Mitte 1992 um 200 % anstiegen, blieben die Erzeugerpreise für landwirtschaftliche Produkte praktisch unverändert. Ein Rückgang der Absatzmenge von 25 % war allein zwischen 1990 und 1991 zu verzeichnen. Die gesamten Kosten der Produktion waren dementsprechend beträchtlich höher als die Summe der Verkaufserlöse, und die Gewinnsituation hat sich extrem verschlechtert.[210]

Der tschechoslowakischen Bundesvereinigung der Genossenschaftslandwirte zufolge wirtschafteten etwa 87 % der Staatsbetriebe und 73 % der Genossenschaftsbetriebe im Jahr 1991 mit Verlust. Viele Betriebsleiter waren unfähig, mit den Schwierigkeiten fertig zu werden, obwohl der Agrarsektor des Landes 1991 Subventionen in Höhe von 22 Mrd. Kronen erhalten hatte.[211] Das gesamtwirtschaftliche Ergebnis des Agrarsektors verschlechterte sich erheblich. Schätzungen besagen, daß sich die Verluste des tschechischen Agrarsektors 1991 auf 8,6 Mrd. Csk, 1992 auf 11,7 Mrd. Csk und 1993 auf 8,0 Mrd. Csk beliefen. Die negative Ertragslage in den Betrieben des Agrarsektors, verbunden mit einem Mangel an Liquidität führte dazu, daß zur Modernisierung und Umstrukturierung notwendiges Kapital fehlt. Die Bedeutung des Agrarsektors für die Gesamtwirtschaft ging stetig zurück, so daß 1993 sein Anteil am Brutto-Inlandsprodukt nur noch 5 %, an den Beschäftigten nur 6,5 % betrug. Allein im ersten Jahr der Eigenstaatlichkeit (1993) ging der Arbeitskräfteeinsatz um 20 % zurück. Hauptgrund dafür war eine stark verminderte Produktion, insbesondere im tierischen Bereich, und die damit verbundene Freisetzung von Arbeitskräften.[212]

Nach der Trennung der tschechischen und slowakischen Gebiete und der Bildung souveräner Nationalstaaten war ein Auseinanderdriften der Entwicklung abzusehen. Durch die Wahlen 1992 ging die Macht über die tschechischen Landesteile an eine Koalitionsregierung aus „Tschechischer Bürgerlich-Demokratischer Partei“ (CDP) und den „Christdemokraten“ (CCP). Die über die slowakischen Gebiete an die „Bewegung für eine demokratische Slowakei“. Diese Parteien bildeten auch die ersten Regierungen für die Teilstaaten nach dem Ende der Föderation beider Länder, welche zum 1. Januar 1993 rechtskräftig wurde.

Für die Tschechische Republik schienen die Richtlinien der Wirtschaftspolitik klar zu sein. Die begonnen Reformen sollten konsequent fortgeführt werden und die Umstrukturierung der tschechischen Landwirtschaft sollte nach Möglichkeit beschleunigt werden. Als Grundaufgabe der Agrarpolitik wurde angesehen, die Eigentumsformen unabhängig von den Formen des Managements zu halten. Wenn jedes Stück Land einen privaten Eigentümer habe, sei es gleichgültig, ob es in einer Ge-

---

210 OHNE NAMEN: „Unprofitability of Czechoslovak farm production“, in: East Europe Agriculture and Food (monthly), June 1992, S. 24, Agra Europe Ltd., London.

211 OHNE NAMEN: „Large losses in Czechoslovak farming in 1991“, in: East Europe Agriculture and Food (monthly), April 1992, S. 23, Agra Europe Ltd., London.

212 OECD (Hrsg.): „Agricultural (...)“, S. 46, wie Anm. 204.

nossenschaft, einem Familienbetrieb, einer Aktiengesellschaft oder einer anderen Rechtsform bewirtschaftet werde. Der anfallende Gewinn werde dann das einzige Kriterium für wirtschaftlichen Erfolg sein und die Eigentümer würden über die beste Form des Managements selbst entscheiden.[213]

Es war geplant, daß der tschechische Staat nur geringen Einfluß auf den Agrarsektor ausüben und noch existierende protektionistische Maßnahmen auf ein Niveau reduziert werden sollte, das auch in anderen Ländern üblich ist. Die Subventionspolitik steht noch zur Diskussion, aber es herrscht bereits Einigkeit darüber, daß alle Subventionen auf einen Strukturwandel in der Landwirtschaft hinwirken sollten.[214]

Hingegen wird in der Slowakei ein weniger radikales Reformprogramm verfolgt, was mit der wesentlich schlechteren Wirtschaftsstruktur und -lage als in der Tschechischen Republik begründet wird. Die Arbeitslosigkeit ist viel höher als in der Tschechischen Republik (1992 etwa 11,3 % in der Slowakei, 2,9 % in der Tschechischen Republik) und die industrielle Struktur vergleichsweise schlecht. 1992 wurden etwa 74 % des Bruttoinlandprodukts der ehemaligen CSFR in den tschechischen Teilen und nur 24 % in den slowakischen Teilen erwirtschaftet, während sich die Bevölkerung im Verhältnis zwei zu eins aufteilte. Dies hat Rückwirkungen auf die Investitionsbereitschaft ausländischer Anleger. So wurde bis Ende 1992 in die Tschechische Republik fast viermal mehr westliches Kapital investiert als in die Slowakei. Manche slowakische Politiker fürchten auch, es komme zu Unruhen in der Bevölkerung, wenn die Reformen zu schnell und zu weit voranschreiten.

Zwar besteht kein Anlaß, um die Versorgung der Bevölkerung mit heimischen Grundnahrungsmitteln zu fürchten, aber die natürlichen Gegebenheiten für die Landwirtschaft in der Slowakei sind bedeutend ungünstiger als in der Tschechischen Republik. Große Teile der Slowakei sind bergiges oder bewaldetes Land und die Produktionskosten liegen im allgemeinen höher als in der Tschechischen Republik. Die slowakischen Politiker streben ein höheres Maß der Protektion zum Schutz der Genossenschaftsbetriebe an. Was den Ackerbau angeht ist die Slowakei auf die Lieferung von Ersatzteilen, Chemikalien und Saatgut aus der Tschechischen Republik angewiesen. Die Tschechische Republik importiert im Gegenzug Obst, Gemüse und Getreide aus der Slowakei, während Kartoffeln, Braugerste und Hopfen in die Slowakei exportiert werden.[215]

Über den Fortschritt der Privatisierung in den slowakischen Teilen der ehemaligen CSFR waren nur sehr wenige Informationen erhältlich. Es zeichnen sich aber gewisse Änderungen in den Landreform- und Privatisierungsgesetzen für landwirtschaftliche Betriebe ab. Anders als in der Tschechischen Republik, wo die Anteile der Landeigentümer an den Genossenschaftsbetrieben entweder durch Land oder Bar-

---

213 OHNE NAMEN: „Implications of Czecho-slovak 'divorce' for agriculture", in: East Europe Agriculture and Food (monthly), July 1992, S. 20-22, Agra Europe Ltd., London.

214 Ebenda.

215 Ebenda.

geld abgegolten werden, sollen die Anteile in der Slowakei als Gutscheine verkauft werden, was den Genossenschaften erhebliche Einsparungen an Land und/oder liquiden Zahlungsmitteln bringen würde. Dies würde die existierenden Genossenschaften begünstigen. Daneben gibt es Bestrebungen, Personen mit Rechtsansprüchen auf Reprivatisierung von Land ihre Ansprüche abzuerkennen, sofern sie nicht direkt an den Arbeitsprozessen der Genossenschaften teilnehmen. Solche Bestrebungen werden auf tschechischer Seite als hinderlich für die Reformen und das alte System konservierend angesehen.

In der Slowakei hatte man die Absicht, ein staatliches Weizenmonopol einzurichten. Der slowakische Landwirtschaftsminister äußerte im Juli 1992, ein solches Monopol sei unabdingbar zur Sicherung der Nahrungsversorgung der Bevölkerung, da durch unkontrollierten Wettbewerb in den Jahren 1990 und 1991 die Versorgung mit diesem wichtigen Massengut gefährdet gewesen sei. Die agrarpolitischen Reformen in der Slowakei können als sehr verhalten und vorsichtig bezeichnet werden, mit einem allgemeinen Trend zu staatlichen Eingriffen in den Markt und einer Konservierung der „alten“ Betriebs- und Eigentumsstrukturen. Dies steht in klarem Widerspruch zu der Politik in der Tschechischen Republik.

5.3 Veränderungen der Eigentumsrechte in der tschechischen Landwirtschaft

5.3.1 Veränderungen der Eigentumsrechte vor 1991

Die ehemalige Tschechoslowakische Republik hatte bereits nach dem Ende des ersten Weltkrieges mit Landreformen und der Einführung von Obergrenzen für Landbesitz begonnen, welche die aus den Zeiten des Habsburgerreiches übernommene Eigentumsstruktur reformieren sollten. Ein erstes Rahmengesetz zur Bodenfrage, welches von den tschechoslowakischen Agrariern und Sozialdemokraten initiiert worden war, wurde am 16. April 1919 verabschiedet. Es begrenzte das Eigentum an landwirtschaftlichen Nutzflächen auf 150 ha und das anderer Flächen auf 250 ha. Flächen, die über dieser Grenze lagen, wurden enteignet. Davon waren vor allem der tschechische und deutschstämmige Adel, die Kirchen und andere Großgrundbesitzer betroffen.[216] Ein zweites wichtiges Gesetz in diesem Zusammenhang war das Gesetz über die Errichtung eines Bodenamtes. Dieses Gesetz regelte nicht nur die Katastrierung des Bodens, sondern auch das Prozedere der Verteilung des frei gewordenen Landes. Der Boden wurde an Landlose und Kleinbauern verteilt, wobei das Gesetz nationale Minderheiten (Deutsche, Polen, Ungarn) vom Kreis der Begünstigten ausschloß. Tschechische Interessen wurden damit eindeutig bevor-

[216] In den ersten Jahren des dreißigjährigen Krieges war es zu Konflikten des tschechischen Adels mit den Habsburgern gekommen, die nach der „Schlacht am Weißen Berg“ im Jahr 1620 zur Enteignung großer Teile des tschechischen Adels führten. Die Besitzungen wurden in der Folge an habsbrugtreue, deutschstämmige Adelige verteilt. Mit der Bodenreform von 1919 sollte das „Unrecht von 1620“ revidiert werden.

zugt.[217] Die Eigentumsstruktur blieb im weiteren von tschechischer Seite aus bis zum Beginn des Jahres 1945 im wesentlichen unverändert und entsprach damit ungefähr der anderer Länder in Westeuropa.

Mit der Befreiung von der deutschen Besatzung begann für die deutschstämmigen Bevölkerungsteile und für die ungarische Minderheit (aufgrund des ungarisch-deutschen Bündnisses während des Krieges) eine Zeit der Repression, die Enteignungen großen Umfangs beinhalteten. So bestimmte ein Präsidialdekret - eines der sogenannten „Beneš-Dekrete" - vom 16. Mai 1945, daß das gesamte Vermögen der Deutschen und Ungarn auf dem Gebiet der Tschechoslowakischen Republik unter staatliche Verwaltung zu nehmen sei. Eine Ergänzung dieses Dekrets vom 21. Juni 1945 bestimmte die entschädigungslose Enteignung sämtlichen landwirtschaftlichen Bodens beider Volksgruppen zugunsten des Staates. Etwa 1,65 Mio. ha landwirtschaftliche Nutzfläche und 1,3 Mio. ha Wald waren von dieser Maßnahme betroffen, welche vor allem in den grenznahen Gebieten der Republik lagen.[218] Der Boden wurde anschließend an tschechische Siedler aus dem Binnenland verteilt. Der damalige Landwirtschaftsminister Duriš nutzte diese Maßnahme geschickt aus, um damit für seine Partei (die Kommunistische Partei der Tschechoslowakei) Wahlwerbung zu betreiben.[219] Bis 1946 wanderten etwa 1,8 Mio. Tschechen aus dem Binnenland in die ehemaligen Sudetengebiete ein, die durch die Vertreibungspolitik weitgehend entleert worden waren.

Die Vertreibung der deutschstämmigen Bevölkerung mag aufgrund der Kriegsereignisse menschlich verständlich sein, kann rechtlich jedoch nicht begründet werden. Bei den Deutschen in der Tschechoslowakei handelte es sich um tschechische Staatsbürger. Die einzige rechtliche Grundlage dies zu bezweifeln, wäre das Münchener Abkommen von 1938 gewesen, welches die Sudetendeutschen zu Bürgern des deutschen Reiches machte. Die Rechtmäßigkeit dieses Abkommens ist von der Tschechoslowakei 1938 nur unter massivem Druck anerkannt worden. Nach 1945 wurde es von der CSFR, der DDR und der Bundesrepublik als Rechtsnachfolgern des Deutschen Reiches sowie auch von den Siegermächten als unrechtmäßig betrachtet und seine Bestimmungen als nichtig angesehen.

Die Angehörigen der sudetendeutschen Minderheit waren demnach völkerrechtlich gesehen tschechoslowakische Staatsbürger. Für diese Auffassung spricht auch, daß sudetendeutsche Kriegsgefangene nach Kriegsende von den Siegermächten an die Tschechoslowakei überstellt wurden. Dementsprechend handelte es sich bei der Vertreibung der deutschsprachigen Minderheit und ihrer Enteignung um einen klaren Rechtsbruch. Dennoch wurden nach dem Ende der sozialistischen Herrschaft die Ereignisse vor dem 1. Februar 1948 als rechtmäßig erachtet. Die Beneš-Dekrete, welche die Grundlage für die Vertreibung bildeten, wurden nicht angetastet.

---

[217] HOENSCH, Jörg K.: „Die Geschichte der Tschechoslowakischen Republik 1918-1978", S. 38, 2. Aufl., Stuttgart u.a., 1978.

[218] Ebenda, S. 116.

[219] Ebenda.

Mitte 1947 gelang es den Kommunisten, eine weitere Verringerung der maximal erlaubten Fläche landwirtschaftlicher Betriebe durchzusetzen. Die vorher bei 150 ha LN liegende Grenze wurde auf 50 ha gesenkt, wodurch weitere 940 000 ha zur Enteignung und Umverteilung anstanden. Diese Maßnahme betraf die wirtschaftlich leistungsfähigsten Betriebe und trug, zusammen mit der Vertreibung der deutschstämmigen Landwirte, erheblich zur Nahrungsmittelkrise des Jahres 1947 bei.

Nach der kommunistischen Machtergreifung am 1. Februar 1948 wurde versucht, das sowjetische Modell auf die Agrarwirtschaft des Landes zu übertragen. Zunächst wurden relativ kleine Produktionsgenossenschaften (mit durchschnittlich etwa 500 ha) auf der Basis einzelner Dörfer gegründet. Dabei wurden die Bauern zu Beginn (etwa bis 1949) durch Überzeugungsarbeit bewogen, in die Kollektive einzutreten und ihren Besitz einzubringen. In marginalen Zonen und den ehemals deutschsprachigen Gebieten war der Kollektivierung ein größerer Erfolg beschieden, da die Neusiedler größeren Nutzen von den Genossenschaften erwarteten. Daneben wurde in diesen Gebieten von Beginn an ein höherer Anteil an Staatsgütern gebildet. Trotz anders lautender Äußerungen der damaligen politischen Führung war mit der Kollektivierung spätestens ab 1949 ein erheblicher sozialer und politischer Zwang verbunden.

Ein drastischer Rückgang der landwirtschaftlichen Produktion veranlaßte die Regierung 1951, den Druck zur Kollektivierung zu verringern, nur um im folgenden Jahr eine wiederum verstärkte Kampagne zu beginnen. Auch auf die Kampagne des Jahres 1952 reagierten die Landwirte mit Produktionsverweigerungen, die soweit führten, daß die politische Führung ab Juni 1953 die Möglichkeit schuf, aus bereits bestehenden Kollektiven auszutreten. Eine klimatisch bedingte Mißernte im Jahr 1952 bewirkte eine zusätzliche Verschärfung der Situation. Viele Landwirte machten von der Möglichkeit des Austritts Gebrauch. Eine ausgeprägte Neigung der Landwirte, ihr Eigentum in die Kollektive einzubringen und gemeinsam zu bewirtschaften, war bei der Mehrheit der Bauern nicht gegeben. Hinzu kam, daß, wie in allen sozialistischen Ländern so auch in der CSFR, in den ersten Kollektivierungskampagnen der Fehler gemacht wurde, die Kollektivierung zu wenig mit Investitionen, Maschinenlieferungen und flankierenden sozialen Maßnahmen zu unterstützen.

In den Staaten Mittel- und Osteuropas mag auch eine gewisse politische Unsicherheit mit ein Beweggrund der Landwirte gewesen sein, sich an der Kollektivierung nur sehr zurückhaltend zu beteiligen. Kurz nach der Gründung der sozialistischen Volksdemokratien mögen manche vielleicht darauf gehofft haben, die sozialistischen Regime würden sich nicht halten können und man könne einer Kollektivierung entgehen. Spätestens nachdem der Tod Stalins, Anfang März 1953, keine wesentlichen politischen Veränderungen für die Staaten Mittel- und Osteuropas gebracht hatte und die Volksaufstände dieser Jahre blutig niedergeschlagen waren (1953 in der DDR, 1956 in Ungarn und Polen), mußte jedem Beobachter klar sein, daß das System auf absehbare Zeit erhalten bleiben würde. Damit mußte auch die

Hoffnung auf ein baldiges Ende der Kollektivierung oder deren Revidierung aufgegeben werden.

Erst im Jahr 1955 war die Situation der Regierung in der CSSR soweit gesichert, daß mit einer neuen Kollektivierungskampagne begonnen werden konnte. In dieser Phase wurde die Kollektivierung durch die bevorzugte Lieferung von Maschinen und anderen Vorleistungsgütern sowie vermehrte staatliche Investitionen und die Schaffung von Sozialversicherungen für die Landwirte gefördert. Wie in der Sowjetunion wurden Maschinen- und Traktorenstationen gegründet (MTS), die jedoch bereits 1959 wegen mangelnder Effizienz und organisatorischer Probleme wieder aufgelöst wurden. Die Maschinen wurden dabei den Kollektiven überlassen. Nach Angaben der damaligen politischen Führung waren Anfang 1959 80 % der landwirtschaftlichen Nutzfläche in kollektiver Bewirtschaftung und Ende 1960 bereits über 90 %.[220] Trotz der Erfolge in der Kollektivierung, blieb die Produktionsleistung des landwirtschaftlichen Sektors eher unter seinen natürlichen Möglichkeiten. Während die Tschechoslowakei zwischen den Weltkriegen in den meisten Jahren ein Nettoexporteur von Lebensmitteln war, mußte in der Zeit von der Kollektivierung der Landwirtschaft bis in die späten siebziger Jahre regelmäßig etwa ein Drittel des Bedarfs eingeführt werden. In Jahren besonders niedriger inländischer Produktion kam es zu erheblichen Versorgungsmängeln und das obwohl durch die Kriegstoten und die Vertreibung der deutsch- und ungarischstämmigen Minderheiten die Bevölkerungszahl der CSFR um etwa ein Drittel geringer war als vor dem zweiten Weltkrieg.

In den siebziger Jahren kam es zu einer von der politischen Führung initiierten Konzentrationswelle im kollektiven Sektor der Landwirtschaft, in der mehrere Dörfer zu Großkollektiven zusammengeschlossen wurden. Daß diese Konzentration von staatlicher Seite ausging und nicht von den Genossenschaftsmitgliedern, denen eine derartige Initiative eigentlich rechtlich zugestanden hätte, ist bezeichnend für den de facto geringen Einfluß der Genossenschaftsmitglieder auf die Entscheidungsprozesse in den LPGen. Am Ende dieser Konzentration umfaßte eine LPG durchschnittlich etwa 2 500 ha. Bis zum Ende der achtziger Jahre wurden etwa 62 % der landwirtschaftliche Nutzfläche von LPGen und 25 % von Staatsgütern bewirtschaftet.[221]

Die Bildung von Großkollektiven bildete einen weiteren Schritt bei der Verlagerung der Eigentums- und Verfügungsrechte. Bei den auf ein Dorf begrenzten Kollektiven der Anfangsjahre stammten die Genossenschaftsvorsitzenden meist aus den dörflichen Eliten und unterlagen aufgrund ihrer Herkunft einer gewissen sozialen Kontrolle und Einflußnahme der LPG-Mitglieder und damit der Boden- und Inventareigentümer. Die Bildung von Großkollektiven in den 70'er Jahren bewirkte einen Wechsel in der Führung und eine Verlagerung der Eigentums- und Verfügungsrechte, weg von der dörflichen Gemeinschaft, hin zur LPG-Zentrale. Gleichzeitig vollzog sich ein Generationswechsel der Führungskader. Die dörflichen Eliten, die ihre

---

220 Ebenda, S. 140.

221 OECD (Hrsg.): „Review (...): Czech Republic", S. 35, wie Anm. 12.

Ausbildung noch in vor-sozialistischer Zeit erhalten hatten, wurden durch häufig Ortsfremde abgelöst, die ihre Ausbildung bereits im Sozialismus erhalten hatten und ihr berufliches Fortkommen mit dem Erhalt des sozialistischen Systems verbanden. Die Einflußnahme der Boden- und Inventareinbringer auf die Betriebe verringerte sich damit weiter.

Im Gegensatz zu Ungarn waren die Leitungskader landwirtschaftlicher Großbetriebe in der CSSR weit weniger autonom. Die zentrale Wirtschaftsplanung wurde in der CSSR auch in der Landwirtschaft sehr strikt eingehalten. Es gab keine Möglichkeit, sich die Vorleistungsgüter anders als über Zuteilung durch den zentralen Plan zu besorgen, geschweige denn selbständig in Handelsbeziehungen zu westlichen Unternehmen zu treten. Die Planerfüllung wurde streng überwacht. Bei Planüberfüllung konnten die Erzeugnisse ausschließlich über die staatlichen Aufkaufstellen abgesetzt werden. Kleine Privatbetriebe und das erfolgreiche Nebeneinander privater Kleinbetriebe und vergesellschafteter Großbetriebe existierte in der Tschechoslowakischen Republik praktisch nicht. Die zur privaten Nutzung zur Verfügung stehenden Kleinparzellen dienten fast ausschließlich der Subsistenz. Von einer Entwicklung der Führungskader zu den eigentlich Verfügungsberechtigten über die Produktionsfaktoren, wie dies in Ungarn zu beobachten war, kann nicht die Rede sein.

Der Weg der Kollektivierung der Landwirtschaft verlief in der CSFR in mehreren Wellen, wobei zu Beginn die Freiwilligkeit im Vordergrund stand, während später immer mehr Druck ausgeübt wurde. Ähnlich wie in anderen Ländern Mittel- und Osteuropas wurden die LPGen zunächst als Typ I oder II gegründet, in denen noch eine weitgehende Ausübung der Eigentums- und Verfügungsrechte durch die Eigentümer gegeben war. Mit dem Übergang zu Typ III und IV wurde die Ausübung dieser Rechte schrittweise eingeschränkt. Die Übertragung der Eigentumsrechte und vor allem der Nutzungsrechte kam in den späteren Jahren einer Enteignung gleich, obwohl auch in der CSFR die LPG-Mitglieder de jure Eigentümer ihres Vermögens blieben.

5.3.2 Maßnahmen zur Privatisierung der Wirtschaft ab 1991

Die Ablösung der sozialistischen Regierung erfolgte in der CSFR später als in anderen Ländern, so daß erst 1991 verschiedene Gesetze in Kraft traten, welche die gesamte Wirtschaft und somit auch den Agrarsektor privatisieren bzw. umstrukturieren sollten.[222] Ähnlich wie in anderen Ländern Mittel- und Osteuropas verfolgte die tschechische Regierung mit diesen Gesetzen mehrere Ziele. Erstens sollte möglichst viel Privateigentum in kurzer Zeit geschaffen und das Eigentum möglichst breit gestreut werden. Zweitens sollten unrechtmäßige Enteignungen aus der sozialistischen Periode wiedergutgemacht werden. Drittens sollte durch die Privatisierung ein wettbewerbsfähiger Agrarsektor geschaffen werden, der in der Lage sein sollte, die Selbstversorgung der tschechischen Bevölkerung mit den wichtigsten Grundnah-

[222] Ebenda, S. 51-52.

rungsmitteln sicherzustellen und zur Bewahrung und Entwicklung der ländlichen Räume beizutragen. Im einzelnen wurden mehrere Gesetze erlassen, die sich in die Bereiche RESTITUTION, ENTSCHÄDIGUNG, TRANSFORMATION und PRIVATISIERUNG gliedern lassen.

Bei genauerer Betrachtung führt die gleichzeitige Verfolgung dieser drei Ziele zu erheblichen Konflikten. Die Schaffung eines hohen Anteils an Privateigentum erfordert die Entwicklung konsistenter Gesetze, die zügig in die Praxis umgesetzt werden können. Neben den mehr technischen Problemen, daß eine derart umfangreiche Privatisierung ohne Beispiel in der Geschichte war, somit nicht auf Vorbilder zurückgegriffen werden konnte und für die Durchführung vorhandene Verwaltungsressourcen nicht ausreichten, ergibt sich das grundsätzliche Problem, daß eine rasche Privatisierung einer Wiedergutmachung geschehenen Unrechts widerspricht. Die Privatisierung setzt voraus, daß keine Entschädigungsansprüche auf das zu privatisierende Eigentum bestehen. Dies läßt zwei Möglichkeiten offen: Entweder entkoppelt man die Entschädigung von der Privatisierung, das heißt man entschädigt über andere Mechanismen - zum Beispiel Zahlungen aus dem Staatshaushalt - oder man wickelt die Entschädigung vor einer Privatisierung ab. Angesichts der juristisch wie praktisch komplexen Sachverhalte bezüglich der Entschädigung und des langen Weges durch die Instanzen bei Streitfällen, schließt die zweite Möglichkeit eine rasche Privatisierung aus.

Das Ziel der Schaffung eines konkurrenzfähigen Agrarsektors erfordert auf Seiten der Neuverteilung der Eigentums- und Verfügungsrechte zweierlei: Zum einen ist es nötig, schnell zuverlässige Rahmenbedingungen herzustellen. Dazu ist zunächst eine zügige und eindeutige Verteilung der Eigentums- und Verfügungsrechte sicherzustellen. Daneben müssen bezüglich Bodenhandel und Pacht verbindliche Regelungen vorhanden sein, die die Kosten bei Transaktionen möglichst niedrig halten. Ansonsten kommt es zur Verzögerung von Investitions- und Anbauentscheidungen sowie einem mehr oder minder großen Kapitalabfluß aus der Landwirtschaft. Beides würde die notwendige Umstrukturierung und Modernisierung behindern und verzögern. Manche der sozialistischen Betriebe hatten in der Tschechischen Republik eine Größe erreicht, die eine Aufteilung in kleinere Organisationseinheiten sinnvoll erscheinen läßt.[223] Die Erhaltung größerer Betriebseinheiten widerspricht dem Ziel einer möglichst breiten Streuung des Eigentums in der ländlichen Bevölkerung, zumindest dann, wenn die Betriebe im wesentlichen auf Eigentum basieren sollen und nicht auf Pacht.

RESTITUTION

1991 wurde ein *Restitutionsgesetz* beschlossen (Gesetz Nr. 229/1991), welches die Rückgabe von Land und anderem landwirtschaftlichen Besitz an berechtigte Personen regelt. Dieses Gesetz ermöglichte es:

---

[223] Zum Beispiel hatte das Staatsgut Šumava eine Fläche von 80 000 ha in einem Betrieb vereinigt.

1.) Personen, die im Zeitraum vom 1. Februar 1948 bis 31. Dezember 1989 vom Staat enteignet worden waren, bzw. die ihr Eigentum unter Zwang verkaufen mußten, das Eigentumsrecht über ihren ehemaligen Besitz wieder auszuüben.

2.) Die Eigentumsrechte derjenigen (bzw. deren Erben) wieder herzustellen, die ihren landwirtschaftlichen Besitz in Kollektive eingebracht hatten und diesen zukünftig selbst bewirtschaften wollten.

3.) Durch langfristige Verpachtung von Land eigentumsähnliche Rechte am Boden für diejenigen zu schaffen, die es zum Zeitpunkt des Inkrafttretens des Gesetzes bewirtschaften, oder in Zukunft bewirtschaften wollten.

Die tschechische Regierung entschied sich für den Grundsatz Rückgabe vor Entschädigung. Es fand keine Degression des Anspruchs statt, das heißt enteignetes oder geschädigtes Vermögen mußte in voller Höhe restituiert werden. Die beiden letztgenannten Regelungen stellen einen klaren Gegensatz zu den entsprechenden Regelung in Ungarn dar. Die Regelungen der Tschechischen Republik sind wesentlich großzügiger als die Ungarns. Dies wird noch durch die komplizierten Durchführungführungsbestimmungen der Privatisierung in Ungarn verstärkt. Durch die Versteigerungspraxis und die Möglichkeit, mit Entschädigungsscheinen aus verschiedenen Rechtstiteln landwirtschaftliches Vermögen zu erwerben, wird der Wert des einzelnen Entschädigungsscheins zusätzlich gemindert.

Zunächst war für die Antragstellung der 31. Dezember 1992 als Ausschlußfrist vorgesehen. Nach der Auflösung der Tschechoslowakischen Föderation wurde die Frist bis zum 31. August 1993 verlängert. Berechtigt waren frühere Eigentümer bzw. deren Erben, soweit sie ihren Rechtsanspruch durch Dokumente belegen konnten. Alle als rechtmäßig anerkannten Ansprüche mußten aus staatlichem Vermögen befriedigt werden. War die Rückgabe einer bestimmten enteigneten Fläche aufgrund von Bebauung oder ähnlichen Maßnahmen nicht möglich, mußte aus dem staatlichen Bodenfonds ein gleichwertiges Einzelgrundstück zur Verfügung gestellt werden.

Die Details der Durchführung der Restitution bezüglich land- und forstwirtschaftlicher Nutzflächen regelte das Bodengesetz vom 21. Mai 1992. Es sollte den Großteil der landwirtschaftlichen Nutzflächen in Privatbesitz zurückführen und die Genossenschaften entflechten. Das Gesetz sah vor, daß der Boden auf Antrag an die Eigentümer vom Januar 1948 zurückgegeben werden mußte. Es war das Ziel der Regierung, langfristig zur Entstehung eines effizienten, am Markt orientierten Agrarsektors beizutragen. Für die Zeit der Restitution wurde eine Störung der landwirtschaftlichen Produktion in Kauf genommen. Die Regierung schätzte, daß das Gesetz die Restitution von etwa 4,7 Mio. ha landwirtschaftlicher Nutzfläche bewirkt hat bzw. noch bewirken wird. Das entspräche 92 % der gesamten landwirtschaftlichen Nutzfläche der Tchechischen Republik. Die Fläche, die maximal pro Person beansprucht werden konnte, war auf 150 ha LN oder 250 ha Wald beschränkt. Die Antragsteller mußten die tschechoslowakische Staatsbürgerschaft besitzen und einen permanenten Wohnsitz in der CSFR nachweisen können.[224]

Für den Bereich der ehemals staatlichen land- oder forstwirtschaftlichen Betriebe galt, wie für die übrige Wirtschaft, eine Verlängerung des Zeitraums für Restitutionsansprüche (Gesetz der Tschechischen und Slowakischen Republik Nr. 229/91), nach dem entsprechende Ansprüche bis zum 31. März 1993 geltend gemacht werden konnten. Dieser Schritt hat zwar der Schwierigkeit Rechnung getragen, die mit der Beschaffung beweiskräftiger Dokumente durch Alteigentümer verbunden war, führte aber andererseits zu einer deutlichen Verlangsamung der Privatisierung. Bis zum 31. Dezember 1993 wurden, bezogen auf den Gesamtwert, 65 % der Restitutionsansprüche gegen Staatsbetriebe positiv entschieden. Die Forderungen umfaßten 21,17 Mrd. Csk, wovon 13,76 Mrd. Csk bewilligt worden waren.[225]

Vergleicht man die Restitutionsansprüche, die bis Ende April 1993 für den Agrarsektor gestellt und vom Landwirtschaftsministerium bearbeitet wurden, mit denen, welche im Ministerium für Handel und Industrie im gleichen Zeitraum für die übrige Wirtschaft gestellt worden waren, so zeigt sich, daß allein im Bereich der ehemaligen Staatsgüter 61 mal mehr Anträge eingingen. Hingegen machte der insgesamt geforderte Wert nur rund 80 % dessen der Restitutionsansprüche in der Industrie aus. Mit anderen Worten, betrug der durchschnittliche Wert je Restitutionsantrag in der Landwirtschaft rund 0,24 Mio. Csk., so waren es in anderen Bereichen der Wirtschaft 18,5 Mio. Csk. Ferner ist der Anteil der Entschädigungsansprüche am Gesamtwert der Unternehmen in der Landwirtschaft über zwölfmal höher (44,2 % verglichen mit 3,6 %) als in der Industrie.[226]

Auf die verbleibenden „Restbetriebe“ gibt es zweierlei Auswirkungen der Restitution: Zum einen wird den ehemaligen Staatsbetrieben ein Teil ihrer Flächen und/oder ihres Inventars völlig entzogen oder es muß von den Begünstigten der Restitution zurückgepachtet werden, was in der Summe zu einem Abfluß liquider Mittel führt. Die Pachtpreise lagen 1995 und 1996 jedoch so niedrig (nach Auskunft von verschiedener Seite zwischen 180 und 350 Csk, das sind umgerechnet 10 bis 20 DM je ha), daß dies ein untergeordnetes Problem darstellt. Gravierender dürfte sein, daß restituiertes Eigentum ohne Schulden- bzw. Hypothekenbelastung an die Begünstigten abgegeben werden mußte. Die unter kommunistischer Herrschaft aufgelaufenen Verbindlichkeiten der landwirtschaftlichen Betriebe durften also nicht anteilig auf die Neueigentümer übertragen werden. In den Restbetrieben stieg somit die Fremdkapitalbelastung erheblich an, was finanzielle Probleme für diese Betriebe zur Folge hatte. Im Einzelfall führte dies bis zum Bankrott verschiedener Betriebe.

---

224 OHNE NAMEN: „Land Reform Law Enacted“, in: East Europe Agriculture and Food (monthly), June 1991, S. 13, Agra Europe Ltd., London.

225 OHNE NAMEN: „Basic Principles of the Agricultural Policy of the Government of the Czech Republic up to 1995 and for a Further Period“, S. 36-39, The Ministry of Agriculture of the Czech Republic, Prag, 1994.

226 Ebenda.

Mitarbeiter von Staatsgütern und Mitglieder von LPGen, die kein Eigentum in die LPG eingebracht haben bzw. in sozialistischer Zeit nicht enteignet wurden, haben in der Tschechischen Republik keinerlei Rechtsanspruch auf einen Anteil des Vermögens. Der Aspekt, daß dieser Personenkreis durch seine Arbeit zur Vermehrung des Betriebsvermögens beigetragen hat, bleibt im Gegensatz zu Ungarn unberücksichtigt. In der Tschechischen Republik geht man davon aus, daß die erbrachte Arbeitsleistung vollständig durch den erhaltenen Lohn abgegolten worden ist.

ENTSCHÄDIGUNG

Im Jahr 1991 verabschiedete das Parlament zwei Restitutionsgesetze, die Personen, welche vom kommunistischen Regime zu Unrecht ins Gefängnis gebracht wurden, entschädigen sollten.[227] Diese Gesetze spielen für den Agrarsektor nur eine untergeordnete Rolle, da nur wenige, kleine Betriebe in vor- und nachgelagerten Bereichen auf dem Weg dieser Entschädigung privatisiert wurden. Die Entschädigung für Enteignungen, enteignungsgleiche Eingriffe und Schäden am Eigentum werden in der Tschechischen Republik über die Regelungen der Restitution wie oben beschrieben zu 100 % ausgeglichen. Eine Entschädigung für Enteignungen oder Schäden vor dem 1. Februar 1948 erfolgt grundsätzlich nicht.

TRANSFORMATION

Das sogenannte „*Transformations-*“ oder „*Umwandlungsgesetz*“ regelte die Besitzansprüche von Personen, die ihren Besitz in LPGen eingebracht hatten und/oder dort früher beschäftigt waren oder es zum Zeitpunkt der Umwandlung noch waren.[228] Die Besitzansprüche wurden auf der Grundlage des LPG-Vermögens kalkuliert. Davon wurden zunächst die Entschädigungsansprüche, die sich aufgrund des Bodengesetzes ergaben, abgezogen. Der verbleibende Rest wurde anhand entsprechender Regeln auf die Berechtigten aufgeteilt. Berechtigt waren aktive Mitglieder der LPGen, ehemalige Mitglieder im Ruhestand sowie die Erben ehemaliger Mitglieder, sofern sie ihren Rechtsanspruch durch entsprechende Dokumente belegen konnten. Mit den so erhaltenen Eigentumstiteln konnte wie folgt verfahren werden:

1.) Sie konnten den, auf Basis der Restitutionsansprüche neu- bzw. wiedergegründeten landwirtschaftlichen Privatbetrieben zugeordnet werden.
2.) Sie konnten als Kapitalbeiträge in die neuen Genossenschaften (d.h. umgewandelte ehemalige LPGen) eingebracht werden.
3.) Wenn der Berechtigte sein Vermögen aus der LPG bzw. deren Rechtsnachfolger herausnehmen wollte, ohne eine eigene Be-

---

227 GESETZ Nr. 229/1991: „Gesetz Nr. 229/1991 Restituttionsgesetz“, Prag, 1991 und GESETZ Nr. 569/1991: „Gesetz Nr. 569/1991 Gesetz über die Restituttions von land- und forstwirtschaftlichen Nutzflächen in Staatseigentum“, Prag, 1991.

228 GESETZ Nr. 42/1992: „Gesetz Nr. 42/1992 Gesetz über die Umwandlung landwirtschaftlicher Produktionsgenossenschaften“, Prag, 1992.

> wirtschaftung aufzunehmen, so mußte die LPG den Vermögensanteil innerhalb von sieben Jahren in bar ausbezahlen.

Entsprechend dem Transformationsgesetz wurde die Umwandlung der ehemaligen Landwirtschaftlichen Produktionsgenossenschaften in andere Rechtsformen im Januar 1993 abgeschlossen. Aus den ursprünglich 1 197 LPGen entstanden 1 233 Genossenschaften, vergleichbar der westlichen e.G., 39 Aktiengesellschaften und 59 andere Rechtsformen. Die verbleibenden 24 Unternehmen wurden aufgelöst. Die große Mehrzahl der LPGen ist also in die Rechtsform einer e.G. überführt worden, und erfüllt damit die Forderung des Transformationsgesetzes. Hingegen scheinen trotz anderer Rechtsform keine wesentlichen Änderungen in der Organisationsstruktur vorgenommen worden zu sein. Die genossenschaftlichen Betriebsformen, mit einer durchschnittlichen Betriebsgröße von 1 788 ha, bestimmen wesentlich die landwirtschaftliche Struktur der Tschechischen Republik[229].

Es ist fraglich, ob in den eingetragenen Genossenschaften der Tschechischen Republik die Mitglieder ihre Eigentums- und Verfügungsrechte uneingeschränkt ausüben können. In den allermeisten Fällen wurden die Vorsitzenden der LPGen auch zu den Vorsitzenden der e.G.en gewählt. Dies mag verständlich sein, wenn man bedenkt, daß der Personenkreis, der in der Lage ist, landwirtschaftliche Betriebe dieser Größenordnung zu führen, sehr begrenzt ist. Es zeigt jedoch deutlich, wie weitgehend die hierarchische Struktur erhalten blieb. Die Mitglieder verhalten sich immer noch mehr als Arbeiter bzw. Angestellte, denn als Miteigentümer. Laut übereinstimmender Auskunft befragter Experten werden die Entscheidungen der Genossenschaftsleitung von den Mitgliedern praktisch nie in Frage gestellt. Diejenigen Mitglieder, die zugleich Mitarbeiter sind, ziehen einen sicheren Arbeitsplatz einer hohen Vergütung für ihr Eigentum vor. Sie tendieren dazu, ihr Eigentum lieber in der Genossenschaft zu belassen und damit die Stabilität ihres Arbeitgebers zu unterstützen, als es einer profitableren Verwertung zuzuführen. Eine effiziente Allokation der Produktionsfaktoren ist daher unwahrscheinlich.

PRIVATISIERUNG

Im Jahr 1991 trat das Gesetz der sogenannten „*Kleinen Privatisierung*" in Kraft, mit dem durch Versteigerungen kleinere Staatsbetriebe privatisiert werden sollten.[230] Dieses Gesetz befaßte sich mit der Überführung von Kleinbetrieben, kleinen Einzelhandelsfilialen und Dienstleistungsunternehmen, soweit sie nicht der landwirtschaftlichen Produktion zuzurechnen waren, durch öffentliche Versteigerungen. Das Ziel war hier die Schaffung von Freiraum für privates Unternehmertum, zur Wiederbelebung des traditionellen Handwerks und Handels und zur Anregung des freien Wettbewerbs. Im landwirtschaftlichen Bereich wurden auf diese Weise viele Dienstleistungs- und Nebenbetriebe der Staatsgüter privatisiert.

---

229 OECD (Hrsg.): „Agricultural (...)", S. 53, wie Anm. 204.
230 GESETZ Nr. 92/1991: „Gesetz Nr. 92/1991 Gesetz über die Privatisierung", Prag, 1991.

Die Bestimmungen zur sogenannten „*Großen Privatisierung*“ waren ebenfalls im Gesetz Nr. 92/1991 enthalten. Es regelte die institutionellen Rahmenbedingungen für die Privatisierung der größeren Industrieunternehmen und der vordem staatlichen landwirtschaftlichen Betriebe. Sie wurden entweder zuerst in den „Bundesfonds für nationales Eigentum“ oder in den „Fonds für Nationaleigentum“ der entsprechenden Teilrepublik (also der Tschechischen oder der Slowakischen Republik) überführt. Die Fonds gehörten nicht den jeweiligen Budgets der Republiken an und ihr Kapital durfte nur für Zwecke der Privatisierung verwendet werden.

Die Gesetze über die Privatisierung führten die Privatisierung mit Hilfe sogenannter „Investitionskupons“ (im Englischen „vouchers“ genannt) ein, wobei der Besitzer der Kupons das Recht hatte, pro Kupon eine gewisse Menge von Anteilen an einem Unternehmen zu erwerben, welches für die Kuponprivatisierung ausgewählt worden war.[231] Die Kupons wurden nach einem festgelegten Verteilungsschlüssel an die Bürger der CSFR ausgegeben. Ein endgültiges Ergebnis dieser Privatisierungsbestrebungen ist noch nicht abzusehen und es bleibt abzuwarten, wieviele der ehemaligen Staatsbetriebe überhaupt in einer Marktwirtschaft lebensfähig sein werden.

Die Kupons waren sofort handelbar und wurden, ähnlich wie reguläre Wertpapiere, an der Börse notiert. Die Durchführung der Versteigerungen sollte in zwei Phasen oder Privatisierungsrunden erfolgen, wobei jeweils nur eine begrenzte Zahl von Unternehmen einbezogen war. Das Ministerium für Privatisierung wählte die jeweils zur Versteigerung anstehenden Unternehmen aus. Hierunter fielen die Staatsgüter sowie vor- und nachgelagerte Bereiche der Landwirtschaft. In der ersten Stufe dieser Maßnahme, die 1992 stattfand, sind nur zwei Staatsgüter privatisiert worden. In der zweiten Runde, die 1994 abgeschlossen wurde, sind ebenfalls nur zwei ehemaligen Staatsgüter privatisiert worden.

Ursprünglich sollte die Privatisierung der Staatsbetriebe bis Ende 1992 abgeschlossen sein. Dementsprechend wurden von der Kommission der Republik für die Privatisierung im Agrarbereich für alle Staatsbetriebe Privatisierungskonzepte ausgearbeitet. Bis zum 20. Januar 1992 konnten Privatpersonen konkurrierende Konzepte einbringen, die berücksichtigt werden mußten, so daß mit der eigentlichen Privatisierung am 1. März 1992 begonnen werden konnte. Dabei wurden 10 % der entsprechenden Anteilscheine für die Belegschaft des jeweiligen Betriebes reserviert. Die Privatisierung erfolgte, genauso wie bei Industriebetrieben, über Kupons und jeder Bürger der Tschechischen Republik war im Prinzip berechtigt, seine Kupons für den Erwerb landwirtschaftlicher Staatsbetriebe oder Teilen davon einzusetzen.[232]

Mit Stand vom August 1993 waren nur 99 von 1 414 beantragten Privatisierungskonzepten für 316 Staatsbetriebe bzw. Teile davon endgültig genehmigt worden.

---

[231] OHNE NAMEN: „Transformation (...)“, S. 1, wie Anm. 201.

[232] OHNE NAMEN: „CSFR: Staatsgüter werden privatisiert“, in: Agra-Europe, Länderberichte S. 35-36, Nr. 3/92, 13 Jan. 1992

Die 99 Konzepte umfaßten rund 33 % des bilanzierten Vermögens der Betriebe. Aus diesen Gründen wurden - mit Ausnahme von zwei Betrieben - die Staatsbetriebe von der zweiten Privatisierungsrunde im Rahmen der Kuponprivatisierung ausgeschlossen, für die sie ursprünglich vorgesehen waren.

Nachdem die ursprünglichen Ziele nicht erreicht werden konnten, beabsichtigte die tschechische Regierung, bis Ende 1994 etwa 60 % der ehemaligen Staatsgüter zu privatisieren. Dieses Ziel erscheint jedoch sehr optimistisch, da von 1992 bis November 1994 insgesamt nur wenige Betriebe privatisiert werden konnten. Die Hauptursache für die Verzögerung liegt in der Feststellung der Eigentumsrechte früherer Besitzer, die sich sehr schwierig gestaltete. In diesem Zusammenhang standen etwa 250 000 bis 350 000 ha aus dem Bodenfonds zur Privatisierung an, während 500 000 bis 600 000 ha nach Abschluß der Privatisierung in der Verwaltung des Fonds verbleiben sollten.[233] Somit hat die Restitution landwirtschaftlichen Bodens an ehemalige Eigentümer durch Verzögerungen und unklare Rechtssituationen das Tempo der Privatisierung der landwirtschaftlichen Staatsbetriebe erheblich verlangsamt. Darüber hinaus befand sich nur ein Teil der von den Staatsbetrieben bewirtschafteten Flächen in Staatseigentum, große Teile jedoch im Eigentum von ehemaligen LPG-Mitgliedern.

Für die verbliebenen Staatsgüter wurden im Laufe des Jahres 1994 alternative Privatisierungskonzepte entwickelt, da die Kuponprivatisierung offensichtlich nicht geeignet war.[234] So wurde der Direktverkauf (gegen Barzahlung ohne Kupons) ermöglicht, wobei der Kaufpreis zum Teil über einen Zeitraum von 20-35 Jahren abbezahlt werden kann. Andere Methoden zur Privatisierung waren:

-- die Umwandlung der Unternehmen in Aktiengesellschaften oder andere Rechtsformen und deren anschließende Privatisierung durch Verkauf der Anteile gegen Barzahlung,

-- die Übertragung von Eigentumsrechten an Kommunen, die dann den Verkauf vornehmen sollten,

-- die Übertragung von Eigentumsrechten an Institutionen, die der sozialen Absicherung der Bevölkerung dienen (Kranken- und Rentenversicherungen),

-- die Privatisierung durch ein öffentliches Ausschreibungsverfahren.

Die Privatisierung der landwirtschaftlichen Staatsbetriebe betraf 320 Unternehmen mit einem Bilanzvermögen von rund 52,5 Mrd. Csk. Dem standen ungeklärte

---

[233] OHNE NAMEN: „Tschechien: Privatisierung ehemaliger Staatsgüter soll beschleunigt werden" in: Agra-Europe, Länderberichte, S. 16-17, Nr. 48/94, 28. Nov. 1994.

[234] OECD (Hrsg.): „Agricultural (...)", S. 40, wie Anm. 17.

Restitutionsforderungen im Wert von 24 Mrd. Csk gegenüber. Der Boden des Landfonds der Tschechischen Republik mußte zunächst diese Forderungen erfüllen, bevor der Rest privatisiert werden konnte. Der Bodenfonds hatte die Aufgabe der Katastrierung der Tschechischen Republik, wozu im ganzen Land etwa 70 Stationen eingerichtet worden sind.[235]

Die in der Tschechischen Republik geschaffenen rechtlichen Rahmenbedingungen weisen gegenüber jenen Ungarns klare Vorteile auf. Der administrative Aufwand für die Restitution und Entschädigung war in der Tschechischen Republik deutlich geringer. Die Regelung gründete sich dort auf einfachere und konsistentere Gesetze. War der Rechtsanspruch einmal festgestellt, so wurde der Boden dem früheren Eigentümer rückübertragen. In Ungarn hingegen mußten nach Feststellung des Rechtsanspruches, der sich auf mehrere Gesetze gründen konnte, zunächst die Degression errechnet, sodann für den anerkannten Rechtsanspruch Entschädigungsscheine ausgegeben und schließlich Versteigerungen organisiert werden. Erst auf den Versteigerungen konnten die Inhaber der Entschädigungsscheine Eigentum erwerben. Da sich ein Anspruch in Ungarn auf verschiedene Gesetze und Eigentumszeiträume erstrecken konnte, waren Vielfachansprüche und Rechtsstreitigkeiten vorprogrammiert.

Die Transformation ehemaliger LPGen war in beiden Ländern ähnlich, wobei jedoch Ungarn wiederum die kompliziertere Regelung traf. Während dort auch nicht Bodeneinbringer einen Anspruch auf eine bestimmte Menge Entschädigungsscheine zum Erwerb von Boden erhielt, war die Verteilung von Boden an diesen Personenkreis in der Tschechischen Republik von Anfang an ausgeschlossen. Ein weiterer gravierender Unterschied ist das Verbot des Flächenerwerbs durch juristische Personen in Ungarn. Verglichen mit der Tschechischen Republik sind e.G.en (ebenso wie andere juristische Personen) dadurch gegenüber Personengesellschaften benachteiligt. Sollte dieses Verbot in Ungarn Bestand haben, so wird dies für die juristischen Personen in der Landwirtschaft deutliche Nachteile mit sich bringen. Jegliche Investition, die einen nennenswerten Flächenbedarf aufweist (v.a. Investitionen in Viehhaltungsverfahren mit Stallungen), wurde dadurch erschwert.

Bei der Privatisierung der Staatsbetriebe zeigte sich in beiden Ländern, daß sich ein direkter Verkauf schwierig gestaltete. Die Kapitalrentabilität der Landwirtschaft war gerade in der Zeit des Systemwechsels in der Landwirtschaft geringer als in anderen Bereichen. Es kam zu „Insider-Privatisierungen", deren Verlauf häufig rechtliche Fragen aufwarf und von der Bevölkerung als Bereicherung der Nomenklatur empfunden wurde. In der Tschechischen Republik wurde meist auch der Boden privatisiert, während er in Ungarn meist noch im Staatseigentum steht und von den neuen Betrieben nur gepachtet ist. Der höhere Anteil privatisierten Bodens in der Tschechischen Republik wurde nur durch eine großzügige Kreditgestaltung durch den Staat ermöglicht.

---

[235] OHNE NAMEN: „Tschechien: Privatisierung (...)", S. 16-17, wie Anm. 231.

5.3.3 Der Bodenmarkt in der Tschechischen Republik

Ein funktionsfähiger Bodenmarkt kann ohne genau definierte und durchsetzbare Eigentumsrechte nicht entstehen. Abgesehen von Gebieten in der Nähe von Ballungsräumen, wo Bodenmärkte im marktwirtschaftlichen Sinn existieren, orientiert sich der Bodenpreis im wesentlichen an den staatlichen Bewertungsmaßstäben, die für die Besteuerung und für Restitutionszwecke festgelegt wurden. Diese Bewertungen basieren auf der Bodengüte. Für einen nennenswerten Teil des landwirtschaftlichen Bodens sind die Eigentumsrechte noch immer ungeklärt oder zumindest umstritten. Ferner wurde bisher nur ein sehr kleiner Teil des in Staatseigentum befindlichen Landes verkauft. Die Rentabilität der privaten Landwirtschaft ist auf absehbare Zeit sehr gering, so daß auch die Nachfrage nach landwirtschaftlichen Flächen gering ist.

Mit der Durchführung der Restitution wurden die Eigentums- und Verfügungsrechte sehr weit gestreut bzw. werden, soweit sie momentan noch ungeklärt sind, in absehbarer Zeit auf sehr kleine Einzelstücke aufgeteilt. Da in der Tschechischen Republik als Ausgangspunkt für die Restitution die Eigentumsverhältnisse vom Januar 1948 ausschlaggebend sind, beträgt die maximale Größe landwirtschaftlicher Flächen, die aufgrund dieses Gesetzes in das Eigentum Einzelner gelangen können, 50 ha. Beim Direktverkauf ehemaliger Staatsbetriebe können hingegen durchaus wesentlich größere Flächen in Privateigentum übergehen. Nach Auskunft der befragten Experten dürfte die Anzahl von größeren Betrieben, die sich auf im Eigentum des Betriebsleiters stehende Flächen gründen, sehr gering sein, da das nötige Kapital zum Kauf entsprechender Betriebe fehlt. Die Eigentumsstruktur des Bodens ist hochgradig zersplittert.

Die Nachfolger der ehemaligen LPGen haben zum überwiegenden Teil ebenfalls Pachtflächen, dies um so mehr, als es einerseits um die Liquidität zum Kauf von Boden in diesen Betrieben eher schlecht bestellt sein dürfte und andererseits die neuen (alten) Mitglieder ihre Flächen in die Genossenschaften eingebracht haben (bzw. sie in derselben belassen haben). Der Anteil des gepachteten Bodens an der gesamten bewirtschafteten Fläche ist aufgrund der beschriebenen Fakten recht hoch. Die Genossenschaften arbeiten fast ausschließlich auf gepachtetem Boden. Bei den privaten Landwirten macht das Pachtland etwa 70 bis 75 % aus. Die Pachtzahlungen werden manchmal bar geleistet, häufiger jedoch in Naturalien. Der jährliche Pachtpreis schwankt im allgemeinen zwischen 0,5 und 1,0 % des offiziell festgesetzten Kaufpreises, der sich im Durchschnitt zwischen 40 000 bis 50 000 Csk je ha bewegt. Die Allokation landwirtschaftlicher Nutzflächen erfolgt demnach zum überwiegenden Teil über den Pachtmarkt und nicht über den Bodenmarkt. Daneben ist eine Trennung von Bewirtschaftung und Eigentum am Boden festzustellen.

Die Zersplitterung der Eigentumsstruktur und die noch immer herrschende Rechtsunsicherheit bei Bodenpacht und Bodenkauf führt zu sehr hohen Transaktionskosten nicht nur des Vertragsabschlusses, sondern auch der Vertragsabsicherung. Diese Kosten müssen nicht unbedingt offen zu Tage treten, sondern führen meist zu einer

Verringerung des Kaufpreises. Der Käufer versucht auf diese Weise, sein Risiko zu minimieren und gleichzeitig einen Teil der Transaktionskosten auf den Verkäufer zu übertragen. Die resultierenden Bodenpreise sind demnach nicht, oder zumindest nicht ausschließlich, eine Funktion von Bodengüte und Ertragsfähigkeit der jeweiligen Flächen, sondern vielmehr des Risikoverhaltens der Vertragspartner und der erwarteten Transaktionskosten.

Bei der Befragung der Experten kam klar zum Ausdruck, daß die Struktur der Bewirtschaftung in Zukunft weiterhin großbetrieblich bleiben wird. Die Zahl der kleineren landwirtschaftlichen Privatbetriebe steigt zwar relativ schnell, aber aufgrund des geringen Produktionsumfangs dieser Betriebe und des häufig anzutreffenden Nebenerwerbscharakters werden sie für die Gesamtlandwirtschaft auf absehbare Zeit von untergeordneter Bedeutung bleiben. Mit anderen Worten die Landwirtschaft der Tschechischen Republik wird auch in Zukunft von Großbetrieben dominiert bleiben. Diese dürften in der Mehrzahl Rechtsnachfolger ehemaliger LPGen sein und zu einem kleineren Teil große Personengesellschaften.

Für den Bodenmarkt hat dies folgende Konsequenzen: Je Gemeinde (oder je zwei bis drei benachbarter Gemeinden, dem Gebiet einer ehemaligen LPG) gibt es meist nur einen, maximal jedoch zwei bis drei große Betriebe. Daneben existiert eine größere Zahl kleinerer Betriebe (unter 10 ha), die ihr Einkommen nur zum Teil aus der landwirtschaftlichen Produktion bestreiten und wegen ihrer außerlandwirtschaftlichen Erwerbstätigkeit kaum Interesse an einer Aufstockung ihrer Betriebsfläche haben. Daraus ergibt sich sowohl auf dem Pacht- als auch auf dem Bodenkaufmarkt ein Monopson (bestenfalls ein sehr begrenztes Oligopson). Die Preise werden unter solchen Umständen fast ausschließlich von den Vorstellungen der (des) Nachfrager(s) bestimmt und nicht unter den neoklassischen Bedingungen uneingeschränkten Wettbewerbs. Es ist nicht davon auszugehen, daß die Preisfindung die Knappheit der Ressource „landwirtschaftliche Nutzflächen" widerspiegelt. Die Allokationseffizienz ist zumindest gegenwärtig zweifelhaft.

Die sehr niedrigen Preise für landwirtschaftliche Nutzflächen und die noch immer herrschende Rechtsunsicherheit haben zur Folge, daß Banken den Boden als Sicherheit für beantragte Kredite nicht akzeptieren, bzw. landwirtschaftliche Unternehmen Boden als Sicherheit gar nicht erst anbieten können, da sie auf Pachtflächen arbeiten. Dementsprechend ist die Eigenkapitalausstattung der Unternehmen begrenzt und die Kreditwürdigkeit landwirtschaftlicher Betriebe gering. Experten gehen davon aus, daß dies auf absehbare Zeit so bleiben wird. Der damit absehbare Kapitalmangel wird die Umstrukturierung und Modernisierung des Sektors wesentlich erschweren und verzögern.

5.3.4 Auswirkungen auf die Betriebsstruktur

Die Landreformgesetze haben bis Ende 1991 zur Etablierung von circa 4 000 privaten kleineren landwirtschaftlichen Betrieben geführt und man schätzt, daß diese Zahl bis Ende 1992 auf etwa 10 000 angestiegen war. Es wird vermutet, daß es zum gleichen Zeitpunkt bereits 3,5 Mio. private Landeigentümer in der CSFR gab, von denen aber nur ein geringer Teil das Land auch selbst nutzte. Viele dieser Personen sind ältere Bürger, von denen angenommen werden darf, daß sie das Land anderen zur Nutzung überlassen. Langfristig wird dies zur Entstehung einer bedeutenden Anzahl von wettbewerbsfähigen privaten Betrieben führen, die von den gewährten Subventionen profitieren können. Die Subventionen sind zur Erleichterung von Investitionen in die Neueinrichtung, Modernisierung und Wiedereinrichtung von Privatwirtschaften gedacht. Daneben können Maschinen oder der Ankauf von Land und sogar zusätzlich benötigte Arbeitskräfte bezuschußt werden.

Tabelle 5.3.4 a): Veränderung der Betriebsstruktur in der Tschechischen Republik nach Rechtsformen

Jahr	1991			1. Januar 1994		
Betriebsform	Anzahl	Ø-Größe in ha	Anteil an der LN in %	Anzahl	Ø-Größe in ha	Anteil an der LN in %
natürliche Personen	14 000	10	3,3	52 003	15	18,2
dar. mit Betriebsgröße:						
unter 1 ha	7 000	1	0,2	27 858	1	0,4
1 ha bis 10 ha	1 275	6	0,2	14 831	6	1,9
11 ha bis 50 ha	5 000	14	1,5	7 034	25	4,0
51 ha bis 100 ha	700	69	1,1	1 222	73	2,1
über 100 ha	25	394	0,3	1 058	397	9,8
landw. Genossenschaften	1 187	2 191	61,1	1 334	1 587	49,4
ländl. Handelsgesellsch.	25	266	0,1	1 270	616	17,1
dar.: umgewandelt aus JZD[1]	.	.	.	345	627	5,1
restliche Betriebe[2]	.	.	.	925	549	12,0
Staatsgüter	308	3 558	25,7	303	2 168	15,3
andere Betriebe	.	.	9,8	.	.	.
insgesamt	15 520	275	100,0	54 910	80	100,0

1) einheitliche landwirtschaftliche Genossenschaften
2) insbesondere Nachfolgebetriebe von Staatsgütern
Quelle: OHNE NAMEN: „Tschechien: Landwirtschaft wird von Genossenschaften dominiert", in: Agra-Europe, 50/94, 12. Dez. 1994, Länderberichte, S.34, Bonn, 1994 (verändert).

Im Jahr 1993, dem ersten Jahr der nationalen Eigenständigkeit der Tschechischen Republik, wurden 52 003 Betriebe in der Rechtsform natürlicher Personen bewirtschaftet, 1 334 Betriebe in Form einer Genossenschaft, 1 270 als ländliche Handelsgesellschaften und 303 Betriebe waren Staatsgüter geblieben. Demnach stieg die Zahl der genossenschaftlichen Betriebe von 1991 bis 1993 um 147, während die durchschnittlich von ihnen bewirtschaftete Fläche um 604 ha abnahm. Der Anteil der von den Genossenschaften bewirtschafteten Fläche an der gesamten landwirtschaftlichen Nutzfläche der Tschechischen Republik verringerte sich von 61,1 % auf 49,4 %. Im gleichen Zeitraum erhöhte sich sowohl die Zahl der sogenannten „Ländlichen Handelsgesellschaften" (LHG), als auch die durchschnittlich von ihnen bewirtschaftete Fläche. Ihr Anteil an der gesamten LN stieg von 0,1 % auf 17,1 %. Ein Teil dieser LHGen dürfte aus ehemaligen LPGen bestehen, die ohne nennenswerte Änderung der Betriebsorganisation eine andere Rechtsform angenommen haben. Bei den Staatsgütern ergab sich ein Minus von fünf Betrieben, während sich ihr Anteil an der LN von 25,7 % auf 15,3 % verringerte.

Tabelle 5.3.4 b): Veränderung der Betriebsstruktur in der Tschechischen Republik nach Größenklassen

Betriebsform	Betriebszahl 1993 zu 1991 in %	Anteil an der gesamten LN in % 1993 zu 1991 in %
natürliche Personen	+ 270	+ 452
dar. mit Betriebsgröße:		
unter 1 ha	+ 298	+ 100
1 ha bis 10 ha	+ 1 063	+ 850
11 ha bis 50 ha	+ 41	+ 167
51 ha bis 100 ha	+ 75	+ 91
über 100 ha	+ 4 132	+ 3 167
landw. Genossenschaften	+ 12	- 19
ländl. Handelsgesellsch.	+ 5 088	+ 17 100
dar. umgewandelt aus JZD[1]	.	.
restliche Betriebe[2]	.	.
Staatsgüter	- 2	- 40
andere Betriebe	.	.

1) einheitliche landwirtschaftliche Genossenschaften
2) insbesondere Nachfolgebetriebe von Staatsgütern
Quelle: OHNE NAMEN: „Tschechien: Landwirtschaft wird von Genossenschaften dominiert", in: Agra-Europe, 50/94, 12. Dez. 1994, Länderberichte, S.34, Bonn, 1994 (verändert).

Die trotz der gravierenden Rezession des Agrarsektors und des Kapitalmangels in der Tschechischen Republik gegründeten privaten landwirtschaftlichen Betriebe in der Rechtsform natürlicher Personen basierten vor allem auf restituiertem und gepachtetem Land. Staatliche Invesitionsbeihilfen, die zur Gründung landwirtschaftlicher Betriebe zur Verfügung standen, wie zum Beispiel Zinsverbilligungen oder die Möglichkeit, den Kaufpreis von landwirtschaftlichen Betrieben aus staatlicher Hand in bis zu 35 Jahren abzubezahlen, dürften wesentlich dazu beigetragen haben, die Zahl der Betriebsgründungen zu erhöhen. Von diesen Betrieben bewirtschafteten 9 314 mehr als 10 ha und 1 058 mehr als 100 ha. Diese 1 058 größeren Privatbetriebe vereinten etwa 54 % aller Flächen, die von privaten Landwirten genutzt werden, auf sich. Andererseits sankt der Anteil des im Eigentum der Betriebsinhaber befindlichen Landes an der Betriebsfläche mit steigender Betriebsgröße stark ab. Bei den Betrieben über 100 ha beträgt er im Durchschnitt nur noch 15 %.

Tabelle 5.3.4 c): Eigentumsstruktur landwirtschaftlicher Flächen in Betrieben natürlicher Personen der Tschechischen Republik (Stand 1993)

	bewirtschaftete Fläche insgesamt in ha	**Eigentumsanteil in % der Betriebsfläche**
Betriebe natürlicher Personen insgesamt	779 980	36,9
davon:		
unter 10 ha	98 056	86,7
11 ha bis 30 ha	95 198	72,8
31 ha bis 50 ha	77 569	56,3
51 ha bis 100 ha	88 845	43,0
über 100 ha	420 312	15,2

Quelle: „Agricultural (...)“, S. 40, wie Anm. 17, (verändert).

Die zunehmende Anzahl der in der Rechtsform natürlicher Personen geführten Betriebe war von einer Vergrößerung der von ihnen im Durchschnitt bewirtschafteten Fläche von 10 auf 15 ha je Betrieb begleitet. Alle Größenklassen privater Betriebe zeigten dabei eine starke Zunahme in ihrer Anzahl (von + 41 % bis + 4 132 %). Läßt man die Betriebe unter 1 ha LN außer acht, so ergibt sich die mit Abstand stärksten Zuwachsraten bei Betrieben von 1 bis 10 ha LN (+ 1 063 %) und bei jenen über 100 ha LN (+ 4 100 %). Hingegen war bei den Größenklassen 11 bis 50 ha LN (+ 41 %) und 51 bis 100 ha LN (+ 75 %), ein vergleichsweise geringer Zuwachs festzustellen. Betrachtet man die Entwicklung der insgesamt von den Betrieben natürlicher Personen genutzten landwirtschaftlichen Fläche, so zeigt sich ein Anstieg von 3,3 % 1991 auf 18,2 % 1993. Auch hier verzeichneten die Betriebe von 1 bis 10 ha (+ 850 %) und diejenigen über 100 ha (+ 3 167 %) die größten Zunahmen, wobei aber die Durchschnittsfläche je Betrieb nicht (konstant 6 ha) bzw. nur unwesentlich (von 394 auf 397 ha) angestiegen ist.

Ein Grund für diese Entwicklung dürfte der Kapitalbedarf zur Gründung eines Betriebes sein. Für Betriebe von 10 ha und weniger ist der Bedarf an Gründungskapital relativ niedrig anzusetzen, da nur wenig Maschinen und bauliche Anlagen erforderlich sind. Darüber hinaus ist die Vermarktung der Produkte in dieser Betriebsgrößenklasse unproblematisch; ein großer Teil der Erzeugnisse geht in den Eigenbedarf der Familie oder Verwandtschaft, während nur ein kleiner Teil tatsächlich vermarktet wird. Der starke Anstieg der Betriebe über 100 ha war unter anderem deswegen so stark, weil diese Betriebsgröße 1991 und früher praktisch nicht vorhanden war und sich eine Zunahme um nur rund 1 000 Betriebe prozentual sehr stark auswirkt. Bei den Leitern dieser Betriebsgruppe dürfte es sich überwiegend um ehemalige Führungskader früherer Staats- und Genossenschaftsbetriebe handeln. Nur diese konnten in sozialistischer Zeit ausreichend Kapital ansammeln, um vergleichsweise große Betriebe zu gründen. Daneben verfügt dieser Personenkreis über das notwendige Know-how zur Führung größerer Betriebe und zur Vermarktung der Erzeugnisse.

Der Flächenzuwachs der Personen- und der ländlichen Handelsgesellschaften erfolgte auf Kosten der ehemaligen LPGen (- 19 %), der ehemaligen Staatsgüter (- 15,3 %) und anderer Betriebe (- 9,8 %), wobei nicht klar definiert wurde, was unter letzteren zu verstehen war. Die Zahl der Staatsbetriebe hat sich im Beobachtungszeitraum kaum verändert, die der Genossenschaften sogar deutlich erhöht. Es ist daher davon auszugehen, daß beide Betriebstypen im wesentlichen weiterbestehen, wenn auch zum Teil in anderer Rechtsform (GmbH oder AG bei Staatsbetrieben, e.G. oder LHG bei ehemaligen LPGen). Ihre Flächenausstattung hat sich jedoch verringert. Die abgegebenen Flächen sind durch die Privatisierung bzw. Entschädigung entweder an ausscheidende Mitglieder oder an Außenstehende übereignet worden.

Ungeachtet des Wachstums der Personengesellschaften und der zurückgegangenen Flächenausstattung der Staats- und Genossenschaftsbetriebe, wird die tschechische Landwirtschaft noch immer von den beiden letztgenannten Betriebstypen dominiert. Dies gilt sowohl für den Anteil an der LN, als auch für die Bruttoproduktion der Landwirtschaft und den Großteil der im Agrarsektor beschäftigten Arbeitnehmer. Nach offizieller tschechischer Definition gehören, ebenso wie die Genossenschaften neuer Rechtsform, die ländlichen Handelsgesellschaften zum privaten Teil der Landwirtschaft, so daß von diesem trotz wenig veränderter Organisationsstruktur 85 % der gesamten LN bewirtschaftet werden. Die verbleibenden 15 % sind in staatlichem Eigentum und stehen zur Privatisierung an. Davon ausgenommen ist nur ein relativ kleiner Teil von Flächen, der für Schulungs- und Ausbildungszwecke genutzt werden soll.[236]

---

[236] OHNE NAMEN: „Tschechien: Landwirtschaft wird von Genossenschaften dominiert“, in: Agra-Europe, 50/94, 12. Dez. 1994, Länderberichte, S. 34: Bonn, 1994.

6 Zusammenfassung und Diskussion der Ergebnisse

6.1 Zu Konzeption und Durchführung der Eigentumsrechtsreform

Wie in den vorangegangenen Abschnitten analysiert, unterschieden sich Konzeption und Durchführung der Umstrukturierung der Eigentums- und Nutzungsrechte an den Produktionsfaktoren in Ungarn und der Tschechischen Republik zum Teil erheblich. Die ungarische Regierung wählte Verfahren, die bei weitem komplizierter in den rechtlichen Grundlagen waren und wesentlich größere Probleme bei der Durchführung verursachten als die der Tschechischen Republik. Die Ursachen dafür liegen im unterschiedlichen Umfang der Einflußnahme politischer Interessengruppen auf den parlamentarischen Entscheidungsprozeß. In diesem Zusammenhang ist auf die verschiedenen berufsständischen Organisation der Landwirtschaft Ungarns sowie die Kleinlandwirtepartei und die sozialistische Partei zu verweisen.

Beide Länder stimmten zunächst in den grundsätzlichen Zielen überein. So sollte durch entsprechende Maßnahmen ein auf Privateigentum basierender und marktwirtschaftlich orientierter Agrarsektor geschaffen werden. Die Neuorganisation der Eigentums- und Verfügungsrechte an den landwirtschaftlichen Produktionsfaktoren sollte diesem Hauptziel möglichst dienlich sein, es zumindest nicht behindern. Ferner sollte die Durchführung der Neuorganisation eine möglichst breite Eigentumsstreuung herbeiführen, gesamtwirtschaftlich mit möglichst geringen Kosten verbunden sein, dem Gerechtigkeitsempfinden der ländlichen Bevölkerung Rechnung tragen, das hieß in erster Linie, begangenes Unrecht wiedergutzumachen und die Produktionsfaktoren in den Händen derjenigen zu konzentrieren, die tatsächlich in der landwirtschaftlichen Produktion tätig waren. Darüber hinaus sollte der soziale Frieden in den ländlichen Regionen nicht gefährdet sowie die landwirtschaftliche Produktion und die mit ihr verbundenen Arbeitsplätze sollten möglichst weitgehend gesichert werden.

Wie man aus der obigen Auflistung ersehen kann, sollte mit der Eigentumsreform ein ganzes Bündel von Zielen verwirklicht werden. Angesichts der vielfältigen und teilweise konkurrierenden Ziele mußte den Verantwortlichen klar sein, daß einige nicht oder nur eingeschränkt verwirklicht werden konnten.[237] Zum Beispiel konnten die Ziele, begangenes Unrecht wiedergutzumachen und die Produktionsfaktoren in den Händen der Bewirtschafter zu konzentrieren, nicht vollständig und simultan verwirklicht werden, da die Enteigneten nicht oder nicht mehr mit den Bewirtschaftern identisch waren. Dieses Problem ist ein Beispiel für den Versuch, sich über die 3. Tinbergen-Regel hinwegzusetzen, die besagt, daß für jedes Ziel mindestens ein Instrument zu dessen Verwirklichung zur Verfügung stehen muß.[238]

---

[237] Vergl. hierzu: TINBERGEN, Jan: „On the Theory of Economic Policy“, 4. Aufl., Amsterdam, 1966 und DOBIAS, Peter: „Wirtschaftspolitik“, S. 111, Paderborn, 1980.

[238] WAGNER, Norbert, Martin KAISER und Fritz BEIMDICK: „Ökonomie der Entwicklungsländer“, S. 253, 2. Aufl., München, 1991.

Bezüglich der Neuorganisation der Eigentums- und Verfügungsrechte an land- und forstwirtschaftlichen Produktionsfaktoren können grundsätzlich vier Bereiche unterschieden werden: die TRANSFORMATION, das heißt die Umformung ehemaliger LPGen in andere Rechtsformen, bzw. deren Auflösung; die RESTITUTION von enteignetem Vermögen; die ENTSCHÄDIGUNG für enteignetes Vermögen, welches nicht restituiert werden kann und schließlich die PRIVATISIERUNG von verbliebenem Staatsvermögen. Die vier Bereiche überschneiden sich zum Teil, können je nach Land zeitlich parallel oder nacheinander ablaufen oder, wie die Restitution in Ungarn, nur sehr eingeschränkt durchgeführt werden.

Beiden Ländern gemeinsam sind die wesentlichen Maßnahmen der Transformation der ehemaligen LPGen. Die Boden- und Inventareinbringer, deren de jure noch immer bestehende Eigentumsrechte sehr stark eingeschränkt waren, konnten wieder völlig frei über ihr Eigentum verfügen. Das Vermögen, welches nach Wiederherstellung bestehender Eigentumsrechte noch in den LPGen verblieben war, wurde nach einem Schlüssel, der den eingebrachten Boden, das eingebrachte Inventar, die Dauer der Mitgliedschaft sowie den Umfang und das Niveau der geleisteten Arbeit berücksichtigte, aufgeteilt. Der Boden, welcher im Eigentum der LPGen stand, also kollektives Eigentum war, mußte in Ungarn größtenteils (52,9 % des kollektiven Bodens) für die Bodenversteigerungen bereitgestellt werden, zum kleineren Teil (23,8 % des kollektiven Bodens) wurde er auf die Mitglieder der LPGen aufgeteilt. In der Tschechischen Republik wurde der Boden der LPGen praktisch vollständig an frühere Eigentümer zurückgegeben.

Während die Tschechische Republik bezüglich früherer Enteignungen bzw. enteignungsgleicher Eingriffe konsequent an dem Grundsatz „Rückgabe vor Entschädigung" festhielt, verfolgte Ungarn das Prinzip „Entschädigung vor Rückgabe". Mit den Entschädigungsscheinen konnte man in Ungarn ehemals staatliches oder kollektives Eigentum auf entsprechenden Auktionen ersteigern. Somit war zwar ein Rückerwerb enteigneter Flächen möglich, aber nur in Konkurrenz zu anderen Bietern, das heißt ohne Bevorzugung der ursprünglichen Eigentümer. In den ersten Versteigerungsrunden kam es zu einer Unterbewertung der angebotenen Lose, in späteren Phasen hingegen zu einer Überbewertung, da zu diesem Zeitpunkt für vergleichsweise wenig Lose relativ viel Entschädigungsscheine zur Verfügung standen.

Im Gegensatz zur Tschechischen Republik, in der mit der Rückgabe ein annähernd 100 %iger Ausgleich erlittener Schäden erfolgte, wurde der Entschädigungsanspruch in Ungarn einer starken Degression unterworfen. Die Geschädigten in der Tschechischen Republik wurden somit sehr großzügig behandelt, während in Ungarn vor allem bei hohen Schäden sehr wenig entschädigt worden ist. Die ungarische Regierung argumentierte, es sei nicht finanzierbar, die entstandenen Schäden in voller Höhe auszugleichen. Angesichts der Tatsache, daß die Entschädigungsscheine keine Barforderung gegen den ungarischen Staat darstellten, sondern nur als Zahlungsmittel bei den Versteigerungen von Staatseigentum galten, erscheint das Argument wenig stichhaltig.

Hätte man die Schäden zu 100 % abgegolten, so hätte dem zur Versteigerung gelangendem Staatsvermögen eine größere Zahl von Entschädigungsscheinen gegenüber gestanden. Mit anderen Worten, gemessen in Entschädigungsscheinen wären die Preise für zu versteigerndes Staatsvermögen gestiegen und es hätte sich ein entsprechend höherer Gleichgewichtspreis eingestellt. Die absolute Höhe des verfügbaren Staatsvermögens wäre davon unbeeinflußt geblieben. Die einzigen Kosten, die dem Staat bei einer solchen Regelung zusätzlich entstanden wären, sind diejenigen für den Druck und die Ausgabe der entsprechenden Scheine. Demnach liegt der Schluß nahe, daß die ungarische Regierung durch die degressive Gestaltung der Entschädigung ganz bewußt verhindern wollte, die Vermögen der sogenannten „Magnaten“[239] wiederherzustellen. Die Religionsgemeinschaften[240] waren durch die Entschädigungsgesetze ohnehin von einer Wiedergutmachung ausgeschlossen, da ausschließlich natürliche Personen Ansprüche geltend machen konnten.

Die ursprüngliche Sonderbehandlung von land- und forstwirtschaftlichem Vermögen bezüglich der Schadenshöhe, ab der die Degression der Entschädigung einsetzte, war laut Urteil des ungarischen Verfassungsgerichts vom 3. Juni 1994[241] rechtswidrig und mußte an die Regelung für alle anderen Vermögensarten angepaßt werden. Somit begann auch bei land- und forstwirtschaftlichem Vermögen die Degression im Entschädigungsanspruch bei 200 001 Ft Nach diesem Urteil versuchte die ungarische Regierung, diese Regelung zu umgehen, indem für die aus der Degression entstandene Differenz zwischen anerkanntem Schaden und der zugesprochenen Entschädigung bis zur ursprünglich geplanten Höhe von 1 Mio. Ft Sonderkredite zum Erwerb entsprechender Vermögensteile gewährt wurden.

Der Zeitraum, für den Enteignungen bzw. enteignungsgleiche Eigriffe als rechtswidrig anerkannt wurden, war in der Tschechischen Republik auf 1. Februar 1948 bis 31. Dezember 1989 festgelegt. Das heißt ausschließlich Enteignungen während der sozialistischen Zeit bildeten die Grundlage für das gesamte Verfahren. Geschehnisse vor dem 1. Februar 1948 wurden als rechtmäßig angesehen. Somit bestand keine Notwendigkeit, sie rückgängig zu machen oder sie in eine Entschädigungsregelung miteinzubeziehen. Hierunter fallen die Vertreibung und Enteignung der deutschsprachigen und zum Teil der ungarischen Minderheiten (auf Grundlage der sogenannten „Beneš-Dekrete“ vom 16. Mai 1945), die Enteignung der tschechischen Religionsgemeinschaften, insbesondere der katholischen Kirche, und der tschechischen Adeligen und Großgrundbesitzer.

---

239 Als „Magnaten“ bezeichnete man im Ungarn der Vorkriegszeit eine kleine Gruppe von Familien, denen ein Großteil der ungarischen land- und forstwirtschaftlichen Nutzflächen sowie der Banken, Industrie- und Handelsunternehmen gehörten. Sie waren von der Degression der Entschädigung am meisten betroffen.

240 In diesem Zusammenhang ist vor allem die ungarische katholische Kirche zu nennen.

241 Ursprünglich war bei landwirtschaftlichem Vermögen im Gegensatz zu anderen Vermögensarten eine 100 %ige Entschädigung von Vermögen bis zu 1 Mio. Ft vorgesehen. Das vom damaligen Staatspräsidenten angestrengte Normenkontrollverfahren führte zum obengenannten Urteil des Verfassungsgerichts, das diese Unterscheidung für rechtswidrig erklärte.

In Ungarn wurde ursprünglich versucht, eine ähnliche Zeitabgrenzung vorzunehmen und die Machtergreifung der sozialistischen Regierung als Ausgangspunkt zu betrachten. Dementsprechend wurde im ersten Entschädigungsgesetz der Zeitraum für rechtsungültige Enteignungen auf den 8. Juni 1949 bis 23. Oktober 1989, dem Ende der sozialistischen Herrschaft festgelegt. Diese Regelung stellte sich als politisch nicht haltbar heraus, so daß ein zweites Entschädigungsgesetz verabschiedet wurde, welches Schäden aus der Zeit vom 1. Mai 1939 bis zum 8. Juni 1949 regulieren sollte. Eine weitere Besonderheit Ungarns stellt der materielle Ausgleich politischer Verfolgung dar. Nach dem dritten Entschädigungsgesetz konnten unrechtmäßige Gefängnisstrafen bzw. Hinrichtungen in der Zeit vom 11. März 1939 bis zum 23. Oktober 1989 die Grundlage für Entschädigungsansprüche bilden. Entschädigungsschiene, die die Geschädigten bzw. deren Erben aufgrund des letztgenannten Gesetzes erhielten, berechtigten ebenfalls zum Erwerb land- und forstwirtschaftlicher Nutzflächen.

Bei der Privatisierung von Staatsgütern, auf die kein Anspruch auf Rückgabe bestand, bzw. die nicht für Entschädigungszwecke benötigt wurden, gab es deutliche Unterschiede zwischen Ungarn und der Tschechischen Republik. In der Tschechischen Republik fielen die Staatsgüter zunächst in die Voucher- oder Kupon-Privatisierung. Wie bei allem anderen staatlichen Vermögen konnten tschechische Bürger mit ihren Kupons Anteile an landwirtschaftlichen Betrieben erwerben. Diese Methode stellte sich als ungeeignet für die Landwirtschaft heraus. Die Privatisierung drohte sich zu verzögern. Um dies zu vermeiden, wurden für landwirtschaftliche Betriebe andere Möglichkeiten der Privatisierung zugelassen. So konnte das bisherige Management den Betrieb ganz übernehmen (Management-buy-out), externe Personen konnten den Betrieb komplett aufkaufen (Management-buy-in) oder die Betriebe wurden als ganzes über Ausschreibungen und Bietverfahren veräußert. Mit den Betrieben wurde meist auch der von ihnen bewirtschaftete Boden an die Käufer veräußert, es sei denn, es bestanden berechtigte Restitutionsansprüche von Dritten. Frühere Mitarbeiter hatten keinerlei Anspruch auf das Vermögen oder den Boden der Staatsgüter, in denen sie gearbeitet hatten.

In Ungarn hingegen erhielten die Mitarbeiter je nach ihrer Qualifikation und der Dauer des Beschäftigungsverhältnisses einen entsprechenden Eigentumstitel über eine bestimmte Bodenfläche des ehemaligen Staatsgutes und entsprechende Vermögensanteile von lebendem und totem Inventar. Die Ansprüche ehemaliger Mitarbeiter machten nur wenige Prozent des Bodens und des sonstigen Vermögens aus. Ähnlich wie in den LPGen kamen auf das einzelne Mitglied nur kleine Flächen (meist weniger als 5 ha) und geringe Vermögensgegenstände. Der überwiegende Teil des Vermögens, das den Staatsgütern entzogen wurde, diente der Befriedigung von Entschädigungsansprüchen und der Bereitstellung von Boden für die Versteigerungen. Nach der Befriedigung dieser Ansprüche wurden die Staatsgüter in kleinere Einheiten aufgespalten und durch direkten Verkauf, öffentliche Ausschreibungsverfahren, Management-buy-out oder ähnliches privatisiert.

Die Konzeption und Durchführung der Eigentumsrechtsreform ist in gewissen Bereichen mit den Regelungen in den Neuen Bundesländern Deutschlands vergleichbar. Die zeitliche Begrenzung der Tschechischen Republik ist der in den Neuen Bundesländern recht ähnlich. Auch in Deutschland werden nur die Enteignungen aus der Zeit der sozialistischen Herrschaft als rechtswidrig betrachtet. Enteignungen aus der Zeit vor der Gründung der DDR unterlagen besatzungsrechtlichen Regelungen. Sie fallen somit nicht in die Souveränität der DDR. An die Bundesrepublik als Rechtsnachfolger der DDR können also keine Ansprüche gestellt werden.

Der in den Neuen Bundesländern maßgebliche Grundsatz „Rückgabe vor Entschädigung" ist ebenfalls mit der Regelung in der Tschechischen Republik vergleichbar. Ist eine Rückgabe nicht mehr möglich, so ist der Staat in beiden Ländern verpflichtet, eine Entschädigung zu leisten. Während jedoch in der Bundesrepublik mit steigender Höhe des Entschädigungsanspruches eine Degression der Entschädigung eintritt, erfolgt in der Tschechischen Republik grundsätzlich eine 100 %ige Entschädigung. Dies ähnelt der Regelung in Ungarn, wo jedoch das Prinzip „Entschädigung vor Rückgabe" gilt und die Degression grundsätzlich bei allen Entschädigungsansprüchen eintritt.

6.2 Folgen für den Bodenmarkt

Trotz unterschiedlicher Ausgangspositionen, anderer Konzepte und Durchführung hatte die Umstrukturierung der Eigentums- und Nutzungsrechte ähnliche Folgen für den Bodenmarkt und die Landwirtschaft in beiden Ländern. Es läßt sich allgemein feststellen, daß ein großer Teil der ursprünglich verfolgten Ziele nicht oder nur sehr unvollständig erreicht werden konnte. Zunächst sollen die Folgen für den Bodenmarkt diskutiert werden.

Sowohl in Ungarn als auch in der Tschechischen Republik entstand eine hochgradig zersplitterte Eigentumsstruktur bei landwirtschaftlichen Nutzflächen. Die Zeit, auf die sich die Restitutions- bzw. Entschädigungsansprüche gründen können, war durch überwiegend kleinbäuerliches Eigentum gekennzeichnet. Die Großgrundeigentümer waren bereits früher enteignet worden und das Land an Kleinbauern und Landlose verteilt worden. Durch den in der Zwischenzeit häufig eingetretenen Generationswechsel und nachfolgende Erbfolge sind die heutigen Eigentümer oft Erbengemeinschaften, so daß die ohnehin kleinstrukturierten Eigentumsverhältnisse zusätzlich aufgesplittet wurden. In Ungarn kam hinzu, daß im Entschädigungsverfahren jeder Berechtigte den gleichen Anteil an guten und schlechten Böden, an Akker und Grünland, Sonderkultuen und ähnlichem erhalten mußte. Die wenige Hektar großen Entschädigungsflächen mußten somit auf viele noch kleinere Parzellen aufgeteilt werden.

Die starke Eigentumszersplitterung führt zu hohen Transaktionskosten bei jeder Verpachtung oder jedem Verkauf. Will man einen Betrieb gründen, der die eigenen Flächen übersteigt, so muß man mit vielen Eigentümern über jeweils mehrere kleine

Parzellen entsprechende Verträge abschließen. Die Transaktionskosten können den Wert des Grundstücks zum Teil übersteigen. Vor allem die Rechtsnachfolger der ehemaligen LPGen und große Privatbetriebe auf Pachtbasis müssen Jahr für Jahr sehr viel Verwaltungszeit aufwenden, um die Pachtverträge zu verlängern oder neue abzuschließen. Nach Aussagen von befragten Experten dürfte dies mit ein Grund gewesen sein, daß nur geringes Interesse an der Gründung von Familienwirtschaften bestand. Um ein ausreichendes Einkommen aus der Landwirtschaft zu erzielen, reichte die im Eigentum befindliche Fläche meist nicht aus. Der Aufwand, über Pacht oder Kauf zusätzliche Flächen in Bewirtschaftung zu nehmen, überstieg häufig die Möglichkeiten der Familienwirtschaften. Die relative Begrenztheit der verfügbaren Arbeitskräfte und die Unerfahrenheit mit Verwaltungs- und Vertragsverfahren benachteiligte die Familienwirtschaften im Vergleich zu den großbetrieblich organisierten juristischen Personen, die ohnehin einen erfahrenen Verwaltungsstab hatten.

Zur Überwindung dieser Schwierigkeiten entwickelte sich zum Teil ein informeller Bodenmarkt. In Ungarn, wo Verkaufsmoratorien und hohe Steuern zusätzlich den Bodenhandel behinderten, scheint dies laut Aussagen von Experten ein weit verbreitetes Phänomen zu sein. Die Vertragsabschlüsse werden den Behörden dabei entweder nicht angezeigt oder der vereinbarte Preis wird deutlich unter dem wahren Niveau angegeben, um Steuern und Gebühren zu sparen. Manchmal wird auf informelle Absicherung von Verträgen ausgewichen, da die rechtliche Durchsetzbarkeit von Vertragsbestimmungen bezweifelt wird. So wird bei Pacht und Kauf oft auf Familienmitglieder zurückgegriffen oder auf enge Freunde, weil beide Seiten davon ausgehen, auf diese Weise besser vor Übervorteilung geschützt zu sein. Gleichzeitig verstärkt dieses Verhalten die vergleichsweise hohe Rechtsunsicherheit wegen fehlender oder unvollständiger Registrierung des tatsächlichen Bodeneigentums.

Die Nachfrage nach Boden konzentriert sich im wesentlichen auf die Rechtsnachfolger der ehemaligen LPGen und neu gegründete private Großbetriebe. Die Zahl der Kleinbetriebe steigt zwar an, da sie aber wegen Kapital- und Arbeitskraftbegrenzungen auf absehbare Zeit kaum größere Flächen bewirtschaften werden, ist die von ihnen ausgehende Nachfrage eher als gering einzustufen. Daneben liegen die Parzellen einzelner Eigentümer oft innerhalb größerer Schläge ohne Zufahrtsmöglichkeit, so daß die Eigentümer gar nicht anders können, als ihre Flächen an die Bewirtschafter der umliegenden Parzellen zu vergeben. Somit entwickelt sich um den Faktor Boden nur wenig Konkurrenz von Seiten der Bewirtschafter. Es kommt zur Herausbildung lokaler Monopsone, die sowohl Pacht- als auch Grundstückspreise negativ beeinflussen.

Der negative Preiseinfluß der Monopsone wird durch die ungünstige wirtschaftliche Lage der Transformationsländer im allgemeinen und der Agrarsektoren im besonderen noch verstärkt. Als Folge sind die Bodenpreise für landwirtschaftliche Grundstücke ohne alternative Verwendungsmöglichkeiten sehr niedrig. Sie liegen manchmal sogar unter der kapitalisierten Grundrente. In bestimmten Gegenden Ostungarns, die schlechte natürliche Voraussetzungen für die Landwirtschaft aufweisen oder die sehr entlegen sind, war es mitunter sogar unmöglich, Flächen zu verkaufen. Diese Situation dürfte sich erst mittelfristig ändern, wenn durch allgemeine wirtschaftliche Entwicklung, infrastrukturelle Verbesserungen und Verringerung der Rechtsunsicherheit auf dem Bodenmarkt eine positive Preisentwicklung ermöglicht wird.

6.3 Folgen der Umstrukturierung für die Landwirtschaft

Die Umstrukturierung der Eigentums- und Verfügungsrechte führte in der Landwirtschaft Ungarns und der Tschechischen Republik zu einer weitgehenden Trennung von Bewirtschaftung und Eigentum am Boden. Sowohl in Ungarn als auch in der Tschechischen Republik ging ein großer Teil des Eigentums am Boden an Personen, die nicht in der Landwirtschaft tätig sind. Je nach Region und Betrieb sind 30-100 % der Nutzflächen im Eigentum außenstehender Personen. Bei Klein- und Familienbetrieben ist dieser Anteil gering, während er bei Großbetrieben bis zu 100 % erreichen kann. In Ungarn besteht seit Erlaß des Bodengesetzes von 1994 sogar ein Verbot für juristische Personen, landwirtschaftliche Nutzflächen zu erwerben. Bodeneigentum, das schon vor Inkrafttreten dieses Gesetzes im Eigentum juristischer Personen war, blieb erhalten, hatte aber nur geringen Umfang.

Bei eingetragenen Genossenschaften wird die Situation dadurch abgemildert, daß ein Teil des bewirtschafteten Bodens im Eigentum der Mitglieder steht. Hier muß man zwischen jenen Mitgliedern unterscheiden, die in der Genossenschaft tätig sind, und jenen, die zwar Mitglieder aber nicht Mitarbeiter in der Genossenschaft sind. Laut Auskunft der Experten bestehen Interessensunterschiede zwischen beiden Gruppen. Die „Nurmitglieder" legen vor allem Wert auf eine möglichst hohe Pacht für den von ihnen zur Verfügung gestellten Boden. Darin stimmen sie mit den Außenstehenden (das heißt „Nichtmitgliedern"), die Boden an die Genossenschaft verpachtet haben, überein. Die Mitglieder, die zugleich Mitarbeiter der Genossenschaft sind, haben vor allem am Erhalt ihres Arbeitsplatzes und hohen Löhnen Interesse und sind bereit, niedrigere Pachten zu akzeptieren, um das wirtschaftliche Überleben der Genossenschaft zu sichern. Das agrarpolitische Ziel, Eigentum und Bewirtschaftung landwirtschaftlicher Nutzflächen in der Hand der Bewirtschafter zu konzentrieren, konnte in beiden Ländern für einen Großteil der Flächen nicht erfüllt werden.

In jedem Fall führt der hohe Pachtanteil zu einem Kapitalabfluß aus der Landwirtschaft und - soweit es sich um städtische Bodeneigentümer handelt - auch aus den ländlichen Regionen. Angesichts der monostrukturierten und wirtschaftlich schwachen ländlichen Regionen der Transformationsländer und der Tatsache, daß zumindest mittelfristig keine Aussicht auf einen Finanzausgleich zwischen ländlichen und städtischen Regionen besteht, muß dies als gravierende Fehlentwicklung infolge der Umstrukturierung der Eigentums- und Verfügungsrechte betrachtet werden.

Ein anderer Nachteil der durchgeführten Reformen ist, daß Boden auf absehbare Zeit als Sicherheit für Fremdkapital ausscheidet. Die niedrigen Bodenpreise, hohe Rechtsunsicherheit und schlechte Ertragslage landwirtschaftlicher Unternehmen sowie deren hoher Pachtlandanteil führen zu nur minimaler Beleihbarkeit landwirtschaftlicher Nutzflächen. Häufig weigern sich Banken völlig, Boden als dingliche Absicherung für Kredite zu akzeptieren. Bedenkt man den hohen Kapitalbedarf für die notwendige betriebliche Umstrukturierung und Modernisierung, wird klar, wie sehr die Unsicherheit auf dem Bodenmarkt zur mangelnden Kapitalausstattung landwirtschaftlicher Unternehmen beigetragen hat. Die langfristige Stabilität der Unternehmen ist davon ebenfalls negativ beeinflußt. Dies könnte im Hinblick auf die stark schwankenden Erzeugerpreise in den Transformationsländern zu erheblichen Problemen führen.

Kapitalmangel und Zersplitterung der Eigentumsstruktur bewirken eine fast ausschließlich über den Pachtmarkt erfolgende Bodenallokation. Es ist zweifelhaft, ob der Boden in der Tschechischen Republik und Ungarn dabei tatsächlich zum „bessern Wirt wandert". Wie geschildert, hat sich von Seiten der Bewirtschafter in beiden Ländern nur eine relativ eingeschränkte Konkurrenz um den Faktor Boden entwickelt, die teilweise sogar als monopsonistisch zu bezeichnen ist. Unter diesen Umständen ist eine pareto-optimale Allokation des Faktors landwirtschaftliche Nutzflächen in Zweifel zu ziehen. Was die aktuelle Situation angeht, sind beide Länder von einer effizienten Allokation der landwirtschaftlichen Produktionsfaktoren, insbesondere des Bodens, weit entfernt. Die während des Transformationsprozesses geschaffenen Rahmenbedingungen für Austausch und Neubewertung der Ressourcen sind unvollkommen und reformbedürftig.

Auch nach einem eventuellen EU-Beitritt wird sich das Defizit in der Effizienz der Allokation nachteilig für die Landwirtschaft der Tschechischen Republik und Ungarns auswirken. Es ist auch zu bedenken, daß in einem Wettbewerb zu landwirtschaftlichen Betrieben bisheriger EU-Staaten Faktoren, wie etwa gutes Management, Vermarktungswege, Kapitalausstattung, Betriebsgröße und agrarpolitische Rahmenbedingungen, eine sehr große Rolle spielen. Allerdings sind die Bodenmärkte auch in westlichen Industriestaaten im neoklassischen Sinn höchst unvollkommen.

Trotz einer steigenden Zahl von Klein- und Familienbetrieben bleibt die von Großbetrieben dominierte Struktur der Landwirtschaft in beiden Ländern erhalten. Welche Rechtsform die Großbetriebe haben werden ist dabei zweitrangig. Über Sinn oder Unsinn von genossenschaftlich organisierten Betrieben in der landwirtschaftlichen Produktion ist wiederholt und kontrovers diskutiert worden. Es ist nicht Aufgabe dieser Arbeit, diese Diskussion weiterzuführen. Sie soll deshalb hier unberücksichtigt bleiben. Alle befragten Experten, auch die Leiter kleinerer Familienbetriebe, stimmten in der Aussage überein, daß zumindest in gut mechanisierbaren Ackerbaukulturen (zum Beispiel: Mais, Getreide, Ölsaaten, Zuckerrüben) und bestimmten Zweigen der Tierproduktion (zum Beispiel: Eier, Geflügel, Mastschweine) die Großbetriebe erhalten bleiben und erfolgreich sein werden. In anderen Bereichen, wie Sonderkulturen oder Ferkelproduktion, könnte der Beitrag kleinerer Betriebe durchaus bedeutend werden.

Für das erfolgreiche Bestehen der Großbetriebe in beiden Ländern spricht das Beispiel der Neuen Bundesländer Deutschlands. Trotz erheblicher Investitionshilfen und anderer staatlicher Unterstützung für Familienbetriebe ist die Zahl derjenigen Unternehmen, die sich annähernd an der Größe westdeutscher Familienbetriebe orientieren, relativ gering geblieben. Die Kontinuität der Großbetriebe zeigt sich ebenfalls an den Managementstrukturen der neuen Betriebe in Ungarn und der Tschechischen Republik. Ehemalige Führungskader der sozialistischen Zeit bilden das Management der neuen Großbetriebe. Die fachliche Qualifikation dieser Personen, vor allem was ihre organisatorischen Fähigkeiten anbelangt, wird von den befragten Experten allgemein als sehr gut beurteilt. Allerdings ist es möglich, daß durch das relative Übergewicht der Leiter von Großbetrieben in der befragten Stichprobe eine gewisse positive Selbstdarstellung nicht völlig ausgeschlossen werden kann.

Das Beispiel der Tschechischen Republik und Ungarns läßt folgende Schlüsse zu: Die bestehenden Defizite in der Allokation von Produktionsfaktoren, den notwendigen Rahmenbedingungen und Betriebsstrukturen bewirken, daß es den Staaten Mittel- und Osteuropas auf absehbare Zeit nicht gelingen wird, ihr zweifellos hohes Produktionspotential auszuschöpfen. Es ist illusorisch zu glauben, ab dem Jahr 2000 würde der EU-Markt mit großen Mengen landwirtschaftlicher Produkte aus diesen Ländern „überschwemmt“. Dies gilt auch für Ungarn, das zwar Nettoexporteur ist, dem es aber bisher nicht gelungen ist, seine Agrarexporte dramatisch zu steigern.

6.4 Beurteilung aus gesamtwirtschaftlicher Sicht

Die Analyse der Umstrukturierung der Eigentums- und Verfügungsrechte an den Produktionsfaktoren in der tschechischen und ungarischen Landwirtschaft sowie ihrer Vorgeschichte mündet in folgende Ergebnisse:

1.) Die von der sozialistischen Theorie für zentral verwaltete Volkswirtschaften postulierte Ausschließlichkeit staatlicher und kollektiver Eigentumsformen war bereits 1989 nicht mehr gegeben. Insbesondere in Ungarn waren schon zwischen 1959 und 1989 wesentliche Änderungen bezüglich der Eigentums- und Verfügungsrechte vorgenommen worden, welche die Dominanz gesellschaftlicher Eigentumsformen aufweichten.

2.) Entsprechend der Theorien der „evolutionären Ökonomie“ ist für den nach 1989 einsetzenden Systemwechsel, bezüglich der Transformation des Agrarsektors, eine deutlich hervortretende „Pfadabhängigkeit“ der Entwicklung festzustellen. Die vor 1989 erfolgten Reformen der Eigentums- und Verfügungsrechte bestimmten wesentlich Konzeption und Durchführung der

> Reformen nach 1989. Diese Pfadabhägigkeit läßt sich auch für andere Wirtschaftssektoren der untersuchten Staaten und die Agrarsektoren anderer Länder Mittel- und Osteuropas nachweisen.

Eine gesamtwirschaftliche Beurteilung der Umstrukturierung der Eigentums- und Verfügungsrechte an den landwirtschaftlichen Produktionsfaktoren bleibt dennoch schwierig, da sie mit anderen Veränderungen der politischen, gesamtwirtschaftlichen und agrarpolitischen Rahmenbedingungen einherging, die sich gegenseitig beeinflußten. Eine eindeutige und quantitative Zuordnung von Ursachen und Folgen verschiedener Maßnahmen ist daher kaum möglich. Festzuhalten bleibt, die Neuorganisation der Eigentums- und Verfügungsrechte war unumgänglich. Ein marktwirtschaftliches Wirtschaftssystem ohne überwiegendes Privateigentum kann nicht funktionieren. Die marktwirtschaftlich orientierte Neuorganisation der Eigentums- und Verfügungsrechte verursacht unweigerlich gesamtwirtschaftliche Kosten, welche jedoch niedriger liegen als die Kosten, die bei Aufrechterhaltung des früheren sozialistischen Zustandes angefallen wären. Der nach der Neuorganisation auftretende Nutzen, in Form von höherer Effizienz beim Faktoreinsatz, bewirkt langfristig einen Gesamtwohlfahrtsgewinn. Wie schnell sich ein Wohlfahrtszuwachs einstellt, hängt entscheidend von der Gestaltung der einzelnen Reformen ab, das heißt in erster Linie davon, wie schnell, eindeutig und kostengünstig sie sich in der Praxis umsetzen lassen.

In dieser Hinsicht ist die Tschechische Republik zweifelos den besseren Weg gegangen. Die Transaktionskosten, welche die Tschechische Republik im Rahmen der Neuordnung der Eigentums- und Verfügungsrechte im landwirtschaftlichen Bereich auf sich nehmen mußte, waren nach Einschätzung aller befragten Experten deutlich geringer als die Ungarns. Zusätzlich nahm die Neuordnung der Eigentums- und Verfügungsrechte in der Tschechischen Republik wesentlich weniger Zeit in Anspruch als in Ungarn. Diese zwei Faktoren bewirkten, daß sowohl die Dauer, als auch die Tiefe der transformationsbedingten Rezession in der Landwirtschaft Ungarns wesentlich negativer war als in der Tschechischen Republik.

Der aufgetretene Produktionseinbruch des landwirtschaftlichen Sektors war daneben auch von anderen Faktoren beeinflußt. Der Nachfragerückgang wegen gesunkener Realeinkommen und weggefallener Subventionen war in diesem Zusammenhang von wesentlicher Bedeutung. Allerdings war die Unsicherheit bezüglich der endgültigen Gestaltung der Eigentums- und Verfügungsrechte sicher mit ein Grund für verringerte Investitionen, Brachfallen bestimmter Flächen und mangelnde Nutzung einzelner Gebäude und Einrichtungsgegenstände, da die Eigentumsrechte mitunter nicht geklärt waren.

Vor allem die Beschränkung auf ein Entschädigungsgesetz in der Tschechischen Republik, im Gegensatz zu mehreren in Ungarn, machte die Durchführung wesentlich einfacher und praktikabler. Dazu trug auch die rigorose Beschränkung auf die Wiedergutmachung von Unrecht aus sozialistischer Zeit bei. Die Anwendung des

Grundsatzes „Entschädigung vor Rückgabe“ in Ungarn verzögerte und komplizierte das Verfahren erheblich: zunächst mußte die Berechtigung des Anspruchs geprüft werden, dann mußten die Entschädigungshöhe unter Einbeziehung der Degression errechnet und entsprechende Scheine ausgegeben werden. Der Bodenfonds mußte von den landwirtschaftlichen Betrieben Boden anfordern und entsprechende Versteigerungen mußten durchgeführt werden. Erst dann konnte das Eigentum eingetragen und damit ausgeübt werden. In der Tschechischen Republik mußten hingegen nur die Ansprüche auf ihre Rechtmäßigkeit geprüft werden und das Eigentum konnte nach Bestätigung sofort eingetragen und ausgeübt werden. Das ungarische Verfahren war langwieriger, teurer, komplizierter, führte zu höherer Rechtsunsicherheit und dürfte nur wenig zum sozialen Frieden auf dem Land beigetragen haben.

Die Zersplitterung der Eigentumsstruktur ist per se nicht negativ. Entscheidend für deren volkswirtschaftliche Vor- oder Nachteile sind in diesem Zusammenhang die Rahmenbedingungen bezüglich des Bodenhandels und der Pacht, die Marktmacht der Bewirtschafter sowie die Rechtssicherheit im Staat. Die noch immer unvollständige Registrierung von Rechtstiteln, die lokalen Monopsone auf der Nachfrageseite, die hohe Rechtsunsicherheit wegen sich widersprechender Gesetze und mangelnder Personalausstattung der Judikative führen zu unvertretbar hohen Transaktionskosten, die durch eine konsistentere Gesetzgebung hätten vermieden werden können.

In beiden Ländern kann die derzeitige Allokation der Flächen nur als Übergangsstadium gesehen werden. Insbesondere die hohe Besteuerung von Verkaufsgewinnen aus Bodenveräußerungen und die mehrjährige Bewirtschaftungsverpflichtung im ungarischen Gesetz werden stärker als in der Tschechischen Republik dazu führen, daß die Eigentums- und Bewirtschaftungsverhältnisse in Zukunft starken Veränderungen unterworfen sein werden. Dies relativiert die negative Beurteilung der Allokationseffizienz im jetzigen Zustand. Allerdings muß man sich im Klaren darüber sein, daß die Kosten für die Reallokation und die Effizienzverluste hätten eingespart werden können.

Der Schaden, der in beiden Ländern durch den stattfindenden Kapitalabfluß aus den ländlichen Regionen auftritt, hängt in seinem Umfang entscheidend von der Wirtschaftskraft der jeweiligen Region ab und davon, wie schnell es den Zentralregierungen möglich sein wird, einen Finanzausgleich zwischen städtischen und ländlichen Regionen zu entwickeln. Ein derartiger Ausgleich ist unentbehrlich, da regionale Entwicklung bzw. die Entwicklung ländlicher Räume meist vernachlässigt worden ist. Dies war trotz des Ziels sozialistischer Wirtschaftspolitik, den Unterschied zwischen Stadt und Land aufzuheben, der Fall. Nennenswerte Abwanderung der Bevölkerung aus ländlichen Regionen würde die Probleme der Ballungszentren verschärfen und das Absinken der Bevölkerungsdichte auf dem Land die Bereitstellung notwendiger Infrastruktur verteuern.

Welche Lehren können aus den ungarischen Erfahrungen der Eigentumsumwandlung, insbesondere der Neuverteilung des Bodens, für Staaten wie die Russische Föderation, die Ukraine, Weißrußland u.a., in denen eine weitgehende Privatisierung landwirtschaftlicher Produktionsfaktoren noch bevorsteht, gezogen werden? Angesichts der Tatsache, daß in den GUS-Staaten Alteigentümer kaum noch festzustellen sein dürften - immerhin erfolgte die Enteignung allen Bodens bereits 1917 und die Kollektivierung schon 1928-32 - erscheint eine Vergabe an die jetzt in der Landwirtschaft Tätigen am sinnvollsten. Dies gilt um so mehr, als auch in den GUS-Staaten zu wenig Kapital vorhanden ist, um einen Verkauf erfolgreich zu gestalten. Allerdings ist eine solche Vorgehensweise nicht ohne Probleme. Bei der Vergabe an die Arbeitskräfte ist fraglich, ob die notwendige Kontrolle der Eigentumsrechte wirksam ausgeübt werden kann. In diesem Zusammenhang sei nur auf Probleme verwiesen, auf die Kleinaktionäre und Genossenschaftsmitglieder bei der Wahrung ihrer Interessen stoßen. Es kann auch zu sogenannten „Insider-Privatisierungen" kommen, bei denen die Führungskader der ehemaligen Großbetriebe aufgrund ihres Erfahrungs- und Informationsvorsprungs andere Gruppen übervorteilen könnten.

Trotz der vorhandenen Probleme der Privatisierung ist ein Festhalten an staatlichen oder kollektiven Eigentumsformen wenig sinnvoll. Nach über 70 Jahren sowjetischer Erfahrung ist evident, daß staatliches und kollektives Eigentum einer effizienten Allokation der Produktionsfaktoren (gemäß ihrer Knappheit und dem Ziel der Wohlstandsmehrung) entgegensteht. Dies gilt auch für die Landwirtschaft im allgemeinen und das Bodeneigentum im besonderen.

Literaturverzeichnis

I Veröffentlichungen mit bekanntem Autor oder Herausgeber

ÁBEL, István und John P. BONIN: „The 'big bang' versus 'slow but steady': a comparison of the Hungarian and the Polish Transformations", Discussion Paper No. 626, Centre for Economic Policy Research, London, Jan. 1992.

ALCHIAN, Armen A.: „Some Economics of Property Rights", in: Il Politico, 30, S. 816-829, 1965.

ANTAL, Endre: „Der ungarische 'Neue Wirtschaftsmechanismus'", in: Südosteuropa Mitteilungen, Nr. 1/1975, S. 23-36, München.

ANTAL, Endre: „Preissystem und Preispolitik in Ungarn", in: Südosteuropa Mitteilungen, Nr. 3/1975, S. 9-21, München.

ANTAL, Endre: „Aktuelle Probleme der ungarischen Agrarpolitik", in: Osteuropa Wirtschaft, Nr. 2/1972, S. 97-121.

ANTAL, Endre: „Die ungarische Wirtschaftsverfassung", in: Wissenschaftlicher Dienst Südosteuropa, Heft 10/1975, S. 199-202.

ANTAL, Endre: „Ungarns Wirtschaftspolitik am Scheideweg", in: Wissenschaftlicher Dienst Südosteuropa, Heft 3/1976, S. 40-46, München.

ANTAL, Endre: „Rezentralisierung in der ungarischen Wirtschaftslenkung", in: Osteuropa-Archiv, Nr. 5/1976, A410-A416.

ANTAL, Endre: „Das Wirtschaftslenkungssystem des ungarischen Sozialismus, Entwicklungen seit 1968", Untersuchungen zur Gegenwartskunde Südosteuropas, Nr. 10, Südost-Institut, München, 1976.

ANTAL, Endre: „Die ungarische Landwirtschaft in den siebziger Jahren", in: Osteuropa-Archiv, Nr. 6/1977, A406-A414.

ANTAL, Endre et al.: "Der Private Sektor in der ungarischen Landwirtschaft", in: Osteuropa-Archiv, Nr. 6/1977, A416-A42.

ANTAL, Endre: „Die Reform der Steuerungsmechanismen für die ungarische Landwirtschaft", in: Osteuropa, Nr. 8/1977, S. 695-701.

ANTAL, Endre: „Die Eigentumverhältnisse in Ungarn", in: Wissenschaftlicher Dienst Südosteuropa, Heft 9/1977, S. 240-245, München.

ANTAL, Endre: „Grundlagen und reformpolitische Einordnung des ungarischen Wirtschaftssystems", Gießener Abhandlungen zur Agrar- und Wirtschaftsordnung des europäischen Ostens, Band 93, Berlin, 1978.

ANTAL, Endre: „Ungarns Landwirtschaft heute", in: Südosteuropa Mitteilungen, Nr. 4/1978, S. 36-47, München.

ANTAL, Endre: „Das neue ungarische Regulatorensystem", in: Wissenschaftlicher Dienst Südosteuropa, S. 43-49, Heft 3/1980, München.

ANTAL, Endre: „Das neue ungarische Regulatorensystem II", in: Wissenschaftlicher Dienst Südosteuropa, S. 91-98, Heft 4/1980, München.

ANTAL, Endre: „Agrarproduktion und Nahrungsverbrauch in Ungarn", Schriftenreihe des Bundesministeriums für Ernährung Landwirtschaft und Forsten, Reihe C, Agrarpolitische Berichte der OECD, Heft 10, Münster-Hiltrup, 1981.

ANTAL, Endre: „Die Preisgestaltung im Nahrungsgütersektor Ungarns", in: Bohnet, Armin und Eberhard Schinke (Hrsg.): Preise im Sozialismus, Kontinuität und Wandel, Teil I, Agrarpreissysteme in RGW-Ländern, Gießener Abhandlungen zur Agrar- und Wirtschaftsordnung des europäischen Ostens, Band 124, S. 38-72, Berlin, 1983.

ANTAL, Endre: „Lebensmittelversorgung in Ungarn", in: Südosteuropa, Jhrg. 32, Nr. 3/4/1983, München.

ANTAL, Endre: „Ungarns Wirtschaft im Übergang", in: Südosteuropa, 38. Jhrg., Nr. 4/1989, München.

ANTAL, Endre: „Agrarpolitik des Wandels zur sozialen Marktwirtschaft in Ungarn", in: Südosteuropa, 41. Jhrg., Nr. 9/1992, München.

APOLTE, Theodor und F. GRADALSKI.: „Systemic Change to a Market Economy: The Case of Poland", in KREMER, M. und WEBER, M.: Transforming Economic Systems: The Case of Poland, Heidelberg, 1991.

ASCHAUER, A.-K.: „Die strukturellen Veränderungen in der ungarischen Landwirtschaft und Industrie unter der Herrschaft der Sozialistischen Zentralplanwirtschaft", Diss., Universität Bonn, 1967.

BAEDELS, N. A. und L. A. DEWRY, Jr. (Hrsg.): „Money, the market and the State", Athens, Georgia USA, 1968.

BÁN, Péter [Hrsg.]: „Magyar történelmi fogalomtár", [Sammlung ungarischer geschichtlicher Begriffe], Bd. 1, Budapest, 1989.

BENET, Iván und János GYENIS: „Economic Studies on Hungary's Agriculture", Budapest, 1976.

BEREND, I.T.: „The Hungarian Economic Reforms 1953-1988“, Soviet and East European Studies, Nr. 70, Cambridge University Press, United Kingdom, 1990.

BERGMANN, Theodor, Peter GEY und Wolfgang QUAISSER (Hrsg.): „Sozialistische Agrarpolitik“, Köln, 1984.

BERNSTEIN, Eduard: „Die Voraussetzungen des Sozialismus und die Aufgaben der Sozialdemokratie“, (1899), 2. Aufl., Stuttgart, 1921.

BLAICH, Fritz: „Physiokratie“, in: Handwörterbuch der Wirtschaftswissenschaften, Bd. 6, Stuttgart, New York, 1981.

BLANCHARD, Oliver et al.: „Reform in Eastern Europe“, Cambridge, Mass., USA, 1991.

BLOOM, Bridget: „Western Aid will be Essential“, in: The Financial Times, 06.11.1990, S. 9, London.

BLOMMESTEIN, Hans und Michael MARRESE (Hrsg.): „Transformation of Planned Economies. Property Rights Reform and Macroeconomic Stability“, OECD, Paris, 1991.

BOHNET, Armin und SCHINKE, Eberhard (Hrsg.): „Preise im Sozialismus, Kontinuität und Wandel, Teil I, Agrarpreissysteme in RGW-Ländern“, Gießener Abhandlungen zur Agrar- und Wirtschaftsordnung des europäischen Ostens, Band 124, Berlin, 1983.

BOULTON, Leyla: „Prepared to Consider Alternative Approaches“, in: The Financial Times, 03.07.1992, Section III, S. V, London.

BOZSÓ, Sándor: „1930-1990. 60 éves a Független Kisgazda-Földmunkás és Polgái Párt“, [1930-1990. Die Unabhängige Partei der Kleinlandwirte, Landarbeiter und Bürger ist 60 Jahre alt], Budapest, 1990.

BUCH, Claudia M.: „An Institutional Approach to Banking Reform in Eastern Europe“, Kiel, 1993.

BRUSSAARD, Wim und Margaret ROSSO-GROSSMAN (Hrsg.): „Agrarian Land Law in the Western World“, Wallingford, UK, 1992.

BUNDESMINISTERIUM FÜR ERNÄHRUNG, LANDWIRTSCHAFT UND FORSTEN (Hrsg.): „Agrarbericht der Bundesregierung 1985“, Bonn, 1985.

BUNDESMINISTERIUMS FÜR ERNÄHRUNG LANDWIRTSCHAFT UND FORSTEN (Hrsg.): „Die Entwicklung der Landwirtschaft in Mitteleuropa und mögliche Folgen für die Agrarpolitik der EU“, in: Angewandte Wissenschaft, Schriftenreihe des Bundesministeriums für Ernährung Landwirtschaft und Forsten, Heft 458, Bonn, 1997.

COASE, Ronald H.: „The Nature of the Firm“, Economica N.S., 1937.

COASE, Ronald H.: „The Federal Communications Commission", in: Journal of Law and Economics 2, Oktober 1959.

COASE, Ronald H.: „Durability and Monopoly", in: Journal of Law and Economics, April 1972.

CSIZMADIA, Ernö: „Socialist Agriculture in Hungary", Akadémiai Kiadó, Research Institute of Agricultural Economics, Budapest, 1977.

DAVID, Eduard: „Sozialismus und Landwirtschaft", 2. Auflage, Leipzig, 1922.

DELHAES, Karl und U. FEHL: „Dauer und Reihung systemverändernder Maßnahmen", in HARTWIG, Karl-Heinz und Hans Jörg THIEME, (Hrsg.): Transformationsprozesse in sozialistischen Planwirtschaften, Ursachen Konzepte, Instrumente, Berlin, 1991.

DEMESETZ, Harold: „Towards a Theory of Property Rights", in: American Economic Review, 57/1967, S. 347-359.

DEMPSEY, Judy: „The politics of change", in: The Financial Times, 17.09.1990, S. I, The Financial Times Ltd., London.

DENTON, Nicholas: „From infancy to mid-life crisis", in: The Financial Times, Financial Times Survey Section III, 03.07.1992, S. IV, The Financial Times Ltd., London, 1992.

DIEHL, Karl und Paul MOMBERT (Hrsg.): „Ausgewählte Lesestücke zum Studium der politischen Ökonomie", 12. Band: Sozialismus, Kommunismus, Anarchismus, Karlsruhe, 1920.

DILLON, William R., Thomas J. MADEN und Neil H. FIRTLE: „Marketing Research in a Marketing Environment", 2nd ed., Homewood, Boston, 1987.

DOBIAS, Peter: „Theorie und Praxis der Planwirtschaft", Paderborn, 1977.

DOBIAS, Peter: „Wirtschaftspolitik", Paderborn, 1980.

DONÁTH, Ferenc: „Reform and Revolution, Transformation of Hungary's Agriculture 1945-1970", Budapest, 1980.

ECKART, Wolfgang: „Der Boden als Anlageobjekt und Produktionsfaktor: Theorie und Politik", Europäische Hochschulschriften, Reihe V: Volks- und Betriebswirtschaft, Bd. 385, Frankfurt am Main, Bern, 1982.

ENGELS, Friedrich: „Die Bauernfrage in Frankreich und Deutschland", in: Neue Zeit, 1894/95.

EUROPEAN COMMISSION: „Agricultural Situation and Prospects in the Central and East European Countries", Directorate-General for Agriculture, Working Documents, Brüssel, 1995:

-- Bulgaria
-- Czech Republic
-- Estonia
-- Hungary
-- Latvia
-- Lithuania
-- Poland
-- Romania
-- Slovak Republic
-- Slovenia.

FEHER, István: „Tendencies of changement in Hungarian agricultural policies", Institute of Management and Training of the University of Agricultural Sciences, Gödöllö, Hungary, 1990.

FAO (Hrsg.): „FAO Yearbook, Production 1994", Rom 1995.

FEKETE, Ferenc, Earl O. HEADY und Bob, R HOLDREN: „Economics of Co-operative Farming (Objectives and Optima in Hungary)", Budapest/Leyden, 1976.

FISCHER, Lewis A. und Philip E. UREN: „New Hungarian Agriculture", Montreal, 1973.

FORSCHUNGS- UND INFORMATIKINSTITUT FÜR AGRARWIRTSCHAFT (Hrsg.): „A földtulajdon rendezés és a vagyonfelosztás helyzete a mezögazdasági szövetkezetekben", [Die Regelung des Bodeneigentums und die Vermögensaufteilung in den LPG], FM-AKII, Budapest, 1992.

FURUBOTN, Eirik G. und Svetozar PEJOVICH: „Property Rights and Economic Theory: A Survey of Recent Literature", in: Journal of Economic Literature, 10/1972, S. 1137-1162.

FURUBOTN, Eirik G. und Svetozar PEJOVICH: „The Economics of Property Rights", Cambridge (Mass.), USA, 1974.

GADÓ, Otto et al. (Hrsg.): „Tulajdon, átalakulás, privatizáció", [Eigentum, Transformation Privatisierung], Budapest, 1992.

GARAMVÖLGYI, Károly: „Entwicklung der Einkommensverhältnisse der Bauern als Folge der sozialistischen Neuorganisation der Landwirtschaft", in: Ungarische Agrarrundschau, S. 8, Nr. 2/1963, Budapest.

GENILLARD, Ariane: „Divided over the Speed of the Process", in: The Financial Times, 03.07.1992, Section III, S. III, London.

GOLLWITZER, Heinz (Hrsg.): „Europäische Bauernparteien im 20. Jahrhundert", Quellen und Forschungen zur Agrargeschichte, Bd. 29, Stuttgart, 1977.

HARTWIG, Karl-Heinz und Hans Jörg THIEME (Hrsg.): „Transformationsprozesse in: sozialistischen Planwirtschaften, Ursachen, Konzepte, Instrumente", Berlin, 1991.

HELD, J. (Hrsg.): „The Modernisation of Agriculture: Rural Transformation in Hungary, 1848 - 1975", New York, 1980.

HERRMANN-PILLATH, Carsten: „Systemtransformation als ökonomisches Problem", in: Zeitschrift für internationale Fragen, Nr. 42/1990, S. 171-181.

HOENSCH, Jörg K.: „Die Geschichte der Tschechoslowakischen Republik 1918-1978", 2. Aufl., Stuttgart, Berlin, Köln, Mainz, 1978.

HOENSCH, Jörg K.: „Geschichte Ungarns 1867-1983", Stuttgart, 1984.

JAEHNE, Günter: „Landwirtschaft und landwirtschaftliche Zusammenarbeit im Rat für Gegenseitige Wirtschaftshilfe (Comecon)", Wiesbaden, 1968.

KAUTSKY, Karl: „Die Agrarfrage", Stuttgart, 1899.

KAUTSKY, Karl: „Die Sozialisierung der Landwirtschaft", Berlin, 1919.

KEMME, D. M.: „Economic Transition in Eastern Europe and the Soviet Union", in: Occasional Paper Series 20 of the Institute for East West Security Studies, New York, 1991.

KIRÁLY, Béla: „Democratic Peasant Movements in Hungary in the Twentieth Century", in: Gollwitzer Heinz (Hrsg.): Europäische Bauernparteien im 20. Jahrhundert, Quellen und Forschungen zur Agrargeschichte, Bd. 29, S. 403-436, Stuttgart, 1977.

KORNAI, Janos: „The Economics of Shortage", North Holland, Amsterdam, London, New York, 1980.

KORNAI, Janos: „The Soft Budget Constraint", Kyklos, Vol. 39, North Holland, Amsterdam, London, New York, 1986.

KORNAI, Janos: „The Road to a Free Economy", North Holland, Amsterdam, London, New York, 1990.

KREBS, Christian: „Die Weltanschaulichen und wirtschaftstheoretischen Grundlagen der Agrartheorie im Marxismus-Leninismus", Osteuropastudien der Hochschulen des Landes Hessen, Reihe I, Bd. 129, Zentrum für kontinentale Agrar- und Wirschaftsforschung, Universität Gießen, Berlin, 1983.

KREMER, M. und M. WEBER: „Transforming Economic Systems: The Case of Poland", Heidelberg, 1991.

KROESCHELL, Karl: „Deutsches Agrarrecht: ein Überblick", Schriftenreihe des Instituts für Landwirtschaftsrecht der Universität Göttingen, Band 29, Köln, 1983.

KUHNEN, Frithjof (Hrsg.): „Sozialökonomische Schriften zur Agrarentwicklung", Bd. 39, Saarbrücken, Fort Lauderdale, Florida, USA, 1981.

LANDESMANN Michael und István SZÉKELY: „Industrial restructuring and reorientation of trade in Czechoslovakia, Hungary and Poland“, in: Discussion Paper No. 546, Centre for Economic Policy Research, London, 1991.

LENIN, Wladimir Iljitsch: „Die Agrarfrage in Rußland am Ende des 19. Jahrhunderts“, (1908), Berlin, 1920.

LENIN, Wladimir Iljitsch: „Die Agrarpolitik der Bolschewiki“, (Lenins Stellungnahmen vom April bis Oktober 1917), Wien, 1921.

LENIN, Wladimir Iljitsch: „Die Entwicklung des Kapitalismus in Rußland“, in: Werke, Band 3, Berlin (Ost), 1955ff.

LENIN, Wladimir Iljitsch: „Nachwort zu 'Das Agrarprogramm der Sozialdemokratie in der ersten russischen Revolution von 1905-1907'“ (1907), in: Werke, Bd. 13, Berlin (Ost), 1955ff.

LENIN Wladimir Iljitsch und Jossif Wissarionowitsch STALIN: „Zu Fragen der Landwirtschaft. Eine Sammlung ausgewählter Aufsätze und Reden“, Berlin (Ost), 1955.

LIBERT, Bo: „The Environmental Heritage of Soviet Agriculture“, Oxon, United Kingdom, 1995.

MALTHUS, Robert Thomas: „Inquiry into the Nature of Rent“, London, 1815.

MARKS, Hilary F.: „Facing up to a new farming order“, Shell Agriculture, Nr. 12, 1992, JGR Stevens, Exford, England.

MARSH, Virginia: „The Back of the Pack“, in: The Financial Times, 03.07.1992, Section III, London.

MARX, Karl und Friedrich ENGELS: „Manifest der Kommunistischen Partei“, (1848), 20. Auflage, Berlin (Ost), 1963.

MITRANY David: „Marxismus und Bauerntum“, (1951), Übersetzung aus dem Englischen, München, 1956.

MORUS, Thomas: „Utopia. Ein wahrhaft goldenes Büchlein von der besten Staatsverfassung und von der neuen Insel Utopia, nicht minder heilsam als kurzweilig zu lesen“, (1516), Übersetzung von Gerhard Ritter, Berlin, 1922.

MURREL, P.: „Big Band versus Evolution: East European Economic Reforms in the Light of Recent Economic History“, in: PlanEcon Report, 6/1990, Washington D.C.

MURREL, P. und OLSON, M.: „Devolution of Centrally Planned Economies“, in: Journal of Comparative Economies, 15/1991, S. 239-265.

NAGY, László: „The Ownership of Land in the Producer's Co-operatives", in: Hungarian Survey, Nr. 3/1968, Budapest.

NORTH, Douglass C.: „Structure and Change in Economic History", New York und London, 1981.

NUTTER, G. W.: „Markets Without Property: A Grand Illusion", in: Baedels, N. A. und L. A. Dewry, Jr. (Hrsg.): Money, the market and the State, Athens, Georgia, 1968.

OECD (Hrsg.): „Review of Agricultural Policies: Hungary", Centre for Co-operation with the Economies in Transition, CCET, Paris, 1994.

OECD (Hrsg.): „Review of Agricultural Policies: Czech Republic", CCET, Paris, 1995.

OECD (Hrsg.): „Agricultural Policies, Markets and Trade, Monitoring and Outlook 1994", CCET, Paris, 1994.

OECD (Hrsg.): „Agricultural Policies, Markets and Trade in the Central and Eastern European Countries, Selected New Independent States, Mongolia and China. Monitoring and Outlook 1995", CCET, Paris, 1995.

OECD (Hrsg.): „Agricultural Policies, Markets and Trade in Transition Economies, Monitoring and Evaluation 1996", CCET, Paris, 1996.

OKOLICSANYI, Karoly: „Agricultural Privatisation in Hungary and the Smallholders Party", in: Radio Free Europe/Radio Liberty - Research, München, 10.07.1990.

OPPENHEIMER, Franz: „Großgrundeigentum und soziale Frage", Berlin, 1898.

OPPENHEIMER, Franz: „David Ricardos Grundrententheorie", Jena, 1909.

OPPENHEIMER, Franz: „Die Siedlungsgenossenschaft", Jena, 1922.

PARKES, Christopher: „Valuable Lessons Learnt", in: The Financial Times, 03.07.1992, Section III, S. III, London.

PEINEMANN, Berthold: „Landwirtschaftliches Unternehmen und Eigentum", in: Berichte über Landwirtschaft, Nr. 69 (1991), S. 575-581.

POPP, J. und Alois HEIßENHUBER: „Eigentumsverhältnisse in der ungarischen Landwirtschaft", in: Schule und Beratung, Heft 8/90, S. I-9 - I-12, Bayerisches Staatsministerium für Ernährung, Landwirtschaft und Forsten, München, 1990.

PROPP, P. D.: „Zur Transformation einer Zentralverwaltungswirtschaft sowjetischen Typs in eine Marktwirtschaft", Berlin, 1964.

RAISER, Martin: „Soft Budget Constraints: An Institutional Interpretation of Stylised Facts in Economic Transformation in Central Eastern Europe", Kiel, 1993.

RICARDO, David: „The Principles of Political Economy and Taxation", London, 1817.

RICARDO, David: „Grundsätze der Volkswirtschaft und Besteuerung", Jena, 1923.

RICHTER, Rudolf: „Institutionen ökonomisch analysiert", UTB Nr. 1786, J.C.B. Mohr (Paul Siebeck), Tübingen, 1994.

ROBINSON, Anthony: „Slow Starter that is Struggling to Catch up", in: The Financial Times, 03.07.1992, Section III, S. I, London.

ROBINSON, Anthony und Chrystia FREELAND: „Nation that is Building the Apparatus from Scratch", in: The Financial Times, 03.07.1992, Section III, S. V, London.

ROGERS, Heather: „Agriculture in Hungary", Shell Agriculture, No. 12, 1992, S. 7, JGR Stevens, Exford, England.

ROGERS, Heather: „The Seed-bed of Change", in: Shell Agriculture, Nr. 12, S. 1, Exford, England, 1992.

SANDOR, János: „La Collectivisation de l'Agriculture hongroise", Documentation sur l'Europe Centrale (Institut de Recherches de l'Europe Centrale), Louvain, 1/1964 und 4/1964.

SCHINKE, Eberhard: „Agrarstrukturelle Konzeption in Osteuropäischen Staaten", Zentrum für kontinentale Agrar- und Wirschaftsforschung, Universität Gießen, Berlin, 1975.

SCHWEIZER, Heinrich: „Sozialistische Agrartheorie und Landwirtschaftspolitik in China und der Sowjetunion: ein Modell für Entwicklungsländer ?", Bern/Frankfurt, 1972.

SELENIN, I.E.: „'Rewoljuzija swerchu': sawerschenie i tragitscheskie posledstwija", [„'Revolution von oben': Realisierung und tragische Folgen"], in: Woprosy istorii [Fragen der Geschichte], (1994) 10.

SIEBER, Hugo: „Bodenpolitik und Bodenrecht", Bern/Stuttgart, 1970.

SITZLER, Kathrin: „Die Transformation der Ungarischen Landwirtschaft und ihre Folgen, Teil 1: Die Reform des Bodeneigentums im Rahmen der Entschädigung", Südost-Institut, Abteilung Gegenwartsforschung, München, 1995.

SMITH, Adam: „Inquiry into the Nature and Causes of the Wealth of Nations", London, 1776.

STATISTISCHES BUNDESAMT: „Statistisches Jahrbuch 1976 für die Bundesrepublik Deutschland", Berlin, 1976.

SZABO, Gábor G.: „Certain Questions Related on Land Economics in Hungary's Agriculture“, in: BENET, Iván und János GYENIS: Economic Studies on Hungary's Agriculture, S. 46-63, Budapest, 1976.

SZLOVÁK, Alexander: „Die Kollektivierung der ungarischen Landwirtschaft 1949-1959“, Dissertation Technische Universität München, 1964.

TIETZEL, M. et al.: „Die Logik der sanften Revolution. Eine Ökonomische Analyse“, in: Vorträge und Aufsätze des Walter-Eucken-Instituts, Nr. 133. Tübingen, 1991.

TINBERGEN, Jan: „On the Theory of Economic Policy“, 4. Aufl., Amsterdam, 1966.

THOMAE, Hansjörg: „Einkommen Landwirtschaftlicher Produktionsgenossenschaften in Ungarn und Polen“, in: KUHNEN, Frithjof (Hrsg.): Sozialökonomische Schriften zur Agrarentwicklung, Bd. 39, S. 192ff, Saarbrücken, Fort Lauderdale, Florida, USA, 1981.

TOTOWA, N.J. et al.: „Studies in East European and Soviet Russian Agrarian Policy“, 1/1982 - X, London.

TURNER, George: „Agarrecht: ein Grundriß“, Stuttgart, 1994.

VARGA, Gyula: „Neue Produktionsbeziehungen in der ungarischen Landwirtschaft“, in BERGMANN Theodor, Peter GEY und Wolfgang QAISSER: Sozialistische Agrarpolitik, S. 198-213, Köln, 1984.

VARGA, Gyula: „Auf dem Wege - aber wohin? Die Transformation der ungarischen Agrarwirtschaft und ihre Fragezeichen“ in: Südosteuropa, Zeitschrift für Gegenwartsforschung, Heft 7-8, Südost-Institut, München, 1991.

VOLGYES, I.: „Dynamic Change: Rural Transformation 1945 - 1975“, in: Held, J. (Hrsg.): The Modernisation of Agriculture: Rural Transformation in Hungary, 1848 - 1975, New York, 1980.

VOLKART, Vincent: „Auflösung des RGW und schrittweise Annäherung Mittel- und Osteuropas an die EG“, Osteuropa-Institut München, Mai 1992.

WÄDEKIN, Karl-Eugen: „Sozialistische Agrarpolitik in Osteuropa - I. Von Marx bis zur Vollkollektivierung“, Osteuropastudien der Hochschulen des Landes Hessen, Reihe I, Bd. 63, Zentrum für kontinentale Agrar- und Wirschaftsforschung, Universität Gießen, Berlin, 1974.

WÄDEKIN, Karl-Eugen: „Agrarian Policies in Communist Europe. A Critical Introduction“, in: Totowa, N.J. et al.: „Studies in East European and Soviet Russian Agrarian Policy“, 1/1982 - X, London.

WAGNER, Norbert, Martin KAISER und Fritz BEIMDICK: „Ökonomie der Entwicklungsländer“, 2. Aufl., München, 1991.

WEHNER, Markus: „Stalinistischer Terror“, in: Aus Politik und Zeitgeschichte, B 37-38/96, Bonn.

WILLIAMSON, Oliver E.: „The Economic Institutions of Capitalism“, New York und London, 1985.

YIN, Robert K.: „Case study Research, Design and Methods“, Applied Social Research Methods Series, Volume 5, 2nd ed., London, 1994.

II Veröffentlichungen ohne bekannten Autor

II.i Veröffentlichungen aus „Agra-Europe“

OHNE NAMEN: „CSFR: Staatsgüter werden privatisiert“, in: Agra-Europe, Länderberichte S. 35-36, Nr. 3/92, 13 Jan. 1992, Bonn.

OHNE NAMEN: „Europaverträge mit Polen, Ungarn und der Tschechoslowakei paraphiert“, in: Agra-Europe, Europanachrichten S. 2, Nr. 50/91, 30. April 1992, Bonn.

OHNE NAMEN: „Amtsblatt der Europäischen Gemeinschaften L 114 und L 115“, in: Agra-Europe, Sonderbeilage, Nr. 50/91, 30. April 1992, Bonn.

OHNE NAMEN: „UNGARN: Diskriminierung der Genossenschaften abbauen“, in: Agra-Europe, 29/94, 18. Juli 94, Kurzmeldungen, S. 24, Bonn.

OHNE NAMEN: „Tschechien: Privatisierung ehemaliger Staatsgüter soll beschleunigt werden“ in: Agra-Europe, Länderberichte S. 16-17, Nr. 48/94, 28. Nov. 1994, Bonn.

OHNE NAMEN: „Tschechien: Landwirtschaft wird von Genossenschaften dominiert“, in: Agra-Europe, 50/94, 12. Dez. 1994, Länderberichte S.34, Bonn.

II.ii Veröffentlichungen aus „East Europe Agriculture and Food“

OHNE NAMEN: „Hungarian Answer to Land Ownership Question“, in: East Europe Agriculture and Food (monthly) Jan. 1991, S. 11, Agra Europe Ltd., London.

OHNE NAMEN: „Input dearth hampers farming“, in: East Europe Agriculture and Food (monthly), Sept. 1989, S. 12ff, Agra Europe Ltd., London.

OHNE NAMEN: „Land Reform Law Enacted“, in: East Europe Agriculture and Food (monthly), June 1991, S. 13, Agra Europe Ltd., London.

OHNE NAMEN: „Hungarian agriculture hits recession in 1991“, in: East Europe Agriculture and Food (monthly) Dez. 1991, S. 20, Agra Europe Ltd., London.

OHNE NAMEN: „Land privatisation ‘completed by Spring 1993’“, East Europe Agriculture and Food (monthly) Feb. 1992, S. 20, Agra Europe Ltd., London.

OHNE NAMEN: „Fall in agricultural production forecast for 1992“, in: East Europe Agriculture and Food (monthly) May 1992, S. 18-19, Agra Europe Ltd., London.

OHNE NAMEN: „Large losses in Czechoslovak farming in 1991“, in: East Europe Agriculture and Food (monthly) April 1992, S. 23, Agra Europe Ltd., London.

OHNE NAMEN: „Unprofitability of Czechoslovak farm production“, in: East Europe Agriculture and Food (monthly) June 1992, S. 24, Agra Europe Ltd., London.

OHNE NAMEN: „Implications of Czecho-slovak ‘divorce’ for agriculture“, in: East Europe Agriculture and Food (monthly) July 1992, S. 20-22, Agra Europe Ltd., London.

OHNE NAMEN: „Hungary plans new agricultural intervention system“, in: East Europe Agriculture and Food (monthly) July 1992, S. 19, Agra Europe Ltd., London.

II.iii Veröffentlichungen aus „The Economist“

OHNE NAMEN: „From Marx to Market“, in: The Economist, 11.05.1991, S. 11f, The Economist Newspaper Ltd., London.

OHNE NAMEN: „Too Many Firms, too Few Buyers“ und „Voucher Power“, in: The Economist, 21.09.1991, Survey Business in Eastern Europe, S. 14-20, The Economist Newspaper Ltd., London.

OHNE NAMEN: „Owners are the only answer“, in: The Economist, 21.09.1991, Survey Business in Eastern Europe, S. 12, The Economist Newspaper Ltd., London.

OHNE NAMEN: „Catch-22“, in: The Economist, Survey Business in Eastern Europe, S. 5-9, 21.09.1991, The Economist Newspaper Ltd., London.

OHNE NAMEN: „Capitalism or bust“, in: The Economist, 08.02.1992, S. 59, The Economist Newspaper Ltd., London.

OHNE NAMEN: „The end of the lending merry-go-round“, in: The Economist, 21.09.1991, Survey, S. 22, The Economist Newspaper Ltd., London.

II.iv Andere Veröffentlichungen

OHNE NAMEN: „Dekret über den Grund und Boden", in: LENIN Wladimir Iljitsch und Jossif Wissarionowitsch STALIN: „Zu Fragen der Landwirtschaft. Eine Sammlung ausgewählter Aufsätze und Reden", Berlin (Ost), 1955, S. 39ff

OHNE NAMEN: „Landesrat der Genossenschaften: Informationen über die Genossenschaften von Ungarn und über den Landesrat der Genossenschaften", Budapest, 1970.

OHNE NAMEN: „Handwörterbuch der Wirtschaftswissenschaften", Bd. 6, Stuttgart, New York, 1981.

OHNE NAMEN: „Kommuniqué der Politischen Béla-Kovács-Gesellschaft vom 28. Okt. 1988", in: Hitel, 1. Feb. 1989, S. 40, Budapest.

OHNE NAMEN: „The Impact of Economic Reform", in: Eastern Europe and the USSR, S. 53-57, London, 1989.

OHNE NAMEN: „Transformation of the CSFR economy", Research Institute for Foreign Economic Relations (VUVEV), Prag, 1992.

OHNE NAMEN: „EG-Abkommen mit Polen, Ungarn und der CSFR", Ausgabe 1992, Serviceinformationen der Handelskammer Hamburg.

OHNE NAMEN: „Basic Principles of the Agricultural Policy of the Government of the Czech Republic up to 1995 and for a Further Period", The Ministry of Agriculture of the Czech Republic, Prag, 1994.

III Gesetze und Rechtsnormen

III.i Bundesdeutsche Gesetze

GESETZ über die Maßnahmen zur Verbesserung der Agrarstruktur und zur Sicherung land- und forstwirtschaftlicher Betriebe, vom 28.07.1961, Bundesgesetzblatt I, S. 1091.

DÜNGEMITTELGESETZ vom 15.11.1977, Bundesgesetzblatt I, S. 2134.

GESETZ zum Schutz der Kulturpflanzen (Pflanzenschutzgesetz), vom 15.09.1986, Bundesgesetzblatt I, S. 1505.

GESETZ zur Ordnung des Wasserhaushalts (Wasserhaushaltsgesetz), in der Form vom 23.09.1986 (Bundesgesetzblatt I, S. 1529), zuletzt geändert durch Gesetz vom 22.04.1993.

GESETZ über Naturschutz und Landschaftspflege (Bundesnaturschutzgesetz), vom 20.12.1976, Bundesgesetzblatt I, S. 374; 1977 I, S. 650, in der Form vom 12.03.1987 (Bundesgesetzblatt I, S. 889), zuletzt geändert durch Gesetz vom 22.04.1993.

III.ii Ungarische Gesetze

GESETZ Nr. IV/1967 in: NAGY, László: „The Ownership of Land in the Producer's Co-operatives“, in: Hungarian Survey, Nr. 3, Budapest, 1968.

GENOSSENSCHAFTSGESETZ: „Ungarischer Juristen Verband: Genossenschaftsgesetz der ungarischen Volksrepublik“, Budapest, 1971.

GESETZ Nr. XXV/1991: „Gesetz XXV/1991 für Schäden am Eigentum von Bürgern die durch den ungarischen Staat nach dem 08.06.1949 geschehen sind“, Budapest, 1991.

GESETZ Nr. I/1992: „Entschädigungsgesetz I/1992“, in Magyar Közlöny, Nr. 77/1991, Budapest.

GESETZ Nr. II/1992: „1992. évi II. törvény a szövetkezetkröl szóló 1992. évi I. törvény hatálybalépéséröl és az átmeneti szabályokról“, [Gesetz II vom Jahre 1992 über das Inkrafttreten des Gesetzes I vom Jahr 1992 über die Genossenschaften und die Übergangsbestimmungen], in: Hatályos magyar jogszabályok, [Geltende Ungarische Rechtsnormen], Nr. III./11., Budapest, 1992.

GESETZ Nr. XXIV/1992: „Gesetz XXIV/1992 für Schäden am Eigentum von Bürgern die durch den ungar. Staat zwischen dem 01.05.1939 und dem 08.06.1949 geschehen sind“, Budapest, 1993.

GESETZ Nr. XXXII/1992: „Gesetz Nr. XXXII/1992 für Schäden durch politische Verfolgung zwischen dem 11.03.1939 und dem 23.10.1989“, Budapest, 1993.

GESETZ Nr. LV/1994 : „1994. évi LV. törvény a termöföldröl“, [„Gesetz LV aus dem Jahr 1994 über den fruchtbaren Boden“], in: Hatályos magyar jogszabályok, [Geltende Ungarische Rechtsnormen], Nr.V./18., Budapest, 15. September 1994.

III.iii Tschechische Gesetze

GESETZ Nr. 229/1991: „Gesetz Nr. 229/1991 Restituttionsgesetz“, Prag, 1991

GESETZ Nr. 569/1991: „Gesetz Nr. 569/1991 Gesetz über die Restituttions von land- und forstwirtschaftlichen Nutzflächen in Staatseigentum“, Prag, 1991

GESETZ Nr. 92/1991: „Gesetz Nr. 92/1991 Gesetz über die Privatisierung“, Prag, 1991

GESETZ Nr. 42/1992: „Gesetz Nr. 42/1992 Gesetz über die Umwandlung landwirtschaftlicher Produktionsgenossenschaften“, Prag, 1992

ANHANG

I Verzeichnis der befragten Experten

I.i Ungarn

I.i.i Oktober 1995

- **Agrarökonomen:**
  Prof. G. VARGA, Stellvertretender Direktor des Agrarökonomischen Forschungsinstituts in Budapest (AFIB)
  Dr. E. TÓTH, Agarökonomin am AFIB
  Dr. I. SZÜCS, Abteilung für Betriebswirtschaft am AFIB

- **Volkswirtschaftler:**
  Prof. A. SÁNTHA, Institut für Wirtschaftswissenschaften der János-Panonius Universität, Pécs

- **Agrarsoziologen:**
  Dr. Z. HANTÓ, Agrarsoziologin, Universität Gödöllö
  Dr. S. ELEK, Soziologe an der Wirtschaftsuniversität Budapest

- **Angestellte von Berufsverbänden/Interessenvertretungen der LW:**
  Dr. O. KARNER, Landesverband landw. Produzenten u. Genoss. (MOSZ) in Budapest
  F. DEÁK, Interessenvertretung der Landeigentümer u. Kleinlandwirte in Budapest
  K. GYÖRFFY, Sekretär des Komitatsverbands der MOSZ, Békés

- **Vertreter von Behörden und Ämtern für LW bzw. Privatisierung:**
  M. SZABÓ, stellv. Leiterin des Landwirtschaftsamtes des Komitats Baranya in Pécs
  Dr. P. RIEPLER, Leiter der Bödenbehörde in Pécs
  T. PAKUCS, Mitarbeiter der Bödenbehörde in Pécs
  O.N., Leiter der Entschädigungsbehörde, Komitat Békés

- **Betriebsleiter ehem. LPGen bzw. Staatsbetriebe und deren Rechtsnachfolger:**
  S. MATUSKA, Vorsitzender der Genossenschaft „Ungarisch-Polnische-Freundschaft“ und Parlamentsabgeordneter für die Sozialistische Partei Ungarns in Zadány
  S. MATUSKA, stellv. Vorsitzender der Genossenschaft Kétsoprony
  S. NAGY, Direktor der Balatonboglár Wein AG, ehemaliger Staatsbetrieb am südlichen Plattensee
  K. VARGA, Leiter der Genossenschaft Bicsérd

- **Genossenschaftsmitglied:**

J. ANCSIN, Mitglied der Genossenschaft Kétsoprony

- Privatlandwirte:

J. SZIGETI, ehemals Mitglied der Genossenschaft Kétsoprony

OHNE NAMEN, Privater Winzer, ehemals Mitarbeiter des Staatsbetriebes in Balatonboglár

- Historiker:

A. S. SCHMIDT, Verfasser einer Arbeit über das agrarpolitische Programm der sog. „Kleinlandwirte Partei" Ungarns, Budapest

I.i.ii August 1996

- Agrarökonomen:

Prof. G. VARGA, stellvertretender Direktor des AFIB in Budapest

- Angestellte von Berufsverbänden/Interessenvertretungen der LW:

Frau SZABO-ÁRPÁDNÉ, Leiterin des Genossenschaftsverbandes im Komitat Györ-Moson-Sopron in Györ

Prof. Dr. S. ORBÁN, Berater des Genossenschaftsverbandes, ehemals Professor für Agrarrecht an der Universität Debrecen

- Vertreter von Behörden und Ämtern der LW und Privatisierung:

P. ROSZIK, Leiter der Agrarkammer Györ

L. GYÖRFFY, stellvertretender Leiter der Agrarkammer des Komitats Vas in Szombathely

P. MÉSZÁROS, Direktor der Agrarkammer des Komitats Borsod-Abaúj-Zemplén in Miskolc

T. GUTYÁN, Mitarbeiter der Agrarkammer des Komitats Szabolcs-Szatmár-Bereg in Nyiregyháza

- Betriebsleiter von ehem. LPGen bzw. Staatsbetrieben und deren Rechtsnachfolger:

Dr. J. HOFFER, ehemaliger LPG-Vorsitzender, jetzt Leiter der Güterverwaltung des Grafen Batthyány in Sitke, Komitat Vas

E. LEX, stellv. Vorsitzender der Genossenschaft Nagycenk

B. MAYER, Vorsitzender der Genossenschaft Csepreg

Dr. B. FORGÁCS, geschäftsführender Gesellschafter einer GmbH (ehem. Staatsgut, jetzt privatisiert; Agrárgazdaság Kft.); gleichzeitig Privatdozent an der UNI Debrecen, Präsident der Agrarkammer im Komitat Hajdu-Bihar und ehem. Direktor des Staatsgutes

- Privatlandwirte:

D. ÁRPÁD, ungarischer Partner in einem privaten Joint Venture zur landw. Produktion (deutsch-ungarische GmbH) in Sopronhorpács

M. GYÖNGYÖSI, Betriebsleiter eines Kleinbetriebes in Nyírszölös mit Feldgemüseanbau und Direktvermarktung
J. GYÖRI, Betriebsleiter eines Privatbetriebes in Oros mit Milchkuhhaltung

- Vertreter politischer Parteien:
J. KESERÜ, Agrarexperte der Ungarischen Sozialistischen Partei (MSZP) in Budapest
L. RIEGER, Agrarexperte der Christlich Demokratischen Volkspartei Ungarns (KDNP) in Budapest

I.ii Tschechische Republik

I.ii.i Dezember 1995

- Agrarökonomen:
Prof. F. STRELECEK, Prof. für Agrarökonomie, Dekan der Südböhmischen Universität Budweis
A. JURICA, Mitarbeiter am Agrarökonomisches Forschungsinstitut in Prag

- Agrarrechtler:
Dr. V. KAISERLIK, Institut für Agrarrecht der Südböhmischen Universität Budweis

- Agrarsoziologe:
Prof. D. VANECEK, Prof. für Agrarsoziologie der Südböhmischen Universität Budweis

- Angestellte von Berufsverbänden/Interessenvertretungen der LW:
I. NESTÁVAL, Mitarbeiter der Agrarkammer Budweis

- Vertreter von Behörden und Ämtern für LW oder Privatisierung:
OHNE NAMEN, stellvertretender Leiter der südböhmischen Außenstelle des LW-Ministeriums in Budweis
S. CODL, Abteilung für Privatisierung des LW-Ministeriums in Prag
M. GRABMÜLLER, Abteilung für Privatisierung des LW-Ministeriums in Prag
BRUKA, Leiter des Bodenamtes in Ceský Krumlov
CZIMEK, Leiter des Bodenamtes in Budweis
CERNY, stellvertr. Leiter des Katasteramtes in Budweis

- Betriebsleiter von ehemaligen LPGen bzw. Staatsbetrieben und deren Rechtsnachfolger:
F. DRS, ökonomischer Leiter der Agrargenossenschaft Dini

- Privatlandwirte:

OHNE NAMEN, ökonomischer Leiter einer landwirtschaftlichen GmbH mit eigenem Schlachtbetrieb, hervorgegangen aus der Privatisierung des Versuchs- und Lehrbetriebes der Südböhmischen Universität Budweis
J. ŠEDIVÝ, ehemals Mitglied einer Genossenschaft, jetzt privat wirtschaftender LW auf dem restituierten Betrieb des Schwiegervaters
J. KAMARYT, Privatlandwirt und Lohnunternehmer
OPEKAZ, einer von vier Gesellschaftern einer Agrar-GmbH
V. JANOTA, Ökonom einer landwirtschaftlichen GmbH
J. JACKÁV, Leiter einer landwirtschaftlichen GmbH
Fr. KOTALIK, Mitinhaberin eines lw. Familienbetriebes

I.ii.ii August 1996

- Agrarökonomen:
Dr.-Ing. J. LEŠTINA, Mitarbeiter am Lehrstuhl für Betriebsorganisation und Handel („katedra rízení a obchodu") der Südböhmische Universität Budweis
Prof. KAREŠ, Ordinarius und Direktor des Instituts für Betriebswirtschaft, Südböhmische Universität Budweis

- Agrarsoziologe:
Prof. D. VANECEK, Prof. für Agrarsoziologie der Südböhmischen Universität Budweis

- Vertreter von Behörden und Ämtern für LW oder Privatisierung:
J. CHMEL, Leiter der Außenstelle des LW-Ministeriums in Budweis
V. ZUMR, Informationsabteilung,
Dr.jur. J. KOLDINSKÝ, juristische Abteilung sowie
Fr. M. HRUBÁ, Informationsabteilung des Landwirtschaftsministeriums in Prag

- Betriebsleiter von ehemaligen LPGen bzw. Staatsbetrieben und deren Rechtsnachfolger:
J. KACEROVSKÝ, geschäftsführender Mitinhaber der GmbH „K+K, Brilice-Gigant", hervorgegangen aus einem ehemaligen Staatsgut, gleichzeitig Mitinhaber eines weiteren Privatbetriebes, der ebenfalls aus dem ehemaligen Staatsgut hervorging
V. KUKACKA, Geschäftsführer der „Ponedraz s.o.r.", einer landwirtschaftlichen GmbH, die aus der Privatisierung eines ehemaligen Staatsgutes in Ponedraz entstand
Fr. M. KOTLABOVÁ, Ökonomin der A.G. „MAVELA a.s.", einem spezialisierten Veredelungsunternehmen (Schweinemast, Geflügelfleisch- und Eierproduktion sowie Fleischverarbeitung) in Dynin, welches im Eigentum ehemaliger LPGen steht
V. CECH, selbständiger Agronom, „samostatný agronom" und
B. FENDRYCH, Abteilungsleiter, „vedouí úseku", in der landwirtschaftlichen Genossenschaft KÁMEN („Zemedelské

obchodní druztvo KÁMEN")

Fr. J. NÁVAROVA, Ökonomin der Genossenschaft Dubné in Zaboversky

J. NÁVARA, Vorsitzender der Genossenschaft Dubné in Zaboversky (ehemalige LPG)

Fr. M. BOCKOVÁ, Ökonomin der Genossenschaft von Borovany

J. KORÍNEK, Vorsitzender der Genossenschaft von Borovany

KOZYREV, Direktor des ehemaligen Staatsgutes KÁJOV

- **Vorleistungsindustrie:**

J. BEER, Direktor der Firma „AGROZET a.s." (A.G.), Budweis, einem Handels- und Dienstleistungsunternehmen

M. KUCHTA, Gebietsleiter Südböhmen („Regionální kancelár") bei der „TOKO a.s." (landwirtschaftliche Maschinen und Dienstleistungen)

J. SPURNÝ, Ciba-Geigy Services, Prag, Gebietsvertretung Südböhmen der „CIBA a.s." (Pflanzenschutzmittel und Dienstleistungen)

V. PAVELKA, Abteilung Agrochemie der „BASF spol. s.r.o." (Pflanzenschutzmittel und Dienstleistungen)

NEMEC, geschäftsführender Aktionär der AG „Agroslušby" in Kaplice (Dienstleistungsunternehmen im Bereich Pflanzenschutz und Handel mit Agrochemikalien; ehemals Teil des Staatsgutes Šumava)

- **Privatlandwirte:**

V. KOVARÍK sen., Miteigentümer eines Familienbetriebes in Hurky u Lišova, der aus der Transformation der örtlichen LPG entstand

V. KOVARÍK jun., Miteigentümer des Familienbetriebes in Hurky u Lišova

J. KOVARÍK, Miteigentümer des Familienbetriebes in Hurky u Lišova

Kolibri 360 GmbH
Ferdinand-Jühlke-Straße 7
99095 Erfurt, Deutschland
produktsicherheit@kolibri360.de

Druck:
CPI Druckdienstleistungen GmbH
im Auftrag der
Kolibri 360 GmbH
Ferdinand-Jühlke-Str. 7
99095 Erfurt